シリコン貫通電極 TSV

半導体の高機能化技術

Denda Sei-ichi
傳田精一 著

THROUGH SILICON VIA

東京電機大学出版局

まえがき

　半導体デバイスはその誕生以来，すでに60年を経過したが，その間IC，LSIの微細化，素子の高密度化は休むことなく進化し，現在も精力的に技術開発が続けられている．しかし，その加工精度がシリコン原子の大きさに接近したために，限界に近づきつつあるといわれる超微細加工とは異なるアプローチで，半導体デバイスの高密度化，小型化，さらには高周波化が可能になるシリコン貫通電極（Through Silicon Via，TSV）技術が注目され，大学，研究所，関連メーカーで開発が進んでいる．半導体チップは表面のみに電極を持つという常識から飛躍して，シリコンチップの表面から裏面を貫通する電極を作ると，表裏に電極を持つために立体的にチップが集積できるためである．

　現時点ではTSVは多くの構造，材料，加工技術がデバイスの目的に応じて提案，開発されているが，標準工程はまだ必ずしも確立されておらず，それらの優劣比較も充分になされてはいない．期待が大きいにもかかわらずTSVプロセスのコストが高くなりそうで，実用化がなかなか進まないという点から，コストダウンを目的とした新構造も次々と発表されており，チップの使用目的に応じて多種類のプロセスや構造が採用される傾向が見え始めている．

　TSVの基本的性質を考えてみると，チップの貫通のために当然シリコンチップの厚さ以上の加工が必要になる．従来シリコンウエハの加工（ウエハプロセス）はウエハのきわめて表面に限られその深さは高々数ミクロンである．これに対してTSVに要求される少なくとも$50\,\mu m$，場合によっては$150\,\mu m$という深さは半導体技術としては未踏の領域ともいえよう．しかもアスペクト比10以上の細く深い穴もまた従来のビアの常識から大きく外れている．この深さ，細さから来る深堀エッチングやポリシリコン，銅めっきに関わる長時間の工程が高いコストの遠因になっている．またTSV技術が従来の常識からいうと電極接続という実装領域の技術だったものが，シリコンウエハの加工というウエハプロセス的な技術が必要であることも技術者の戸惑いを生んでいる．ウエハ

プロセス技術者と実装技術者の間に交流が少なかったことは従来から指摘されてきたが，TSVはどちらの技術者が担当すべきなのかまだ明確ではない。おそらく今後は両方の技術領域を担当する，いうならば守備範囲のひろいTSV技術者が中心になるのではないだろうか。

　TSVの開発で際立っているのは欧米勢の攻勢である。自己主張の強いアイデアを実現するにはTSVは絶好の土俵のように見える。これに対して日本の半導体メーカーは製品の実用化を念頭において開発を進めており，一見おくれを取っているようにも見える。恐らく半導体開発と同じように，日本がもの作りの力を発揮して早期に製品化をすると思われるが，韓国，台湾，シンガポールも同様に開発に注力しているため，激しい開発競争が今後も続くと思われる。

　TSV技術は実装技術に関わるウエハ研磨，フォトエッチング，めっき，テープ貼付け，エッチング，バンピング，ダイシング，ボンディングなどの工程が多く，特殊な装置や治具が数多く必要になる。また樹脂材料，薬液，金属も新しい開発が必要になる。半導体メーカー以外でも関連するメーカーがTSV事業に参入する機会は大きくなり，この点で裾野の広い日本の電子産業には有利ではないかと思われる。

　本書では今後半導体テクノロジーの新領域を開くであろうシリコン貫通電極技術をいろいろな角度から検討してみたい。TSV製作の工程に関する議論は第3章に，TSVを応用した構造，デバイスの説明は第4章にまとめたが，分類しにくいテーマもあるので注釈を参考しながら読んでいただきたい。

追　記

　本書は2009年の初版発行以来，（株）工業調査会から刊行され，幸いにも長きにわたって多くの読者から愛用されてきました。このたび東京電機大学出版局から新たに刊行されることとなりました。本書が今後とも読者の役に立つことを願っています。

　2011年4月　　　　　　　　　　　　　　　　　　　　　　　傳田精一

目　次

まえがき 1

第1章　シリコン貫通電極の重要性 …………9
1　LSIは2次元から3次元へ 10
2　3次元構造のシリコンデバイス 12
3　TSVデバイスの将来予想 16
4　世界のTSV研究開発 18
5　3次元実装とTSV関連学会の動向 20
6　TSV開発の歴史 21
7　ウエハプロセスと実装技術 22
■参考文献 25

第2章　TSVの基本製作プロセス …………27
1　ビアファーストプロセス 29
2　ビアラスト表面ビアプロセス 30
3　ビアラスト裏面ビアプロセス 31
4　ビアファーストとビアラストの比較 33
5　TSV付インターポーザ 35
■参考文献 36

第3章　TSV作成技術 …………37
1　シリコン深堀エッチング 38
　①MEMSで進歩した深堀エッチング 40
　②縦穴を作るボッシュプロセス 41
　③非ボッシュプロセス 45
　④向上するエッチングの速度 46

⑤テーパービアエッチング　47
　　　⑥イオンエッチングマスク　49
　　　⑦ビア内壁の洗浄　50
2　ビアエッチングでの問題点　51
　　　①ビア底部で起こるノッチング　52
　　　②ビアラストでの配線層の貫通　53
　　　③配線層でのビアエッチング停止　54
3　レーザドリリングによるビア開孔　56
4　ビア内壁の多層膜構造　58
5　絶縁用酸化膜生成　59
　　　①裏面ビア用低温酸化膜　61
　　　②ビア底部の酸化膜除去　61
6　バリヤメタルの作成　63
7　めっき電極を作るシードメタル　64
　　　・ビア底部までのシードメタル　66
8　銅フィリングめっき　70
　　　①ビアフィリングの基本　70
　　　②促進剤の濃度増加メカニズム　72
　　　③めっき時の印加電圧波形　74
　　　④めっき時の液の攪拌　76
　　　⑤長時間必要な銅めっき　77
　　　⑥コンフォーマル非充填ビア　78
　　　⑦ビアファーストプロセスと銅ビア　79
9　ポリシリコン充填ビア　79
　　　・ポリシリコン，タングステンビアのCMP　81
10　タングステン充填ビア　81
11　ビア伝導体としての導電ペースト　83
12　TSV接続用バンプ電極　83
　　　①ビアファーストプロセスのバンプ　84
　　　②バンプ形状とはんだ量　86

③ビアラスト表面ビアプロセスのバンプ　87
　　　④ビアラスト表面ビアプロセスの裏面バンプ　88
　　　⑤Cu-Snの一時溶融接合機構　89
　　　⑥リフトオフによるマイクロバンプ　90
　　　⑦ビアラスト裏面ビアプロセスのバンプ　91
13　非酸化膜の樹脂絶縁構造　92
　　　①樹脂絶縁膜用テーパービア　94
　　　②テーパービアの絶縁物と塗布方法　95
14　TSVウエハの薄化　97
　　　・薄ウエハのダイシング　99
15　裏面ビアプロセスの加工温度　100
　　　①耐高温ウエハ接着剤　100
　　　②サポートシステムとテープ剥離方法　101
16　TSVの加工コストとCoO　102
■参考文献　105

第4章　代表的なTSV応用積層デバイス　109
1　IBMのタングステンリングビア　110
2　エルピーダのポリシリコンビアDRAM　114
3　日立の常温接合嵌込みSiP　117
4　インテルのTSV応用CPU　120
5　エプソンのビアラストTSV　125
6　TSVのパイオニア，ASET　128
7　東北大学のスーパーチップ　130
8　IZM研究所のICV-SLID　132
9　セマテックのコスト分析　134
10　IMECの各種TSV開発　135
11　メモリのトップランナー三星　138
12　テザロンのタングステンビア　140

13　ホンダリサーチのバンプレス TSV　142
14　WOW アライアンスのウエハ積層　144
15　RTI の 2 層赤外線センサ　145
16　ST マイクロのポリシリコンビア　147
17　CEA-Leti のシステムオンウエハ　150
18　ITRI のレーザビア積層とクランプ TSV　152
19　IME のシステムパッケージング　155
20　KAIST の TSV 技術　156
21　早稲田大学の非ブラインドめっき　158
■参考文献　160

第 5 章　シングル TSV イメージセンサ　163
1　TSV 応用 CMOS センサ　164
2　東芝の TSV センサ実用化　165
3　ザイキューブのイメージセンサ　167
4　三洋電機のセンサ用ウエハサポート剥離技術　170
5　テセラのシェルケース側壁配線　172
6　CEA のイメージセンサ　174
■参考文献　176

第 6 章　シリコン TSV インターポーザ　177
1　インターポーザの重要性　178
2　大日本印刷のインターポーザ　179
3　フジクラの高速充填ビア　182
4　新光電気のファインピッチインターポーザ　185
5　三菱電機のはんだ滴下充填ビア　187
■参考文献　188

目 次

第7章　TSV ウエハとチップの積層 …………………………………191
1　ウエハ積層は可能か　192
2　異種ウエハの3枚積層　194
3　確実な良品チップ積層　196
4　アクティブウエハへの KGD チップ積層　199
5　TSV の配置とチップレイアウトの新設計　200
6　液体を使った自動位置合わせ　203
■参考文献　205

第8章　TSV の電気的特性と熱特性 ……………………………………207
1　ポリシリコンビアの直流抵抗　208
2　タングステンと銅のリングビア抵抗　209
3　スパッタリング膜の抵抗値　211
4　酸化膜厚が高周波特性に影響　212
5　TSV の GSG 等価回路　214
6　同軸構造ビアの高周波特性　216
7　TSV ウエハ内のストレス　217
8　積層構造の熱の発生と放散　220
9　インテルのサーマル TSV 提案　223
10　IBM-GIT のチップ内液体冷却構造　224
11　デバイス冷却用シリコンインターポーザ　226
12　新光電気のインターポーザレスパッケージ　228
13　チップ回転によるホットスポット回避　229
■参考文献　231

あとがき　233
索　　引　234

第1章
シリコン貫通電極の重要性

 LSIは2次元から3次元へ

　半導体の集積度はICの開発以来60年近くも止まることなく上昇している。これはシリコンウエハプロセスの休みのない微細加工技術の進歩によって実現され，LSIの性能向上，価格低下に大きく貢献し，高性能の電子機器が容易に手に入る現在のエレクトロニクス時代，IT時代を支えていることはいうまでもない。1965年にインテルのゴードン・ムーアが唱えた「半導体に集積されるトランジスタの数は1年で2倍のペースで増加する」（以後，1年半で2倍に修正）といういわゆるムーアの法則は，現在まで実績によってほぼ正しいとされているが，半導体の世界ではこの考えがさらに拡大解釈され，LSIの性能たとえばスイッチング速度なども同じペースで向上すると説明されることもある。

　ムーアの法則を支えるものにスケーリング則（半導体サイズの比例縮小則）がある。微細加工技術を発展させてトランジスタのゲート長が短くなると，それに比例してスイッチング速度が向上し電力消費が減少するという法則であり，ハーフピッチといわれる最小加工線幅（最下層配線のピッチの半分で定義される長さ，従来はテクノロジーノードともいわれた）が140 nmまではよく適合し微細加工推進の原動力となっていたが，さらに短いハーフピッチでは配線の寄生容量などの別の要因で適合しにくくなって来た。

　しかし微細加工技術そのものは半導体のコストダウンにきわめて有効であり，ムーアの法則に従う形で止まることなく進行している。現時点ではハーフピッチは65 nm前後であるが，次世代の45 nmに向かって量産化が準備されている。ITRS（国際半導体技術ロードマップ）の予測で2015年にはハーフピッチ20 nmになるとされ，この長さはシリコン原子数百個のサイズに近づきつつあり，数年後には微細化の限界が来るのでないかと予想されている。

　現時点においてもこの超微細加工を実現するためには高度な技術開発を必要とし，製造のための露光装置を始めとする超精密製造装置の装置価格もますま

す高額となり,半導体メーカー1社ではすでに可能な設備投資の限界を超えているといわれる。またチップのコストを下げるために300 mm径の大形のウエハが増加しつつあり,製造装置の大型化,高価格化に拍車をかけている。さらに賛否はあるが450 mm径のウエハも検討が始まっている。このような状況から半導体事業からの事業撤退,工場売却,メーカー同士の開発協力などの動きが活発化してきた。

最近では半導体の今後の進む方向として微細加工一本槍から脱却して,別の方向を探る動きが顕在化してきた。IBMなどが提案している"More than Moore"(ムーア以上—日本語では「機能的多様化」というのが適当である)の思想が注目され,これに対して微細化によってムーアの法則をさらに推し進めようとするのが,ムーアの所属するインテルなどの"More Moore"(さらにムーア)で「幾何学的微細化」といえるだろう[1]。この関係を図1-1に示す。横軸がMore than Mooreで,縦軸はMore Mooreを示す。

横軸のMore than Mooreは現在主流であるデジタルシリコンチップだけではなく,アナログチップ,受動部品内蔵,センサ,バイオチップ,MEMS(マイクロ電子機械)デバイスなど広範なデバイスを集積したものと考えてよい。現在の微細加工をさらに進めてゆくと技術的には可能でも事業的には困難度が増加してゆくので,別のアプローチで高機能化を達成しようとするものである。

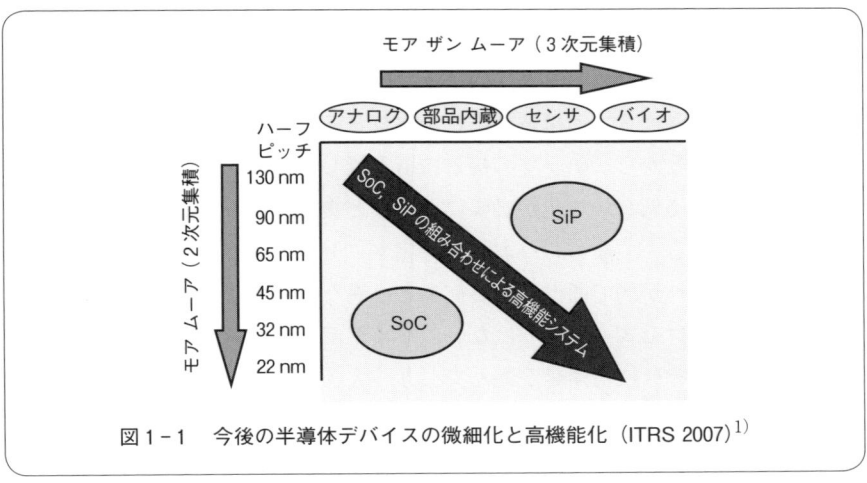

図1-1　今後の半導体デバイスの微細化と高機能化(ITRS 2007)[1]

一方，More Mooreは微細加工の限界を想定しながらも，もう一段の微細化にチャレンジしようとする思想である．したがってこの2つの流れは必ずしも対立するものではなく，図1-1の斜線が示すようにSoC（System on Chip）やSiP（System in Package）のような形で互いに協力し合って，さらに高機能のシステム開発やコンピュータの性能向上を目指すものといえる．

　別の角度から考えると，More Mooreはシリコンウエハ上で平面的な，すなわち2次元的に微細加工を追求し，More than Mooreはデバイスの組み合わせから必然的に立体的な構成すなわち3次元的な高密度化を意味している．半導体として基本的な要求である小型化と高密度化を両立させるためには，平面的な構成ではなくどうしても立体的な3次元構造が必要になる．図1-1の縦軸を2次元アプローチ，横軸を3次元アプローチと書き換えてもよいであろう．本書のテーマであるシリコン貫通電極（Through Silicon Via，TSV）はこの3次元構造を実現するための最有力技術であると考えられている．

2　3次元構造のシリコンデバイス

　More than Moore領域のデバイスはシリコン以外の機能デバイスも含むという思想であるが，ここではシリコンチップを中心に考えよう．LSIで2次元構造すなわち1チップの実装と，数チップの積層構造すなわち3次元構造を比較すれば，明らかに3次元構造が高密度にできる．しかし3次元構造はチップを積み重ねることから，チップの接着技術も難しくなり，チップからの接続技術もワイヤが長く低ループ化が必要になるなど複雑化する．また1枚のチップの厚さを薄くする，すなわちウエハの薄化プロセスが必要になる．薄型ウエハの取扱いもウエハが弱く曲がるため従来とは異なり，また薄型ウエハを切断するダイシングプロセスも簡単ではない．ワイヤボンディング，ウエハ薄化，ダイシングはそれぞれ技術開発が進んでおり，大きな技術分野になっているので本書では取り上げないこととする．

　チップから外部への接続に従来技術であるワイヤボンディング，フリップチ

ップやバンプを用いた3次元構造はすでに実用化されている。**図1-2**はワイヤボンディング方式の例で，すでに半導体メーカー各社から製品化されている。4チップ積層がもっとも多いが，6チップや10チップのものも作られている。最も下に置くチップから上に行くほど小さいチップにすればボンディングしやすいが，同じチップまたはサイズの異なるチップを積層するには，シリコンではない材料のスペーサを入れてボンディングの高さを確保することも行われている。図1-2は6枚のチップと3枚のスペーサで構成されている[2]。このデバイスの主用途は携帯電話機用のメモリであり，DRAM，SRAM，フラッシュメモリが必要に応じて積層されて，重要な部品になっている。

　もっと違った種類のチップを3次元に実装するには，ワイヤボンディングチップ，フリップチップ，薄型パッケージに実装したチップなどを組み合わせるが，その構成は用途に応じて変わり，組み合わせはきわめて多く存在する。その典型的な構造（ルネサス）を**図1-3**に示す[3]。この構造はパッケージしたデバイスを重ねるイメージからPoP（Package on Package）と呼ばれることもあり，またマイクロプロセッサを組み込む場合も多く，その機能的な面からSiP（System in Package）と呼ばれることもある。

　このようにチップを立体的に積み重ねたという意味の3次元構造に対して，本書のテーマであるシリコン貫通電極（今後TSVと略記する）を使った積層デバイスの代表的な外観（チップ積層部のみ）と原理図を**図1-4**に示す[4]。ワ

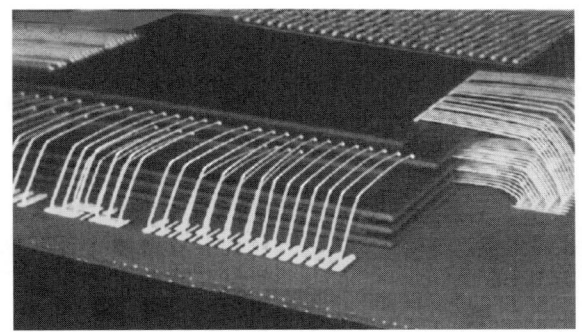

図1-2　ワイヤボンディングによる3次元実装の例（東芝提供）[1]

イヤなどの接続部は外部からは全く見えない。その断面は図のようにチップ表面と裏面を貫通している細いビア（接続穴）がチップ同士を接続している。ビアはチップから絶縁され，銅などの導電体が充填されている。チップの表面と裏面にフリップチップのバンプと同様な金属電極が作られている。

3次元実装としてTSVを採用する利点としては，以下の(A)(B)(C)が挙げられる。

(A) 高密度化とパッケージの小面積化

3次元にすることでパッケージ当たりの集積素子数は飛躍的に増加する。従来のチップを複数枚重ねるので，当然集積素子数はチップ枚数に比例して大きくなるが，パッケージの占有する面積（英語ではfootprint）は図1-2のワイ

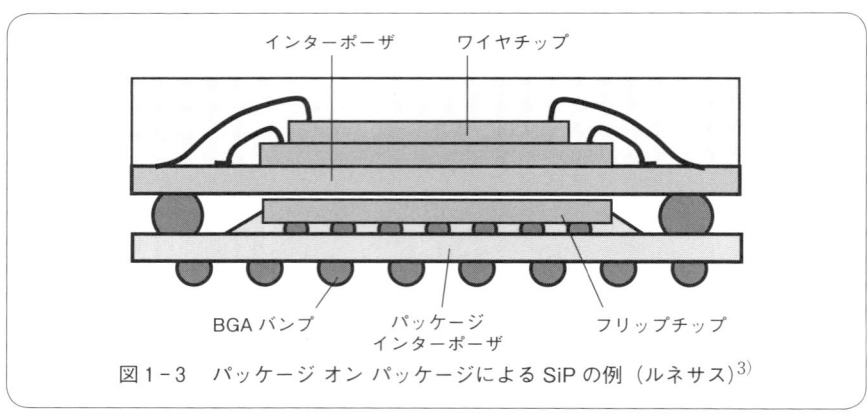

図1-3　パッケージ オン パッケージによるSiPの例（ルネサス）[3]

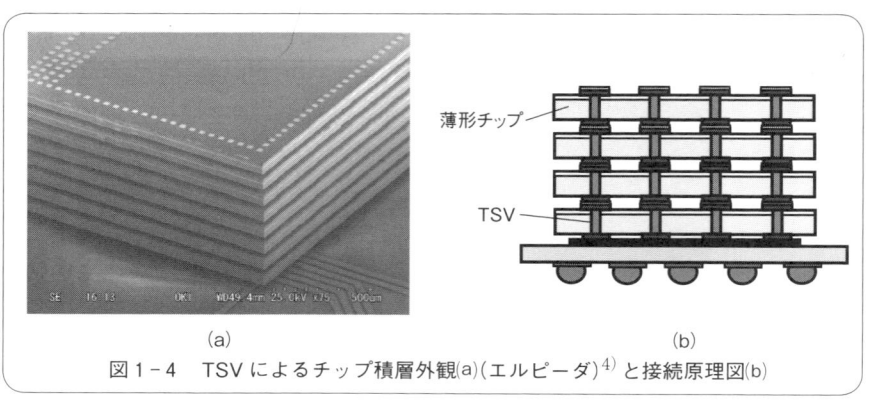

図1-4　TSVによるチップ積層外観(a)（エルピーダ）[4]と接続原理図(b)

ヤボンディングで集積した場合に比べてはるかに小さくなる。これはワイヤの場合，図に見られるように，ボンディングパッドがかなり大きい面積を占めているからである。また図1-3のPoPパッケージではどうしてもチップより大きいサイズのパッケージ（またはインターポーザ）を使わねばならず，またワイヤボンディングと併用する場合が多いので，最終パッケージはチップよりかなり大きくなってしまう。また3次元デバイスのパッケージの厚さは，一般にチップを積層することで厚くなってはいけない。積層デバイスも従来の単一チップデバイスと同程度の厚さでないとユーザーには受け入れられないので，積層用のチップは枚数に反比例して薄くないといけない。これはワイヤボンド積層デバイスでも要求されているので，薄型チップ技術としてすでに実用化されている。PoPパッケージでは基板の厚さが加わるので薄くするのはかなり難しい場合が多い。

(B) 高周波動作

　ワイヤボンディングのワイヤの長さは図1-2からもわかるように，チップ1個の時に比べてどうしても長くなり，時には5 mm程度になることもある。チップを平面的に集積したSiPの場合もチップ間はワイヤと配線で接続される。配線はそれ自身インダクタンスを持ち，当然長いほど大きくなる。これは高周波信号の伝達を阻害し，動作周波数が2〜5 GHz付近を越えると減衰が大きくなり使えなくなるとされている。これに対して貫通電極では信号経路の長さはチップの厚さと同じになり，約50 μm以下となる。TSVのモデル解析でも動作周波数が20〜30 GHzまで充分使えると予想されている。ワイヤを使わないで接続長さの短いバンプを持つフリップチップもあるが，基本的にフリップチップは表面電極だけなので積層できない。またPoPデバイスではインターポーザ表面の配線とワイヤの長さから，高周波減衰は大きくなるのが避けられず，今後の高周波化には向かないと考えられている。

(C) 消費電力の低減

　3次元実装はチップ間の接続長さを減らし電力消費を低減させる。チップを2次元に配置すると上述のように平均の配線長さは5 mmといわれるが，配線

は分布のRLCを持つ伝送線路のように働き，配線間のクロストークも起こる。これに対する信号処理技術は通常相当な電力を消費し，ギガビット／秒当たり10〜25 mWが必要である。3次元実装では配線が短縮し線路が単純化されこの電力は1 mW程度まで下がる。CPUのような1,000ピンで考えれば25 Wの電力が2 Wに激減する[5]。エルピーダのメモリ積層の例では30 %近い電力低減が測定された。また論理LSIチップで配線遅延を補うためにリピータ（信号再生回路）を入れるとやはり電力を消費するが，TSVによって配線長が短縮しリピータ回路が減ることで電力低減につながる。TSV技術の最も重要なメリットは電力節減であると論ずる人もいる。

3 TSVデバイスの将来予想

TSVを使ったデバイスが近い将来どの程度使われるかについては，いろいろな予測がある。図1-5はヨール社（フランスの半導体コンサルタント）の予測で，TSVが使われるウエハの枚数の伸びを示しているが，ウエハ枚数は相

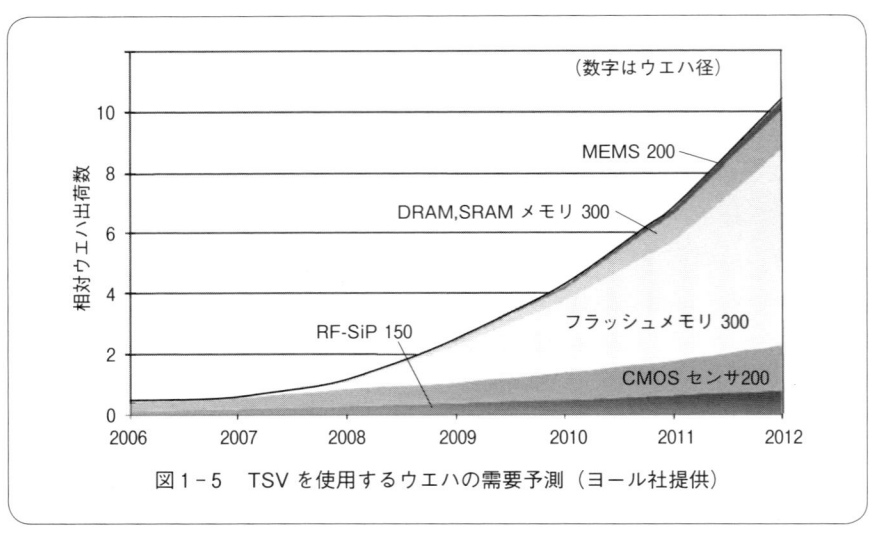

図1-5　TSVを使用するウエハの需要予測（ヨール社提供）

対値で実際数ではない。これは2008年の予測であるが，図からもっとも大きいTSVの応用は300 mmウエハを使ったフラッシュメモリ用であり，それに次いでCMOSセンサとDRAMメモリとなっている。NANDフラッシュメモリはその構造上TSVに適していると考えられるので，全部がTSV型になるとすると，きわめて大きい使用量と考えてもよい。現時点ではこの予想よりやや遅れていると見られるが，関係技術者の多くがこの予想にもとづいて開発を進めているといわれる。この図の説明では今後のウエハ枚数の伸びは，デバイスの性能向上とコストのトレードオフによって決まる，としている。

また図1-6はエルピーダの発表[6]によるもので，将来のメモリの容量はチップ積層によって増加するが動作速度には限界があり，逆に2次元の単一チップでは速度は早くなるが，容量は微細化の限界から増やせない。容量と速度の両者を満足させるのはTSVしかない，という定性的な説明で3次元構造の利点を説明している。

図1-7は韓国三星電子の発表（ヨール社が編集）したもので，NANDフラッシュメモリのコストが，2次元微細化ではムーアの法則から外れてハーフピッチ32 nm付近で限界に達するので，3次元化によってコウトダウンをはかるという計画を示している。同社はコスト低減の限界はフォトリソシステムが不可能になることと，トランジスタが微小化のために動作不安定になることが

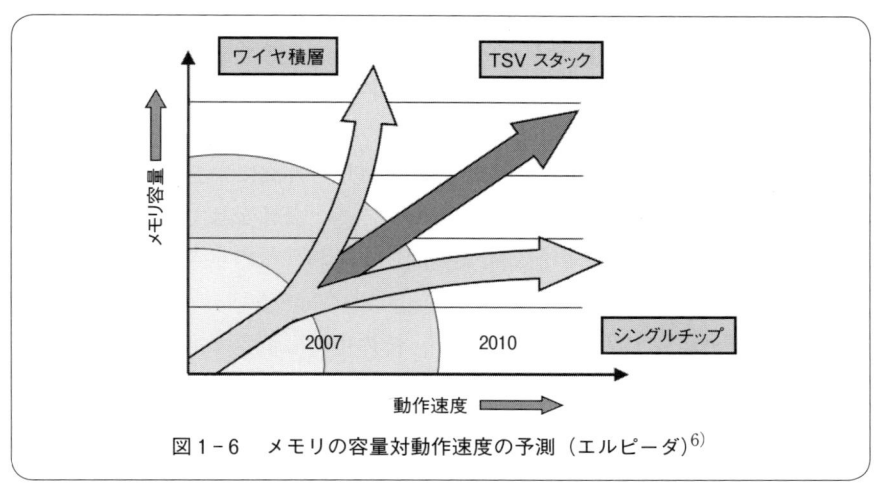

図1-6　メモリの容量対動作速度の予測（エルピーダ）[6]

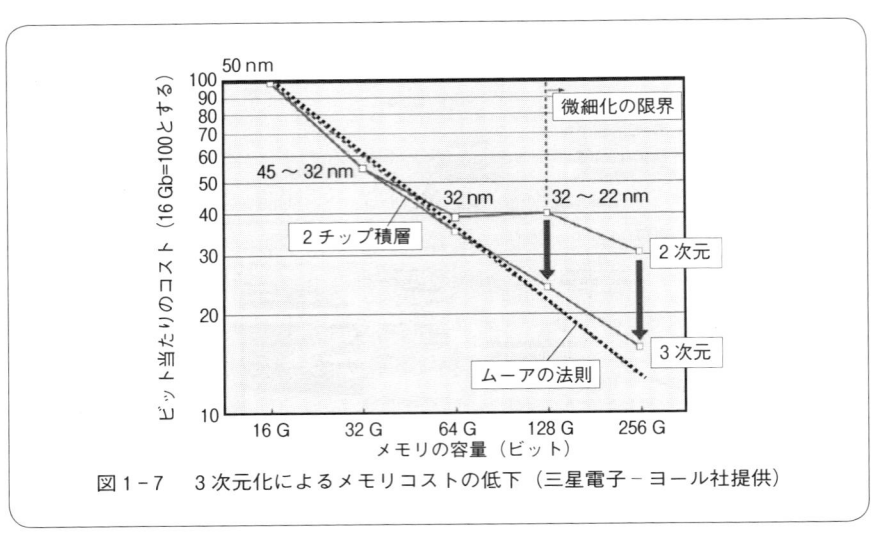

図1-7 3次元化によるメモリコストの低下（三星電子-ヨール社提供）

原因としている。

 世界のTSV研究開発

　ここで世界のTSV研究開発状況を見てみよう。関連する技術開発を行っている会社，大学，研究機関は2007年時点で学会論文やセミナーの発表だけでも50以上であり，年々増加している。地域的に見ると米国，欧州，アジアと3極でそれぞれ独自色を出して開発を進めており，外部に未発表でも研究開発を進めている数は発表者の数倍に達するであろう。会社としては当然半導体メーカーが中心になるが，その他にも実装関連といわれるめっき関連，製造装置，材料メーカーなども参加している。

　米国は半導体研究では老舗といえるが，その中でも世界の半導体開発をリードするIBM，マイクロプロセッサの雄インテルは着実に具体性のあるアイデアで研究を進めている。後述するがVia first，Via lastなどの基本的概念もIBMから出発している。実装技術のメッカであるジョージア工科大学実装研

究センター，MIT，スタンフォードやルネセラー大学，アーカンサス大学も健闘し，加工コスト分析やロードマップ作成のセマテックコンソシアム，関連材料開発のセミツール，製造装置のEVグループ，パッケージングのテセラなどが底力を見せている．

一方注目されるのは欧州の動きである．欧州は過去に半導体の開発，生産では米国，日本，韓国に水をあけられやや元気がなかったが，TSV研究では活発であり，ベルギーの研究会社IMEC，ドイツのフラウンホーファ大学のIZM研究所，フランスの研究組織CAE-Leti，半導体のインフィニオン，STマイクロ，真空装置のアルカテル，製造装置のズースマイクロテックなどを中心として多くの論文を発表している．欧米の技術者は従来から「もの作り」よりは「アイデア」で勝負してきたといえるが，TSV技術はその作り方，使い方ではアイデアの宝庫ともいえるので，まさに半導体技術の巻き返しを図るような感じで活発である．

日本についていえば，世界のTSV開発は日本の国家的研究組織であるASET（超先端技術開発機構）の先導的開発によってスタートしたといってもよい．日本の得意とする裾野の広い技術分野のひろがりはTSV開発には有利と考えられるが，ほとんどの半導体，実装関連，基板，材料，装置各メーカー，研究所が関心を持ち，さらに動きだした産学連携から大学も参加している．スタートの早かったスーパーチップの東北大学，WCSPのエプソンに続いて最も実用化に近いと思われるDRAM積層のエルピーダ（沖電気，NECエレクトロニクスと共同開発），ユニークな常温積層SiPの日立，CMOSセンサを実用化した東芝，新興のザイキューブ，米国に研究所を持つホンダリサーチ，東京大学中心のWOWアライアンスなどがあり，個別技術でもイオンエッチング装置メーカー，接着材料・テープの化成品メーカー，金属材料メーカー，めっき関連メーカー，薬品メーカーなど活動しているがいずれも水面下の研究を進めており，実用化を意識してか欧米に比べて論文発表はまだそれほど多くない．

NEDOの新しい研究プロジェクトとしては，ドリームチップと呼ぶ立体構造新機能集積回路があり，再びASETを中心として2008年から2012年の期間にわたって，貫通電極構造で3次元集積化機能を持つSiPの研究，設計技術，

評価技術の開発を進める。目標としては 10 μm に薄化した 300 mm ウエハを試作し評価する。異種チップの組み合わせはさらに多くの問題を解決せねばならないので，その成果を期待したい。最近では国家プロジェクトだけでなく，いくつかの県の研究プロジェクトも，県の産業育成のために始動しているが TSV 関連技術のテーマも多く見られる。

アジアではともに国家研究機関であるシンガポールの IME，台湾の ITRI や韓国の国立大学 KAIST が精力的で学会への発表論文数も相当に多い。日本に比べてアイデア先行的なものやソフトウェアを用いたシミュレーション研究が多いようにも感じられるが，自由な発想での研究成果は期待できる。特長的なことは技術論文に詳細なプロセスデータを発表していることが多いことである。第 3 章ではこれをいくつか紹介している。半導体メモリ大手の韓国は三星電子が 8 チップ 16 Gb の DRAM メモリ TSV 積層を発表しているが，具体的にはまだ明らかになっていない。上述の各国 TSV デバイスの実例は第 4 章で述べる。

3 次元実装と TSV 関連学会の動向

3 次元実装と TSV 技術は半導体と実装技術の両分野にとって魅力的な新技術なので，国際学会での多くの発表がある。米国 IEEE 学会の CPMT（電子部品とパッケージ部門）が主催する ECTC（Electronic Components and Technology Conference）は最も重要な学会で，ここ数年多くのブレークスルー的な論文発表があり，TSV 技術の推進役となっている。また実装技術専門の IMAPS Symposium（International Microelectronics and Packaging Society）も多くの参加者を集める。

ヨーロッパでは IMAPS ヨーロッパ主催の EMPC（European Microelectronics and Packaging Conference），シンガポールの CPMT 主催の EPTC（Electronic Packaging Technology Conference）も毎年開催されている。また米，欧の関連会社で組織されている EMC-3D コンソーシアム（Semiconductor 3D Equipment and Materials Consortium）は装置メーカー，材料メーカー，化学メーカーを中心に世界の 20 社以上で組織され，毎年アジアを含む各地で講演会を開いている。特に実装関連材料の開発や TSV 加工コストの分析などに注力して重要な技術情報を提供している。

日本では CPMT 日本支部とエレクトロニクス実装学会（JIEP）の中の IMAPS Japan が共催する国際実装技術学会 ICEP（International Conference on Electronic Packaging）があり，主要な 3 次元実装技術の発表場所になっている。国内学会として JIEP 主催の MES（Microelectronics Symposium）があり，日本語版の JIEP 講演大会とともに毎年開催されている。ASET が主催する 3D-SIC（3D System Integration Conference）も半導体寄りのユニークな 3 次元構造の論文を世界から集めている。溶接学会の主催する Mate（Microjoining and Assembly Technology in Electronics）は微小接続技術を中心に開催されている。この他 IEEE CPMT や学協会や大学の研究会，セミジャパンフォーラム，インターネプコン，JPCA シンポジウム，長野実装フォーラム，よこはま高度実装技術コンソシアム，電子系技術出版社，情報コンサルタントなどの主催するセミナーなど数多くの発表が行われている。

6 TSV 開発の歴史

シリコンチップを貫通するアイデアはいくつかの特許に見られる。最初のものは 1969 年 IBM から出されているが，チップの表面と裏面から V 字型の孔を掘り，アルミニウム配線を接触させ内部は充填しない構造であった[7]。1983 年には日立から日本最初の特許が出願された。ビア内部に充填はされていないが積層を意識した構造である[8]。1984 年には富士通からビア内部が充填された構造が出された[9]。また 1986 年にも充填ビアで積層を考えた現在のものに近い構造で出願されている。現在開発されている各種の TSV がこれらの特許に抵触しているかどうかは細部を検討しないと定かではない。

1999 年に通産省の NEDO（新エネルギー・産業技術開発機構）の中に ASET

（超先端電子技術開発機構）が発足し3次元LSI研究がテーマとして採用され，半導体メーカー，装置メーカー，材料メーカー，システム開発，部品メーカーなど30社以上が参加し，5年間の期間で研究が行われた。TSV構造に関してほとんどゼロからのスタートであったが，現在でいうビアラスト（Via last）プロセスで，銅充填めっき，CMPなどを駆使し，その後のTSV開発に先鞭をつけた功績はきわめて大きいものがある。その成果は2000年，2001年に公表された[10]。またこの成果はASETからECTCで発表され[11]世界にインパクトを与えた。

同じ頃，東北大学ではスーパーチップと呼ぶTSVチップを提唱し，その概念を1989年から発表している[12),13),14)]。また米国のツルーシー社はTSVの原形ともいえる，やや大きいケミカルエッチングによる貫通ビアを1999年に発表している。それ以前にもシェルケース社（後にテセラ社に買収された）はダイシング時にチップ側面を配線でつなぐ構造を発表し，1995年には特許を取得している（第5章5節参照）。これはTSVに近いアイデアともいえそうである。これらの詳細な説明は省略する。

7 ウエハプロセスと実装技術

実装技術（Packaging Technology，または英語でもJisso）は半導体の特性をフルに発揮させ，電子機器を小型・高性能化する技術といえるが，半導体を加工するウエハプロセス（前工程）に対して数年前までは後工程という用語と同じものとして使われていた。前工程と後工程では技術内容，材料，工程が大きく違うため，両者の間の技術交流は少なかった。ウエハ技術者はウエハプロセスこそ半導体技術そのものという感覚で，よいチップを作って後工程に渡せば，なんとかデバイスに仕上げてくれると思っていた。半導体メーカーの経営者でも後工程は投資金額の少ない別会社にして関心を払わないケースが多かった。さらに半導体デバイスを基板に載せるのは，また別のアセンブリといわれる専門的な会社にまかせるという状態だった。これを図1-8(a)のように1990年ご

ろまでの第1世代と呼んでおこう。

　1990年以後実装技術が徐々に変わり始め，半導体の小型化，高性能化，低コスト化をめざしてフリップチップ，チップ表面の追加再配線，金属バンプの作成，BGA，CSPなどの半導体チップに直接追加加工する必要が出てきた。また半導体デバイスを搭載する基板分野でも高精度ビルドアップ基板，微細配線，スルーホール，微細ビアなどが必要になり，ビルドアップ基板技術を高密度半導体パッケージに適用するインターポーザなどが開発され，もはや後工程ではなく実装技術として確立され，図1-8(b)のようにウエハプロセス，実装，基板が一本に接続されたマイクロエレクトロニクスの概念が必要になった。1998年に発足したエレクトロニクス実装学会はこの理念に基づいている。そして実装技術者もウエハ関連プロセスを知らなければならない時代になった。これを第2世代と呼ぼう。

　そしてここでTSVが登場した。TSVはシリコンを実装のために直接加工する。時にはウエハプロセスに先立ってビアを作り，そこからウエハプロセスが始まる。TSV時代は第3世代として図1-9のようにウエハプロセス，実装技術，基板技術が渾然一体となり，分離ができない。この時代にはウエハ，実装という技術者の分離はなくなり，相互の技術を充分理解した技術者が必要になる。自分の専門技術はあるにしても相互の関連を考慮しながら研究開発，生産技術を進めねばならない。

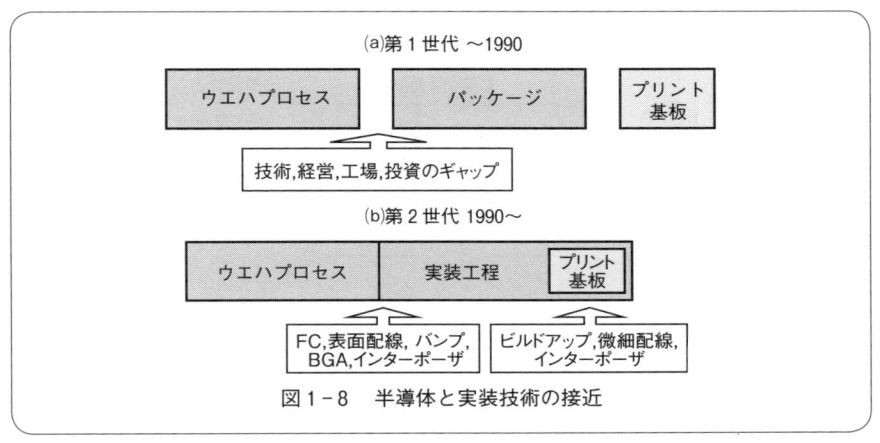

図1-8　半導体と実装技術の接近

すでに実装を考慮しながらチップのレイアウト設計をする動きが出てきた。TSVの位置が素子領域を通過しないようにするには，チップ設計の全面変更が必要になるからである。また経営的に見ても従来は実装関連の投資はウエハの設備投資の10％前後ともいわれていたが，TSV関連の投資は増加しており，真空装置などの大型シリコン加工装置が増えてウエハプロセスに近い設備を必要としている。加えて従来ウエハプロセスでは敬遠気味であっためっき装置も重要になり，金属材料，有機材料開発の重要性も増加した。

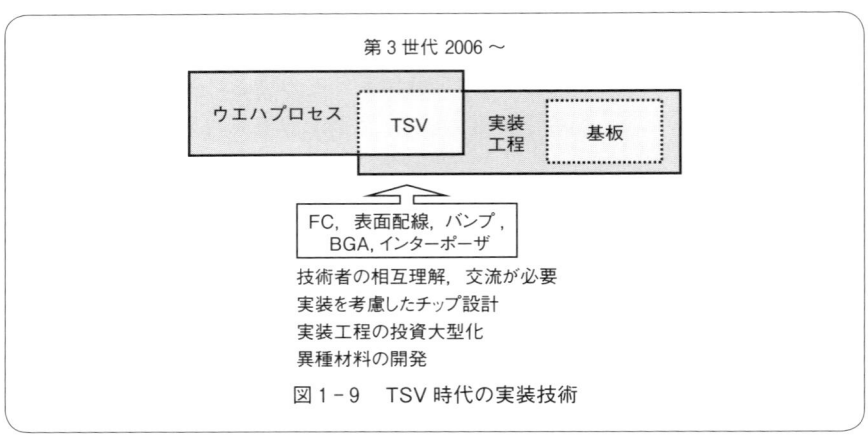

図1-9　TSV時代の実装技術

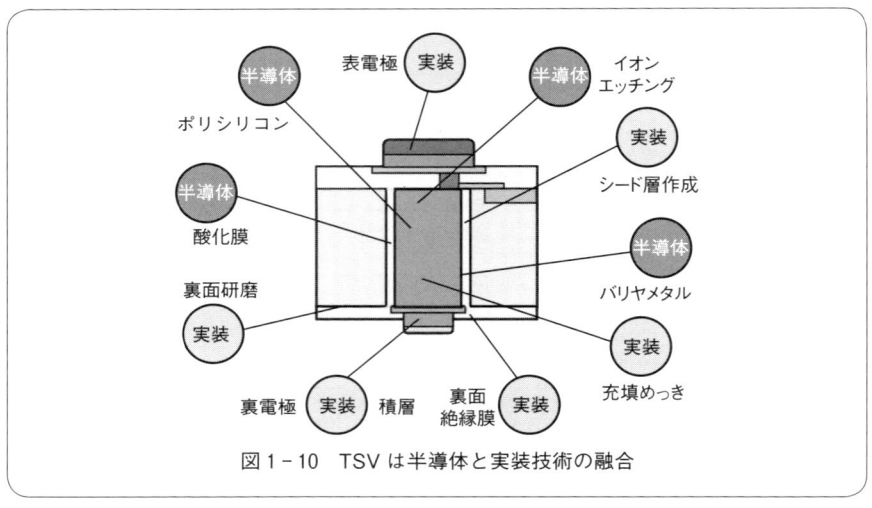

図1-10　TSVは半導体と実装技術の融合

図 1-10 に TSV 周辺の技術が従来どちらに属していたかを簡単に示した。シリコンにビア孔をあけて酸化膜を付け，ポリシリコンを充填するのはウエハでは経験ずみであるが，さらに表面に配線を作り，めっきでビアを充填し多層金属によるバンプを作成し，チップを積層するのは従来のフリップチップ技術，実装技術の守備範囲であり，さらに図には示してないがウエハの研磨薄化，ウエハサポート，ダイシングと実装の延長線にある技術が連続する。まさに半導体ウエハプロセス，パッケージング技術を総動員する巨大な技術領域だといえよう。

ウエハプロセスと実装技術が接近したことは，産業界にも大きい影響を持つ。半導体産業はそれをサポートする機械，材料，化学などの大きい裾野の広がりを持っているが，実装技術になるとさらにバンプ，めっき，エッチング，研磨，ダイシング，接着剤，薬品など従来の半導体よりもさらに広い分野に関係し，また半導体メーカーでなくても完成したウエハを購入して TSV 作成，バンプ作成，めっきなどに参入する会社も増えるだろう。現在でもすでにバンプ作成（バンピング）はビジネスとして成立している。このため TSV 技術は各方面から大きく注目されている。

■第 1 章　参考文献

1） The International Technology Roadmap for Semiconductors (ITRS) 2007, 和訳版は JEITA.
2） 電子ジャーナル 2004 年 3 月, p.71.
3） 赤沢隆, "進化する SiP 技術と今後の 3 次元 SiP 実装の展開", 技術情報協会セミナー, p.13, 2008.11.19.
4） Yoichiro Kurita, NEC Electronics, "A 3D Stacked Memory Integrated on a Logic Device Using SMAFTI Technology", ECTC 2007, p.821.
5） Shekhar Borkar, Intel corp., "3D Technology- A System Perspective", 3D SIC 2008, p.1.
6） 池田博明, エルピーダメモリ, "貫通電極を用いたチップ積層構造 DRAM の開発", 化学工学会シンポジウム, 2006.8.7.
7） IBM 特許：USP 3,648,131
8） 日立特許：特開昭 59-222954
9） 富士通特許：特開昭 61-88546

10) The Annual Report Meeting, ASET, June 29, 2000.
11) Kenji Takahashi, ASET, "Development of Advanced 3-D Chip Stacking Technology with Ultra Fine Interconnection, "ECTC 2001, p.541.
12) M.Koyanagai, Tohoku University, Proc.8th Symposium on Future Electron Device, 50, 1989.10.
13) H.Tanaka, Tohoku University, Proc. International Semiconductor Device Research Symposium, p.327, 1991.12.
14) M.Koyanagi, IEEE Micro., Vol.18, No.4, p.17, July 1998.

第 2 章
TSVの基本製作プロセス

TSV を半導体製作工程のどこで作るかによって，ビアの加工方法，構造にかなり大きな違いがある。それぞれ特徴があり，現時点では標準的な構造はまだ確認されてはいない。今後は加工コストと応用分野によって使い分けられると思われる。大別すると以下のように5種類に分けられる。
　①ビアファースト（Via first，ビア先行作成）素子工程（FEOL）前
　②ビアファースト　配線工程（BEOL）前
　③ビアラスト（Via last，ビア最終作成）表面ビア
　④ビアラスト　裏面ビア
　⑤非アクティブシリコンビア

　①から④については図 2-1 に示すように，ウエハプロセスからその後の薄型化にわたっての4つの接続点でビアを作ることになる。薄型化は従来実装工程に分類されている場合もあったが，TSV では重要なプロセスに位置づけられている。以下にこれらについて説明するが，FEOL は Front End of Line でイオン注入や拡散を含むトランジスタ製作工程，BEOL は Back End of Line で絶縁層，配線膜，接続ビアを含む配線工程，非アクティブシリコンはトランジスタ，微細な多層配線のないシリコンウエハである。またビアファースト，ビアラストなどの表現は IBM が最初に使ってから TSV 技術分野では広く使われているので[1]，以後あえて訳さないで英語表現のままとする。各工程の技術内容は第3章以下で説明するので，ここでは工程の流れだけを図面で説明する。

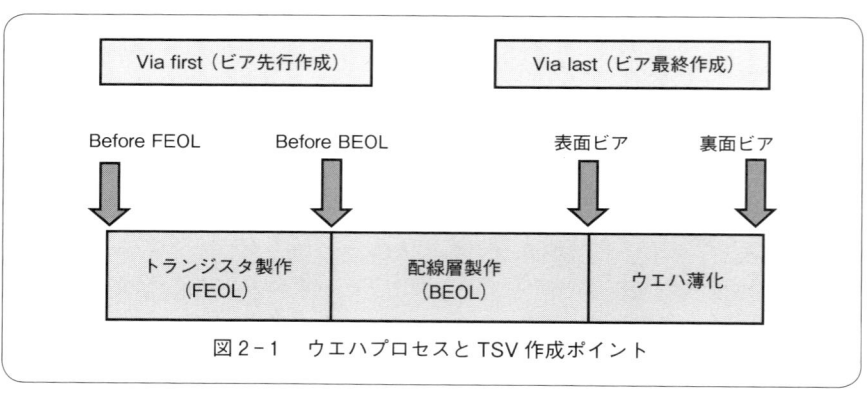

図 2-1　ウエハプロセスと TSV 作成ポイント

1 ビアファーストプロセス

ビアファーストプロセスには前述のように素子工程（FEOL）前と配線工程（BEOL）前の2種類がある。素子工程前プロセスは，ウエハプロセスに入る前のミラーポリシュしたシリコンウエハにTSVを作成する。図2-2にその流れを示す。なにも加工していない厚さ300～500μmのウエハに，フォトレジストや酸化膜マスクをフォトエッチングしてビアのパターンを作り，反応性イオンエッチングでビア孔をあける。深さは約50μm前後，孔の直径は2μmから20μm程度が標準である。ビアの内壁に絶縁用のシリコン酸化膜（SiO_2）をCVD（化学的気相成長法）などで付けた後，伝導体としてポリシリコンまたはタングステンをビア内にCVDで充填する。ポリシリコン，タングステンは孔の上部にも析出するので，ウエハをCMP（化学的機械的研磨）で平面にする。

ここから通常のウエハプロセスに入り，トランジスタ工程（FEOL），配線工程（BEOL）を通過する。ビアの伝導体は配線のいずれかに接続するか，数層の配線を貫通して最上部の配線に接続し，そのまま表面バンプに接続しても

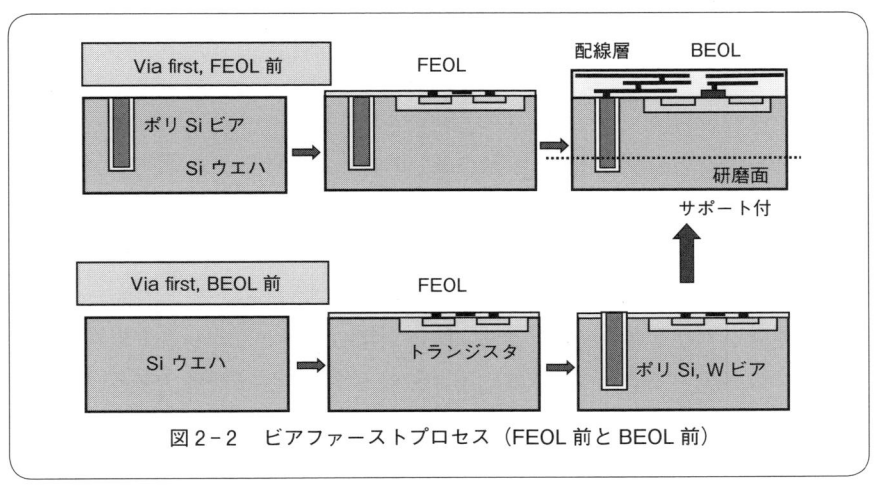

図2-2　ビアファーストプロセス（FEOL前とBEOL前）

よい．IC 完成後ウエハの裏面から研磨して約 50 μm の厚さにするが，この時ウエハは薄くなるので，強度保持のためのサポート（ガラスまたは厚いシリコンウエハ）を貼り付ける．これは通常の薄ウエハ用研磨工程と同じである．機械的研磨の後，化学的にシリコンだけをエッチするとビアの端部が露出するので，裏面に再度酸化膜を付け，フォトエッチ，めっき，スパッタなどで金属層をつけてからバンプを形成する．

次にビアファーストで配線工程前のプロセスではウエハプロセスのトランジスタ作成後にビアを作り，その後に配線工程に入る．DRAM メモリではメモリキャパシタ用にやや深いトレンチ（溝）構造をポリシリコンやタングステンで作るが，TSV のビアはこのトレンチをさらに深くしたものとして考えてもよい．CMOS トランジスタのソース，ドレイン，ウエル（分離領域）がイオン注入，不純物拡散などで作られ，さらにポリシリコンなどでゲート電極が作られた後でビアを作ることになる．このプロセスではビアの伝導体として銅配線作成用のダマシン工程と似た技術で，銅を使うことも可能であるが銅の使用例はあまり多くない．ビアの電位は配線の一部かまたはトランジスタのゲートに直接接続も可能なので，トランジスタから外部への直接引き出しもできる．ビア作成後は図の右上の最終図と同じになる．

2 ビアラスト表面ビアプロセス

ビアラストはウエハに IC 回路が完成した後にビアを作る方法である．ここではビアを表面から作る方法（表面ビア）と裏面から作る方法（裏面ビア）がある．表面ビアは図 2-3 に示すように完成した IC チップの配線層側から，ビアをイオンエッチングで約 70 μm までの深さまであける．ビア内部には絶縁用の酸化膜とバリヤ層を付け，さらにめっき用の電極となるシード層をつけてから銅を電解法で充填めっきする．バリヤ層とは銅の原子が酸化膜とシリコン中に拡散して特性を劣化させる（コンタミネーション，金属汚染）ことを防ぐための金属膜である．

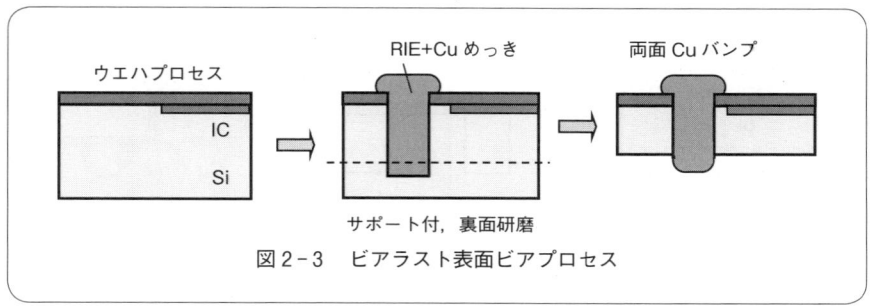

図2-3 ビアラスト表面ビアプロセス

このプロセスではビアはチップの配線層を通過するので，シリコンだけをエッチングするのに比べて難しくなる。この問題は第3章2節で検討する。ビアの直径はIC完成後なので，ウエハプロセスの時ほど微細加工はできず，20 μmから40 μm程度の比較的大口径が採用される。表面バンプはビアの銅めっきをそのまま延長して作成し，その上にはんだを付けるケースが多い。裏側バンプはまずウエハをサポートした状態で70 μmまで研磨し，その後シリコンだけをウェットエッチまたはドライエッチで削り，ビア先端を露出させはんだを付けてバンプとする。ウエハ裏面はシリコンが露出した状態か，保護用酸化膜やポリマー膜を付けた状態にする。

ビアラスト裏面ビアプロセス

このプロセスではIC完成ウエハをまず研磨して50 μm前後にしてから**図2-4**のようにビアをウエハの裏側からあける。このため薄化先行（Thinning first）と呼ぶ場合もある。ウエハは他のプロセスの場合と同じく，図のようにガラスまたはシリコンのサポートを貼り付けて扱う。このサポートは通常樹脂などの接着剤で貼り付けるが，裏面ビアプロセスの場合，他のプロセスと異なりサポートを貼り付けたままでイオンエッチング，酸化膜生成，伝導体生成をしなければならないので，これらのプロセスの加工温度を低下させ，また接着剤の耐熱温度を上げ，さらにサポートの剥離も容易にできるようにする必要があり，

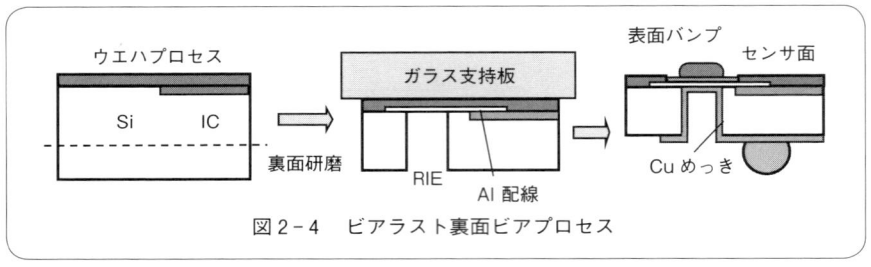

図2-4 ビアラスト裏面ビアプロセス

接着剤の開発が技術テーマのひとつとなっている。この問題は第3章15節で述べる。

　裏面からのイオンエッチングは配線層の最下部のアルミ配線または銅配線でストップさせるが、これも問題を発生しやすい（第3章2節で取り上げる）。配線と電気的接続を取るため、この後に作成するビア内の絶縁用酸化膜を再度異方性イオンエッチングでビア底部だけを除去し、金属部を露出して接続可能としてから銅めっきする。表面ビアは最上部配線から任意に取り出せるので、必ずしもビアの直上になくてもよく、チップの任意の場所に置けるのでフリップチップのバンプと同じに考えてよい。このプロセスは唯一ビアを伝導材で充填しなくてもよく、図のように非充填（コンフォーマル、形に従って、の意味）のめっき膜でも使用可能で、膜が薄いためビアめっきの時間が短縮でき、コスト削減が可能である。

　しかしこの場合ビア穴があいたままではよくないのでビアに樹脂充填が必要であり、ビア直下にはバンプが付けられないという問題もある。図には表面バンプが付けてあるが、表面バンプがない構造は表面が受光面などのアクティブ層で電極を表面から取らず、裏面からだけ取り出すという目的で主としてフォトセンサに応用され、TSV構造としては最も多く実用化されている。TSVの最大目的である積層用ではなく、チップ1枚への応用であるのでシングルビアと呼ばれる。表面、裏面に適切にバンプを付ければ将来、積層構造にも応用できる。

4 ビアファーストとビアラストの比較

　以上の各プロセスでできる代表的な TSV 構造を見てみよう。ビアファーストの素子工程前と配線工程前は加工温度に差があるが結果的にはほとんど同じ構造になる。ビアラストは表面ビアと裏面ビアで違ってくる。このため基本的な構造としては図 2-5 のようにビアファースト，ビアラスト表面ビア，ビアラスト裏面ビアの 3 種類に絞られる。各ビアのサイズと細部の構造はメーカーのプロセスによって異なっているが，ビア径についてはビアファーストは細くて $2\sim20\,\mu m$，ビアラストでは $20\sim40\,\mu m$ が標準的である。長さはウエハ薄化技術によって決まるがほぼ $50\,\mu m$ である。この 3 つにはそれぞれ特長があり，目的によって使い分けられる。

　まずビアファーストでは，ウエハプロセスの最初に作るのでウエハプロセスのあるライン，すなわち半導体メーカーやファウンドリ（生産だけ受注する会社）の工程が適している。理論的にはビア直径はウエハプロセスのハーフピッチまで作れるが，その後の工程も考えると $2\,\mu m$ が細さの限度であろう。そしてチップは多くの場合 TSV 専用レイアウトで新しく設計されるので，そのチップは単独で大量に生産する品種でさらに積層する要求の強いデバイスが望ましい。これに適合するのはメモリであり，DRAM，フラッシュメモリともに次世代の量産型の大容量品種をターゲットとしている。LSI，ロジックなどを組み合わせる SiP も可能性はあるが，他品種のチップと組み合わすことになり TSV 位置の整合などで難度は増すだろう。

　一方ビアラストのプロセスは完成した IC ウエハに加工するので，半導体メーカーは当然としても，半導体以外のメーカーでもウエハを受け入れ，または購入して TSV 加工ができる。半導体メーカーではないので，工場の環境や微細加工能力から見てビア径は $20\,\mu m$ 以上となる。現在半導体メーカー以外の会社がワイヤボンド用ウエハ，チップを購入して SiP，モジュール，部品搭載基板などを組み立てているのと同じ感覚であり，単なる組立よりも付加価値は

はるかに大きいので，TSV加工ビジネスの誕生も考えられる。TSV技術の各ステップにかかわる，イオンエッチング，成膜，めっき，バンプ，ボンディング，アセンブリ，基板，テープ，金属材料，有機材料，ウエハ研磨，ウエハ取扱装置，薬品，などに関連する企業が参入する可能性がある。

現在のワイヤボンドチップでもボンドパッドまたはその近くにTSVをあけることは可能である。この場合同一チップよりも異種チップの組み合わせが多くなり，LSI，ロジック，メモリなど，場合によってはアナログチップも積層され，現在のシステムインパッケージと同じ機能が実現する。TSVを使えば異なるサイズのチップでも積層は可能となり，汎用性はひろがる。ただしウエハ積層方式はチップサイズが同じでないと難しくなり，またボンディングのパッドピッチが異なる時は，インターポーザやチップ上の再配線が必要になるなどの問題がある。これについては第7章5節を参照すること。

ビアラストの裏面ビアプロセスは前述のようにフォトセンサ用のシングルビアとして予想外の発展をとげた。チップ表面が能動素子でTSVによる小型化が可能という特徴がフルに発揮され，携帯電話のカメラの要求に適合したためである。チップ表面を利用する光関連デバイスである発光素子（LED），ミラーデバイスやMEMS構造の各種センサには今後も応用が期待される。裏面ビア構造は本来めっき時間が短いのでローコスト構造と考えられているが，さらに樹脂絶縁などのいろいろなバリエーションが可能である。ただ構造上ビア径

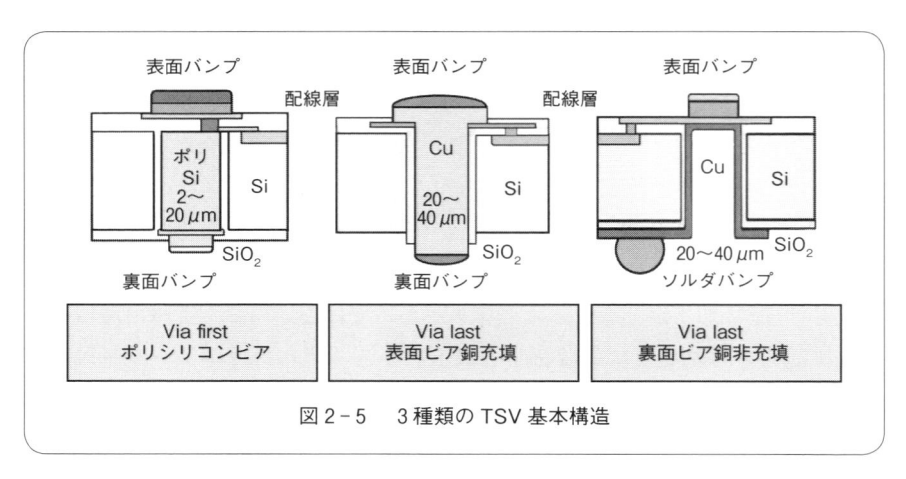

図2-5　3種類のTSV基本構造

が大きくなる傾向があり，ピン数の少ないものから適用が進むだろう．

5 TSV付インターポーザ

　半導体チップを搭載しパッケージを構成するインターポーザは，従来有機基板や有機ビルドアップ基板が使われたが，シリコンをインターポーザに使うと，チップとの熱膨張係数差がなく熱ストレス的信頼性が向上し，また有機基板よりも微細配線が可能になるという利点があり，さらにTSVの持つ小型化の特徴を生かせるので，高性能，高精度，高周波用パッケージ基板として注目されている．インターポーザとしては，IC回路のないシリコンウエハ（非アクティブチップと呼ぶ）でよく，トランジスタ，微細なIC回路配線層がないので，加工時の温度制限条件が楽になり，TSVの作成は比較的容易になるので，いくつかの独特なプロセスも提案されている．

　シリコンインターポーザの製作プロセスはいくつかあるが，図2-6に代表的なものを示す[2]．インターポーザは積層チップと違ってある程度強度も必要なので厚くする場合が多い．この例では通常のウエハ（350〜500μm）を研磨薄化して200μm程度の厚さにする．薄ウエハは普通50〜70μmなのでサポート用ウエハまたはガラスを使うが，100〜200μmではサポートはまず不要である．フォトレジストを使ってイオンエッチング（ボッシュプロセス）で裏面まで貫通穴をあける．

　インターポーザ用のビアに酸化膜を生成させる際には一般に温度制限がなく1000℃付近で加熱してもよいので，均一で緻密な熱酸化膜を使える．この場合ビア内を含むウエハ全面に酸化膜がつく．その後バリヤ層（TiN），シード層，銅充填またはコンフォーマルめっきをする．めっきはビアが貫通していてブラインドビアではないので充填しやすい．その後表面の配線層のボンディングパッドを作成する．裏面は普通BGA構造にするのではんだバンプを作成する．

　表面に高密度のLSIフリップチップやTSVチップを搭載する時，そのチップに対応したボンディングパッドと配線が必要になる．このため銅配線でパタ

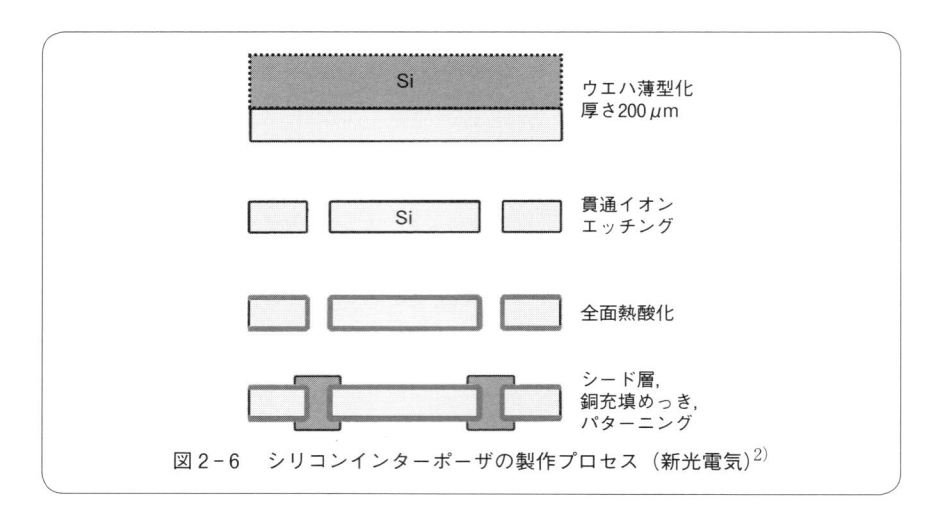

図2-6 シリコンインターポーザの製作プロセス（新光電気）[2]

ーニングするが，これはチップ上の再配線（RDL）と呼ばれる銅配線と同じで最小5μm幅ぐらいまでは可能であるが，高密度の場合は2～3層配線にする。高周波特性をよくするために絶縁膜に酸化膜の代わりにBCBを使うこともある。各社のシリコンインターポーザについては第6章で取り上げる。

■参考文献

1） J. Knickerbocker, IBM, "Development of next generation system on package (SOP) technology based on silicon carrier with fine pitch interconnections", IBM J.Res.Dev., 49. 2005, p.725.
2） 小泉直幸，新光電気，"シリコンインターポーザの基礎評価"，MES2005, p.197.

第3章
TSV作成技術

貫通ビアの製作には多様な技術が関係している。第1章でも述べたようにシリコンウエハプロセス，パッケージ実装技術，バンプ作成技術，有機基板配線技術などが関連して新世代の実装技術を形成しているが，さらに TSV では近年 MEMS（マイクロ電気機械システム）で発達した深堀イオンエッチング技術も必要になっている。TSV 構成技術は大別すると次の5つになるので，これらの技術についてすでに発表されているものを検討しよう。またこれ以外でも細部の技術としてレーザドリル，バリヤ膜，シード層，樹脂絶縁，スプレーコート，サポート材など関連する技術開発が行われているので調べてみよう。

① シリコン深堀エッチング
② ビア内の絶縁膜などの生成
③ ビア内の伝導体物質の充填
④ ウエハの研磨，薄型化
⑤ 電極，配線，バンプの作成

1 シリコン深堀エッチング

TSV 構造の基本となるシリコンにビア孔をあけるため，反応性イオンエッチング技術が使われる。イオンエッチングは低真空中での放電で起こるプラズマから発生するイオンなどの粒子で，シリコンなどの対象物を加工する技術であるが，さらに反応性のガスを導入してシリコンを化学反応も付加して加工する技術が反応性イオンエッチング（Reactive Ion Etching, RIE）であり，これを利用して細く深い穴をあける方法を深堀エッチング（Deep RIE, DRIE）と呼ぶ。図 3-1 に反応性イオンエッチング装置の原理図を示す。これは基本的な平行平板型と呼ぶ装置であるが，真空装置の中は 1〜10Pa（Pa，パスカルは気圧の単位で 1Pa = 約 10^{-4} Torr）の比較的低い真空度に保ち，SF_6，CF_4，CHF_3 などのガスを流す。真空装置の中の平面電極上にシリコンウエハを置き，それと離れて対向する金属電極を置き，この2つに 13.56MHz の高周波電力をブロッキングコンデンサを通して印加すると，高周波はコンデンサを通過して

流れ，2つの電極間で放電が起こる。

放電している場所にはプラズマ（plasma）が発生する。プラズマとはガスが電界中で電離してプラスのイオンと電子になり，さらにその中にガス分子同士の結合が切れた，裸のような状態のラジカル（radical，遊離基とも呼ぶ）も入っているし，また電離していないガス分子も存在するという状態である。このラジカルは電気的には中性であるが化学的な活性が強い。プラズマ中にはこれらの粒子が雲のように混ざり合って存在しているイメージである。

ラジカルとイオンは元の状態に戻るときエネルギーを放出して光を出すので，プラズマが存在すると光って見える。各粒子の動きを考えると，電子は非常に軽く，高周波の電圧の極性が変わるたびにプラス側に引きつけられる。そして対向電極（アノード，陽極と呼ぶ）に入った電子はそのままアースに流れて行く。シリコンウエハの載っている平面電極（カソード，陰極と呼ぶ）に入った電子はコンデンサがあるため流れられず，電極に溜まっていく。その結果カソードは高いマイナス電圧（400〜1,000Vにもなる）に帯電し，図のように空間電荷の溜まった層を作る。これをイオンシース（イオンのさや）と呼ぶ。

一方ガスイオンは電子に比べて桁違いに重いので，高周波電圧の変化にはつ

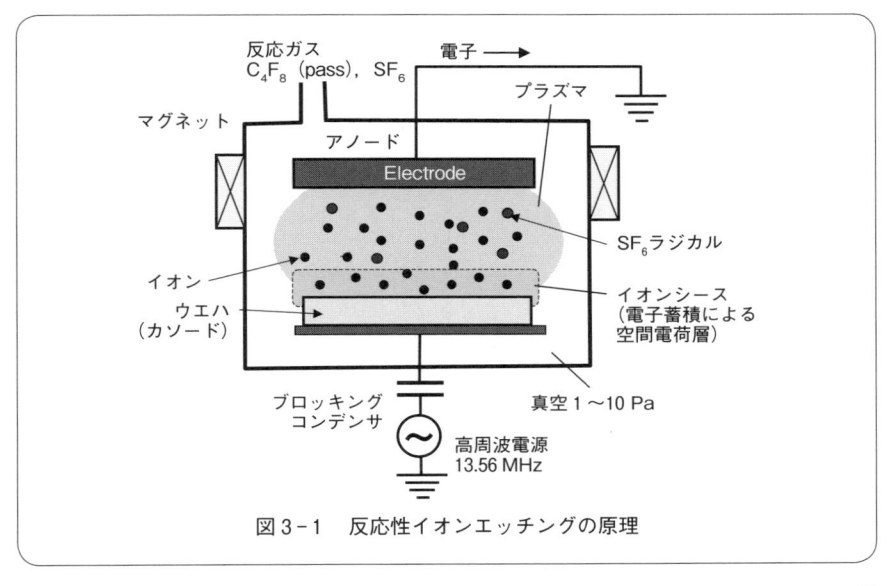

図3-1　反応性イオンエッチングの原理

いていけないが，カソードの高い電圧に引かれて平面電極つまりシリコンに衝突する。イオンは重いのでシリコン原子を跳ね飛ばして削る，つまりエッチングする。またもうひとつの粒子であるラジカルは中性なので電圧には引かれないがシリコン表面付近で動き回り，化学的活性が強いのでシリコンと反応して削りとる。

　このようにシリコン表面では2種類の異なったエッチング作用が起こっているので別々に考えてみると，まずイオンはシリコンに直角に衝突するので，深さ方向（縦方向）にだけシリコンを削り取る。一方ラジカルは動き回って削るので深さ方向（縦方向）にも，横方向にも同時に削り取る。縦方向だけエッチングするのを異方性エッチング（anisotropic etching），縦横両方向にエッチングするのを等方性エッチング（isotropic etching）と呼ぶ。縦方向に細いビアを作る深堀エッチングをする場合は異方性エッチングが有利であるが，実際にはエッチング速度が遅いので，次に述べるボッシュプロセスを使う。

① MEMS で進歩した深堀エッチング

　上の説明は平行平板型の装置であるが，イオンエッチングはエッチング速度があまり速くなくビアの加工に時間がかかる。このためシリコンを早く，正確にエッチングする目的で，プラズマを均一で高密度に作るため種々のイオンエッチング装置が開発されている。図のようにマグネットを付けて磁界を発生させてプラズマを強くすることもある。広く使われている装置に ICP（Inductively Coupled Plasma, 誘導結合プラズマ）エッチングがある。これは装置の上部の対向電極の代わりに，装置の外側に高周波コイルがありこれに高周波電力を印加することで電磁界を作り，その中で強力なプラズマを発生させる装置である。シリコンのイオンエッチング装置はいくつかの真空加工装置メーカーが改良を重ね，エッチング形状の正確さ，エッチング速度の向上を競っている。

　イオンエッチングは最初半導体ウエハプロセスでシリコン，酸化膜，配線のエッチング用に開発され，次に加速度センサ，圧力センサ，半導体マイクロフォンなどに使われる MEMS（マイクロ電気機械素子）の深い精密なシリコンエッチング加工に応用されて性能が向上した。そしてまた3次元実装用の TSV 作成にその威力を発揮している。これをイオンエッチング技術の「里帰

第 3 章 TSV 作成技術

り」と呼ぶ人が多い。イオンエッチング装置は図のような真空室だけではなく，真空ポンプ，ウエハを装填するための器具や準備室，冷却装置，ガスの流量調整装置などの付加装置が複雑で大きく，大型で高価な装置となっている。

②縦穴を作るボッシュプロセス

ボッシュプロセスは 1992 年ドイツのボッシュ社の Dr.Larmer（図 3-2）[1] の開発による技術で，深堀イオンエッチングの主流技術になっている。当然特許も取得され使用されているが派生特許も数多く存在する。深堀エッチングのエッチング速度を改善するために，上述の異方性エッチングと等方性エッチングの長所をうまく組み合わせた，見事なアイデアでまさに匠の技とでもいえるだろう。図 3-3 にボッシュプロセスの原理を示す。

まず(a)でエッチングのために表面にフォトレジストなどでエッチングマスク（マスクについては後述）を作り，SF_6 ガスのラジカルでエッチングすると，表面から等距離にシリコンが削れるが，レジストの縁からは円形に（つまり等方的に）削れるので側面は円形になる。液体でエッチングするのと同じイメージである。

このままでは円形がどんどん外側に広がってしまうので，ここでガスを C_4F_8 に切り替えると，この物質はプラズマによって CF_n（n は不定）のようなポリマーを生成し，(b)のように穴の底面や側壁に付着して膜を作る。次にまた

図 3-2　ボッシュプロセスの開発者 Dr.Larmar（右）（ボッシュ社提供）[1]

ガスをSF_6にすると，SF_6ラジカルはポリマー膜があるのでシリコンに作用しないが，SF_6イオンはウエハ付近に発生している電界によってビアの底部に衝突し異方的に，つまり穴の底面だけ(c)のようにポリマーを削りとる。これはラジカルの化学的反応とイオンの物理的反応の差から起こる。

底面のポリマーがなくなると再びラジカルが活動して等方性エッチングを進める。この作業を繰り返すと，(d)のように側壁には凹凸（スカロップと呼ぶ，ホタテ貝の殻に似ているため）があるが縦方向に深い穴が掘れる。ガスの切替

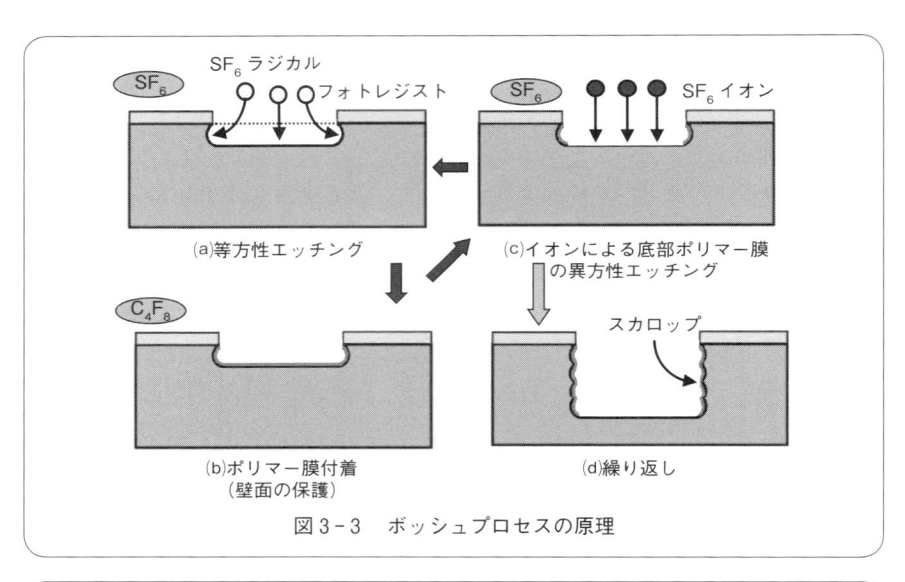

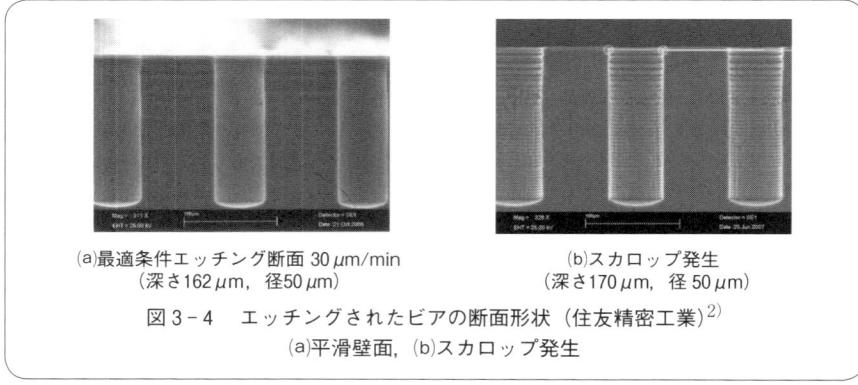

図3-3 ボッシュプロセスの原理

(a)最適条件エッチング断面 30μm/min
（深さ162μm，径50μm）

(b)スカロップ発生
（深さ170μm，径50μm）

図3-4 エッチングされたビアの断面形状（住友精密工業）[2]
(a)平滑壁面，(b)スカロップ発生

えを早くすると、スカロップは小さくなってほとんど見えなくなり、図 3-4 (a) のようなきれいなビア穴が得られる[2]。等方性エッチングの時間を長くすればエッチング速度は速くなるが、スカロップは大きくなるというトレードオフになる(b)。TSV として実用的な平滑面を得るためのガスの切り替えは一般的には数秒（5～10 秒）程度といわれるが、装置の形状によっても変化する。深いビアの底部では反応が終了したガスが表面まで出にくくなり、またラジカルも入りにくくなるので、一般にスカロップは表面近くで大きくなり、ビア底部に行くと小さくなる傾向がある。図 3-5 はスカロップを拡大した状態である[3]。

次にビアの平面形状を考えると、標準的には円形が考えられるが、ビアの抵抗値の関係からシリコンの面積を有効利用するために四角形を採用する例もある。またビアの断面形状は円筒形（ストレートと呼ぶ）になるが、ビアの壁面が表面に対して直角だと絶縁膜などの付着に問題が起こる場合もあり、ある程度の角度たとえば 85 ± 3 度程度の角度をつける場合もある。樹脂をコーティングするなどの特別な要求から 65 度程度のもっとゆるい角度をつける場合もあり、これらの傾いたビアをテーパービアと呼んでいる。

角度調節はガスの切替えのタイミングを変えて行える。ボッシュプロセスでガスを切り替えない（これを非ガススイッチと呼ぶ）と自然にテーパービアができるし、ガスの切り替えを複雑に調節して特殊な形状のビアも可能になる。一例を図 3-6 に示すが非ガススイッチとボッシュプロセスの切り替えが行われ

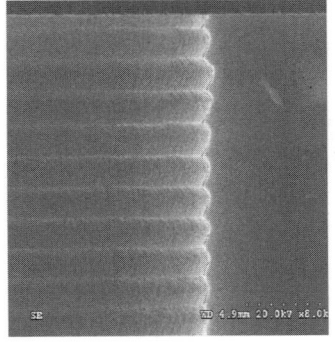

図 3-5　ビア内のスカロップの拡大（Semitool）[3]

たのがわかる[2]。ストレートビアの場合ビアの直径はプロセスと適用条件によって異なり，ビアファーストでは微細加工が可能なので2〜15μm程度も可能である。ビアの深さ／直径をアスペクト比（AR）と呼ぶが，ARはビアファーストで10〜20，ビアラストで5〜10程度が多い。一般にアスペクト比は小さいほど加工が容易である。

次にウエハ全面についてのビアの形状の均一性を考えると，全部のビアの傾きと深さが正確にコントロールされないと歩留まりに影響する。イオンエッチングではプラズマの強度分布などによってウエハの中央と周辺の差がでる可能性がある。従来TSVの開発はMEMS加工の開発時の影響もあって6インチ（15cm）や大きくても8インチ（20cm）のウエハで行われ，ビアの深さ分布

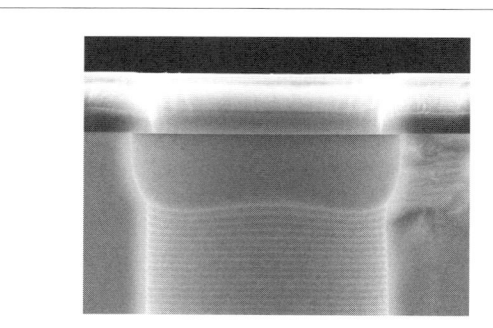

図3-6　変形ビアの例，表面は非ガススイッチ[2]

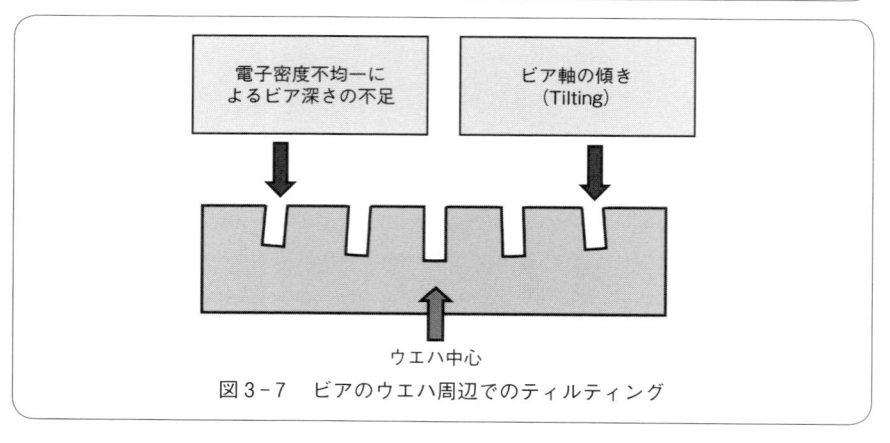

図3-7　ビアのウエハ周辺でのティルティング

も装置の改良によって克服されて来たが，今後使われる30cmウエハになると一段と精度向上が要求されてくる。8インチウエハの場合平均的にウエハ周辺で1.2度程度の傾きがあるといわれている。この傾きをティルティングと呼んでいる。図3-7のようにプラズマ分布の不均一によって中央と周辺のビアの深さと傾きの変化をなくすることがプロセスの歩留まりにかなり大きい影響を与えるであろう。

③非ボッシュプロセス

一般に小さいスカロップはその凹凸が200 nm以下ぐらいではその後のプロセスには影響しないとされている。実際には40〜50nm程度の凹凸は平滑面として考えられているので，ボッシュプロセスは現在のビア作成の主流になっているが，ボッシュプロセスを使わない非ボッシュプロセスも存在し，イオンエッチングだけでスカロップのないビアを作れることも報告されている。

そのひとつはパナソニックの報告[4]で，ウエハのプラズマダイシング技術の延長として開発されたものであるが，図3-8のようにSF_6のガスにO_2を混合しプラズマ中でSF_5，Fイオンを作り，ビア側壁には$Si_xO_yF_z$（x,y,zは不定）のポリマー膜を作り，25×50μmのビアを作成している。ポリマーが生成することで側壁の平滑な等方性エッチングになるとされているが，エッチング速度がやや遅いのとガスの流動性が必要のために細孔が作りにくいともいわれて

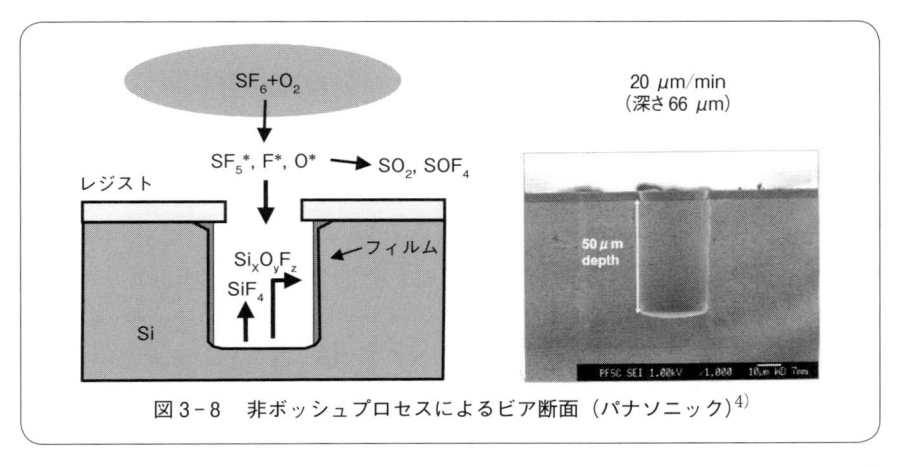

図3-8　非ボッシュプロセスによるビア断面（パナソニック）[4]

いる。しかしまだ十分なデータは発表されてはいない。

シンガポールの IME によると非ボッシュプロセスのビアエッチングも，ボッシュプロセス用と同じ装置で実行できる。この場合 SF_6, O_2, アルゴンを流しガスのスイッチングは必要なく，3 〜 4 μm/分のエッチング速度が得られる。このときアルゴンはエッチ速度を改善する効果がある。非ボッシュプロセスではビアの形状がやや円錐形になり，側壁の粗度は 150 〜 200 nm と小さいがビア入り口付近のマスクとの界面に突起が発生しやすいと報告されている。

またエプソン（第 4 章 5 節参照）はエッチング装置メーカーと共同開発で M-RIE（マグネトロン RIE）と呼ぶ非ボッシュプロセスで 45 μm/min という高速のエッチング速度を得たと報告している。この技術の詳細は未発表であるがスカロップがなく表面付近も滑らかなので絶縁層とバリヤ層の密着性も良好といわれる。エプソンは径 35 〜 40 μm，深さ 70 〜 100 μm，アスペクト比 10 までビアを作成している。また酸化膜の均一性もよく，リーク電流もきわめて小さい。この技術は同社のインクジェットプリンタ用ノズル技術から適用されたものと思える。この技術が公開されるかどうかは不明である。イオンエッチング技術に関してはボッシュプロセスの特許も確立しているので，今後多種類の技術が使われるかどうかはわからない。

④向上するエッチングの速度

ボッシュプロセスを使った時のエッチング速度はビア作成にとって重要である。高価なエッチング装置を長時間使うとその費用やガス代などのコストが無視できない。イオンエッチングの速度は当初 2 μm/min 程度で，深さ 50 μm のビアを掘るのに 30 分を要したといわれる。その後プラズマを強化するなどの装置の改良でエッチング速度はすばらしく向上し，50 μm/min という速度も公表されている。しかしエッチング速度の正確な定義はなかなか難しく，ウエハ全面をエッチする場合よりは細いビアをあける方がはるかに早い。

反応するプラズマ中のラジカルの量は一定なので，全面エッチではラジカル量が薄くなって速度が落ちてしまうからである。図 3-9 に年ごとにエッチング速度が早くなった状況を示すが[5]，ビアの開孔面積がウエハ面積に対して 15 ％程度が一般 LSI で妥当とすれば，毎分 50 μm 前後が最高エッチング速度と

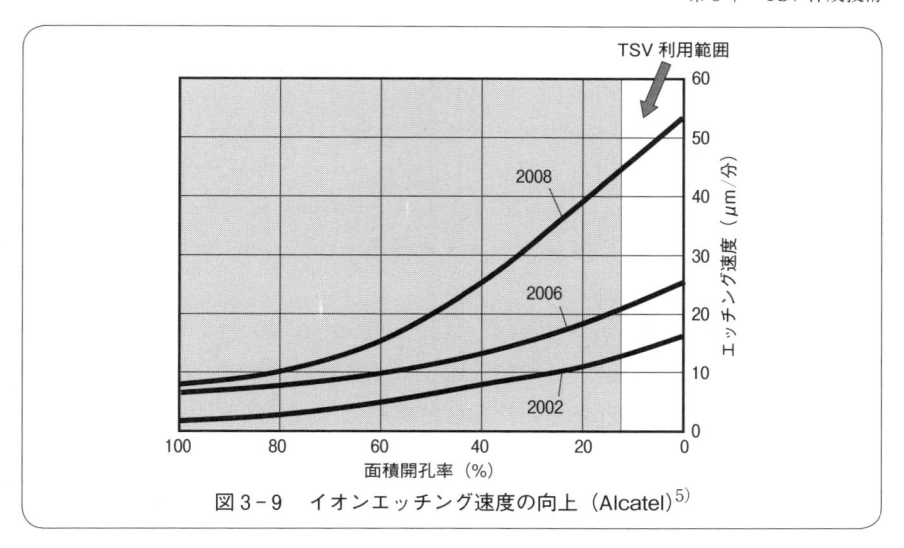

図3-9　イオンエッチング速度の向上（Alcatel）[5]

考えてもよい。もうひとつはビアが細くなってアスペクト比が大きくなるとビアに入ってくるラジカルと，反応で発生した物質が出て行くのに細い穴の抵抗が大きくなる，つまり細いビアではエッチング速度は遅くなるといわれている。

⑤テーパービアエッチング

　TSVのビア形状がストレートつまり内壁が垂直だと，絶縁膜，バリヤ，シードの均一な厚さの生成，とくにスパッタリング時の膜厚制御が困難になることはよく知られている。この問題への対策としては角度のついたテーパービアがいくつか提案がされており，インテル（第4章4節）の厚酸化膜対策，IMEC（第4章10節）のパリレン膜塗布やSchottのポリマー吹きつけ絶縁法（本章13節）などがある。これらはいずれもボッシュプロセスにおいてガスのスイッチングを調節してビア径を変化させているものである。

　これに対してシンガポールのIMEでは2段のエッチング法によるテーパービアの製法を提案している。これは1段目を通常のビアエッチング，2段目を等方性エッチングで行う方法である。イオンエッチング後ウエハ全体を等方性エッチングして表面を除去するので，スカロップも平滑化される。第1段のエッチングはボッシュプロセスと非ボッシュプロセスで行ったが，これに関する

細かいデータが多く発表されているのでここで紹介する[6]。まずボッシュプロセスでの第1段エッチング時の条件は,エッチサイクルとして,真空度 26 mtorr,ガス流量は SF_6 130 sccm(sccm は cc/分),O_2 13 sccm,コイル電力は 600 W で 6 秒間,またパッシベーションサイクルでは真空度 17 mtorr,ガス流量は C_4F_8 85 sccm,コイル電力 600 W で 5 秒間を繰り返す。この時ウエハ温度は 10 ℃,全処理時間 60 分,エッチ速度 3 ~ 3.5 μm/分,ビア露出面積 15 ~ 20 %であった。

次に第 2 段の等方性エッチングとしてガススイッチなしで真空度は 30 mtorr,ガス SF_6 180 sccm,O_2 18 sccm,コイル電力 700 W,処理時間 10 分,エッチ速度 1.5 ~ 2.0 μm/分とした。ビア開孔後 PECVD で 5000 Å の酸化膜(Unaxis の Plasmetherm 790 による),バリヤとして 1000 Å の Ti とシードとして 1 μm の銅をスパッタ(Unaxis の Balzer による)した。銅めっきは DC パルスめっき 20 ms 電圧印加,20 ms 休止とした。図 3-10 はこの方法による 200 μm の深さのビアの状態を比較する。ビアの形状が円錐状に変化していて,銅めっきが良好に充填している。

非ボッシュプロセスの場合の第 1 段エッチングは真空度 30 mtorr,ガス流量は SF_6 67 sccm,O_2 67 sccm,Ar 59 sccm,温度 30 ℃,処理時間 60 分,エッチ速度 3.5 ~ 4 μm/分,ビア露出面積 15 ~ 20 %とし,第 2 段エッチングはボッシュプロセスの場合と同じにした。図 3-11 に 200 μm のビアに対する結

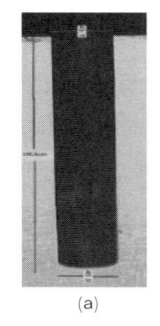

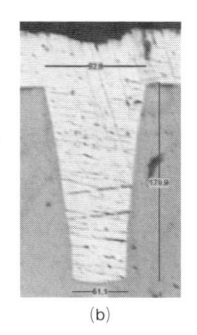

図 3-10 ボッシュエッチング 2 段テーパービアの断面
(a)ボッシュ後ストレートビア,(b)2 段目エッチング後(IME)[6]

第 3 章　TSV 作成技術

果を示すが，ビア径は太くなり，めっき時にボイドを発生する原因となっていたビア入口の突起が消失した。銅めっき充填も良好であった。なおこのテーパービアプロセスの第 2 段では図からもわかるようにウエハ表面も同時にエッチングされウエハの厚さが減少する。論文ではこの方法をインターポーザの TSV に応用しているのでウエハ厚の減少は予想しておけばよい。アクティブウエハに対しては適当なマスクを使って表面エッチングを防止すればよいと思われる。

⑥ イオンエッチングマスク

　反応性イオンエッチングでシリコンビアを作る場合，フォトレジストのようなエッチングマスクが必要である。化学エッチング（液体エッチング）で使われるフォトレジストでは化学反応を利用していて，レジストで作ったマスクはほとんどエッチング液には溶けない。一方イオンエッチングはラジカルの物理的な作用を使っているので，レジストマスクの物質もエッチングされる。マスクとシリコンのエッチング速度の比を選択比と呼ぶが，イオンエッチングでは化学エッチングに較べて選択比が小さい，すなわち厚いエッチングマスクを使わねばならない。ポジ型のフォトレジストで厚さは数 μm が使われることもある。シリコンのイオンエッチングではウエハが高温になるなどの理由で，シリコン酸化膜が使われることも多い。酸化膜はフォトレジスト（ソフトマスク）

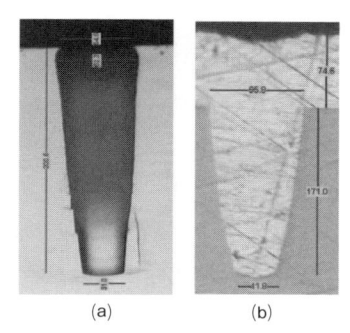

図 3-11　非ボッシュ 2 段テーパービア断面
(a)非ボッシュエッチング後，(b) 2 段目エッチング後[6]

図 3-12 酸化膜のイオンエッチングマスク（沖電気）[7]

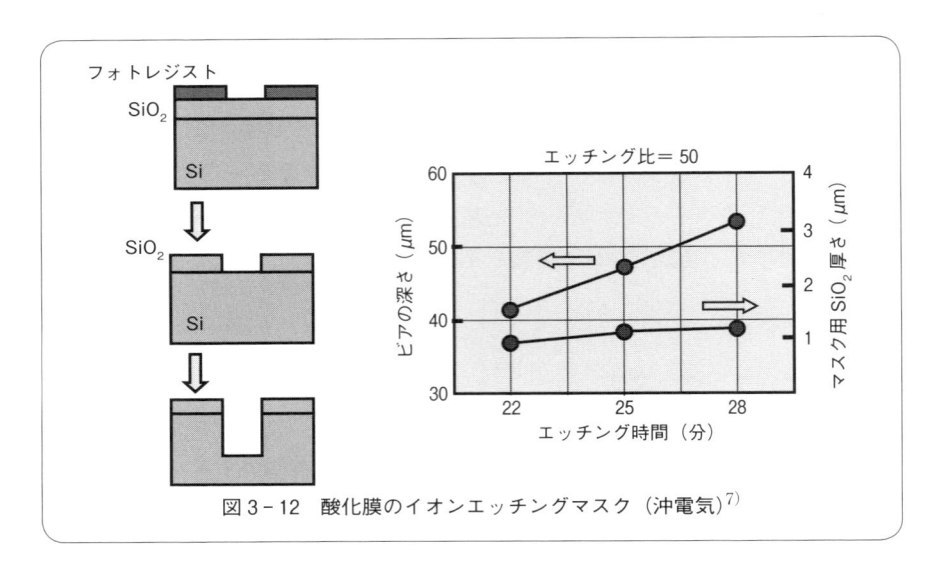

に対してハードマスクと呼ばれる。

酸化膜マスクはシリコン表面に TEOS CVD などで酸化膜を生成し，それをフォトレジストでパターンエッチし，レジストを除去してからイオンエッチングを行う。図 3-12 にシリコンと酸化膜のエッチング速度を示す[7]。この図からはシリコン－酸化膜の選択比は 25 と求められる。またイオンエッチングが比較的低温（150℃以下）で行われるときはエッチングマスクとして専用のフォトレジストが使われ，これを DRIE エッチレジストと呼び，厚さは数 μm から 20 μm 程度が使われる。この場合，選択比は 100 程度と報告されている。ハードマスクとレジストマスクではシリコンとの界面でのエッチング状態がやや違うことがあり，マスク直下にアンダーカットが起こる場合がある。

⑦ビア内壁の洗浄

ボッシュプロセスでイオンエッチングが終了した後，ビア内壁には薄いポリマー膜が残っている。この膜は次の酸化膜工程のために除去しなくてはならない。一般にビアのような精密構造の洗浄には深部によく浸透し，ポリマーをよく溶解し，早く乾燥し，シリコンに影響をしない有機溶媒が使われる。代表的なものはフッ素系のハイドロフルオエーテル（HFE）である[8]。代表的物性と

図3-13 イオンエッチング後のビア内壁の洗浄法（住友スリーエム）[8]

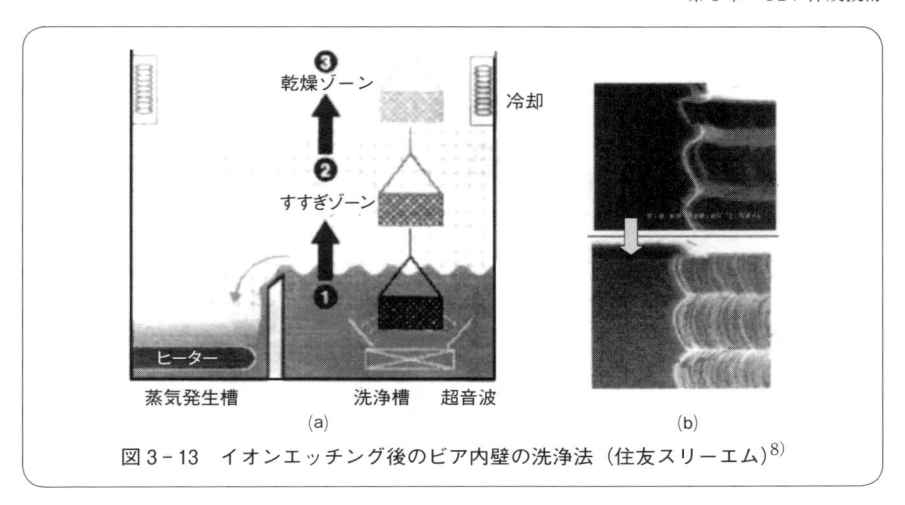

しては沸点76℃，凝固点−138℃，密度1,430kg/㎥，粘度5.7 × 10^{-4}Pa，オゾン破壊係数0である。洗浄装置の原理は**図3-13**(a)のように浸漬槽（超音波つきで，60℃前後に加熱）。蒸気槽，乾燥ゾーンからなり，洗浄時はウエハ容器を順次移動させる。図(b)に洗浄前と洗浄後のスカロップ面の状態を示す。洗浄後はシリコンのスカロップ面で結晶形に関係すると思われる細部構造が見えている。

2 ビアエッチングでの問題点

　ビアのイオンエッチングではいろいろな問題が発生する。MEMS技術の進歩もこれらの問題の解決の歴史であった。ビアの深さ，直径，平滑性などが設計どおりでないと必ず後工程で問題が発生し，時にはチップが不良となって歩留まりが低下し，またデバイスとしての信頼性が低下する。シリコンウエハ表面に配線層が存在することも問題を起こしやすい。以下にいくつかの問題点について検討しよう。

① ビア底部で起こるノッチング

シリコンのイオンエッチングで,シリコンだけをエッチングしている場合はほぼスムースな円筒形の断面になるが,ビアの底部に酸化膜があるとエッチングの進行が異常になる。イオンエッチングでビアの底部に酸化膜が存在するとその膜に入射したイオンのプラス電荷が流れることなく酸化膜中に帯電し,後から来るイオンを反発する。そのためイオンの軌道が変わり横方向にシリコンをエッチするため,図3-14のように切れ目や割れ目が発生する。この現象をノッチングと呼ぶ。ノッチングがビアの外側に起こると酸化膜や伝導体に空洞ができ,不良ビアとなる。ノッチングがビアの内側に起これば問題ないので,内側に曲げるようにレシピ（エッチング条件）を調整する必要がある。その実

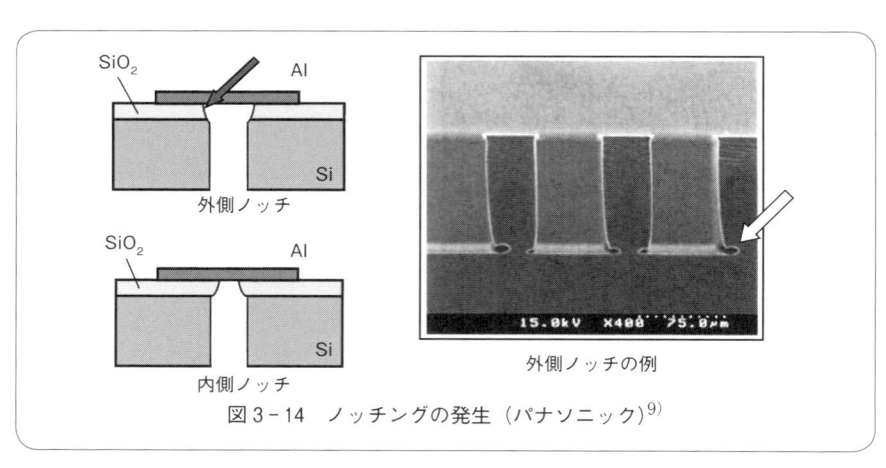

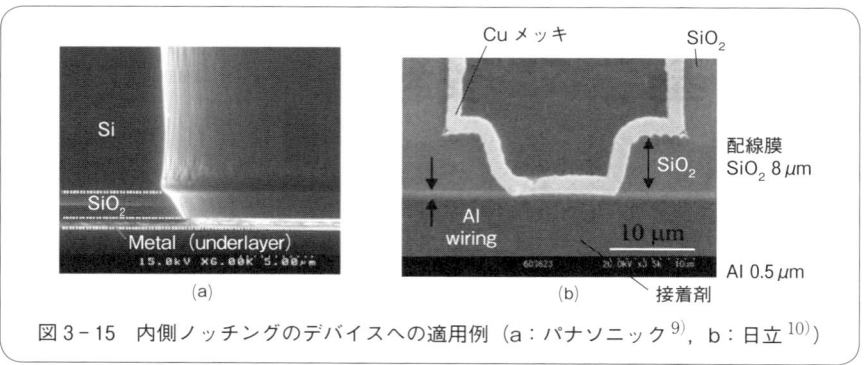

図3-14 ノッチングの発生（パナソニック）[9]

図3-15 内側ノッチングのデバイスへの適用例（a：パナソニック[9],b：日立[10]）

例を図 3-15 に示す。いずれも酸化膜の部分で内側に曲げてある。図(a)はパナソニック[9]，(b)は第 4 章 3 節で述べる日立の構造[10] である。

② ビアラストでの配線層の貫通

ビアラストプロセスはビアファーストに比べてコスト的に有利とされているが，イオンエッチングではいくつかの点で問題が残っているので検討してみよう。まず第 2 章で述べたようにビアラストの表面ビアプロセスでは，ビアを IC 回路が完成しているウエハの表面からあけるので，ビアはシリコンをエッチングする前に当然配線層を通過する。このときノッチングに似た酸化膜エッチングの不安定状態が起こると想像される。酸化膜はシリコンよりエッチング速度が遅く，また配線層は酸化膜だけでなく，アルミニウムや銅の配線層も含むので一層面倒になり，ビアの側壁はノッチング類似の現象によって凹凸ができる。

側壁を平滑にするにはエッチングのレシピを慎重に変化させるが，それでも問題は残る。この凹凸をなくすためにさらにポリマーを図 3-16 のように被覆させることも提案されているが，このポリマーの上にさらに酸化膜，バリヤ，シードが付着することになり，複雑な状態になる。図 3-17 のような配線層をビアが通過した写真もあるが[11]，これも明確ではないがポリマー被覆と酸化膜付着が行われていると思われる。これを避けて配線のない部分にビアを作る設計をしても，やはり酸化膜とシリコンの界面ではノッチングは起こってしまう。いくつかの表面ビア TSV の論文が発表されているが，配線層の存在する

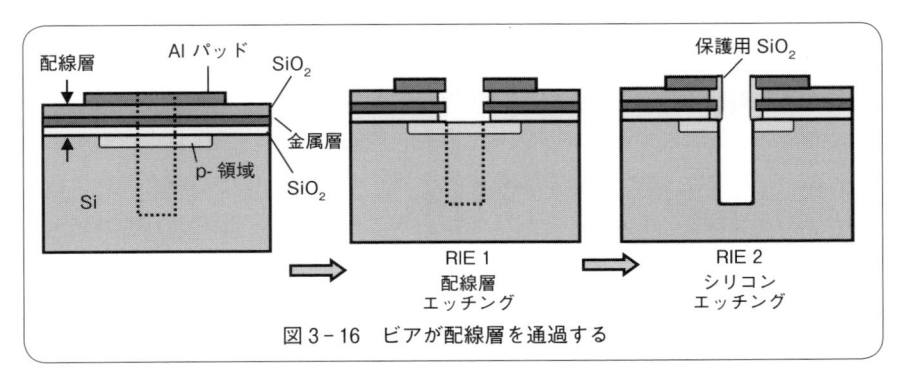

図 3-16 ビアが配線層を通過する

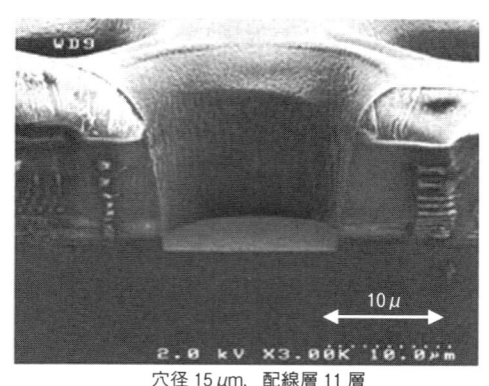

穴径15μm，配線層11層
図3-17 通過配線層をポリマーで被覆（Aviza[11]）

状態での実験は少ないように思える。おそらく表面ビアの歩留まりを悪くする最大の要因になると考えられる。

③配線層でのビアエッチング停止

次に同じようにビアラストで，裏面ビアプロセスを考えてみよう。イオンエッチングは表面ビアプロセスとは逆に先にシリコンをエッチングし，配線層に入ってから金属配線でストップしてその配線に接続せねばならない。さらにその前には配線層の酸化膜に出会うので，表面ビアと似た不安定性が発生する。この状況を図3-18で説明するが，酸化膜は一般に数μmの厚さで，エッチング速度はアルミニウムの約2倍すなわち選択比は2で，一方アルミニウム配線の厚さは0.5μmなので，アルミ層で正確にエッチングを停止させるのはかなり難しい。さらに次のステップでビア内壁に酸化膜を生成するので，ビア底部の酸化膜だけを除去する必要があり，もう一度同じ難しい工程をくり返すことになる。この場合，酸化膜は側壁をエッチングしてはならないので，ボッシュプロセスではなく，イオンのみによるボトムエッチングと呼ぶ異方性エッチングが必要である。

この問題を回避するためビアのイオンエッチングを配線層の手前でストップし，配線層酸化膜と生成酸化膜を重ねてからエッチングする方法もあるが，そ

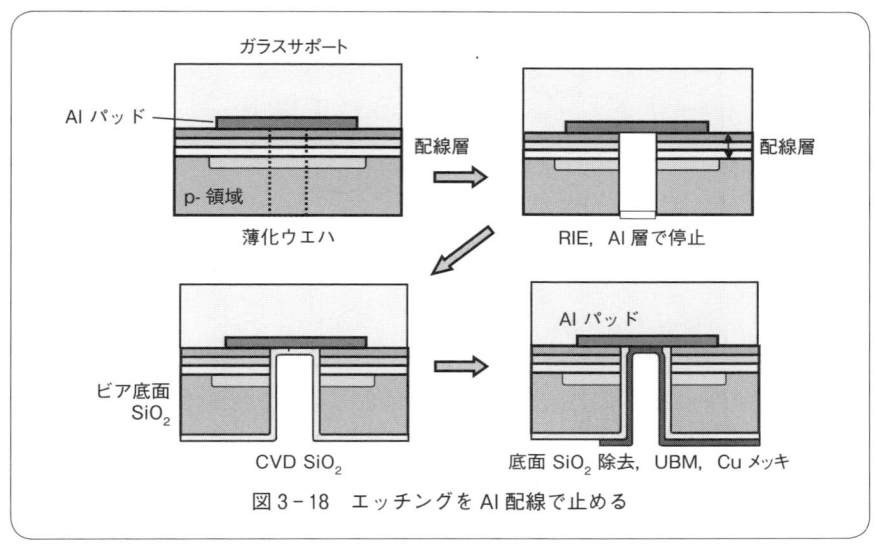

図3-18 エッチングをAl配線で止める

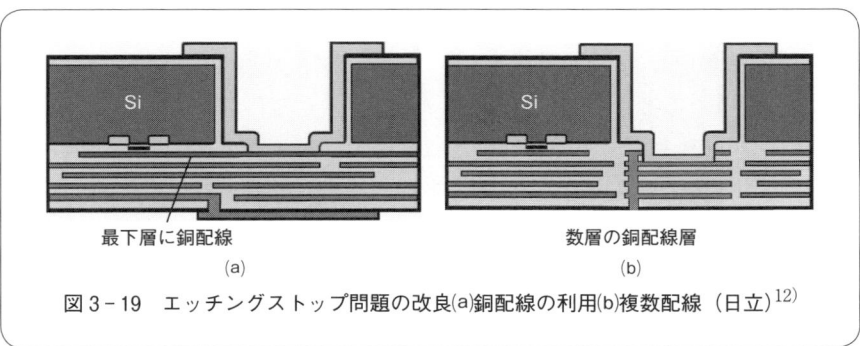

図3-19 エッチングストップ問題の改良(a)銅配線の利用(b)複数配線（日立）[12]

れでもこのAlストップ工程を1回は通過せねばならない。日立（第4章3節）の例ではこの問題を解消するため，2つの方法を提案した[12]。その1は図3-19(a)のように配線層に厚い銅層を加え，これをエッチングストップとして利用する。その2はアルミ配線層を数枚重ね，図3-19(b)のようにこれらを配線ビア（配線層を接ぐ短いビア）で連結しておき，どの配線で止まってもよいようにした。この2つとも効果は大きいが，日立のプロセスはSiPを目標とする，既存チップの積層を可能にするプロセスであり，上述の方法はチップ配線層の新設計を必要とする点が難問である。

3 レーザドリリングによるビア開孔

シリコンに穴をあけたい時だれでも思いつくのはレーザである。実際レーザでも1秒で数百個以上というきわめて高速できれいな穴があけられる。ただ従来のレーザは加熱され、溶解するイメージが強かった。しかし最近では短波長の紫外線レーザ（たとえばYAGレーザ第3高調波355 nm）でアブレーションという、溶解を経ずに直接固体から気体になる現象を使ってシリコンを加工する技術、レーザドリリングが図3-20のように開発されている。レーザビアは一般に85度程度のテーパービアになり、ビア内壁面には当然であるがスカロップはない。またビアの深さはレーザパルスの数で再現性よく実現できる。

実際東芝ではレーザによるTSVビアを開発しフォトセンサを応用している（第5章2節参照）。また三星電子でもレーザでメモリ用TSVを試作したといわれる。そうなるとレーザとイオンエッチングのどちらが有利かということになるが、図3-21にビアあけの速度比較を示す。レーザは1秒で100個もの穴をあけるが、イオンエッチングでは1枚のウエハに数万個のビアがあっても同

テーパービア（85度）が可能	パルス数によって深さが決まる
(a)	(b)

図3-20　レーザドリリングによるビア断面（XSiL）[13]

第 3 章　TSV 作成技術

図 3-21　RIE とレーザの開孔速度の比較

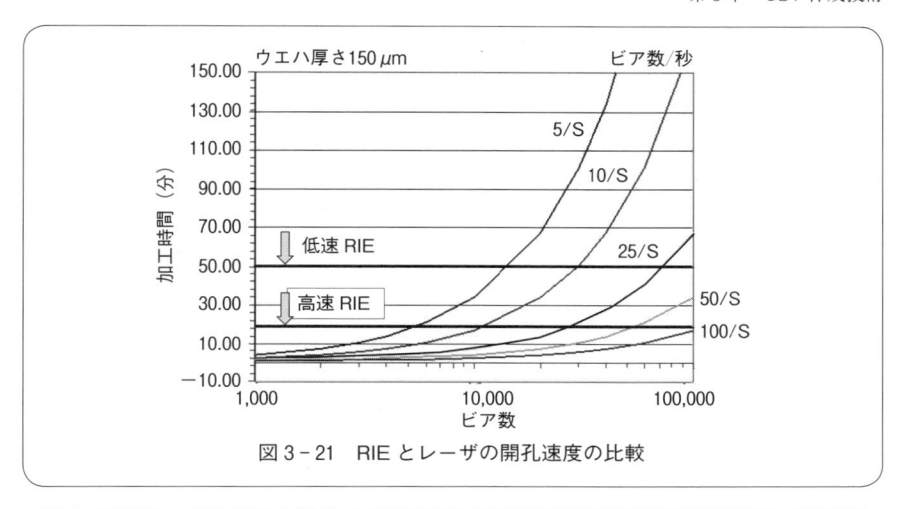

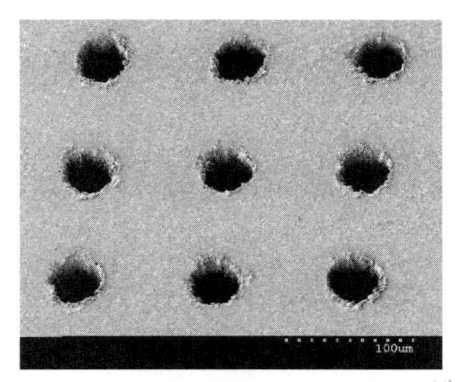

図 3-22　レーザビア開孔部のデブリ（XSiL）[14]

じ時間であけられる。どちらもビアの大きさ，深さ，加工面積比などの条件で速度が変わるので直接比較は難しいが，今高速の RIE と 50 個/秒のレーザで比較すると，図のようにウエハ 1 枚当たり約 5 万個前後のビア数が RIE とレーザの分岐点になる。

　レーザの別の問題点はアブレーションであっても，やはりわずかのデブリ（溶解した微小ゴミ）が図 3-22 のようにビアの入口周辺についてしまうことである[14]。この理由はレーザのエネルギー分布の裾は低いエネルギーになり，

ビアのエッジ付近で発熱ゾーンとなり溶解現象が起こるためらしい。このデブリを取るため穴あけ後に CMP をかけたり，あらかじめウエハにレジストを塗っておき，レーザドリル後レジストを除去するとデブリが取れるなどの方法があるが，いずれも工程が増える。またビアラスト裏面ビアプロセスの場合アルミ配線膜でレーザをストップさせるのは原理的に難しい。現時点では高速レーザの装置価格の問題もあるかもしれないが，イオンエッチングの方が主に使われている。

4 ビア内壁の多層膜構造

イオンエッチングでビアがあけられると，ビア内に伝導体を通すためにいくつかの準備プロセスが必要になる。図 3-23 にその概念図を示すが，これはビアラスト，表面ビアプロセスを想定している。ビアファーストでは銅めっきは使わないので膜構造は簡単になる（ビアファーストの伝導体については後述する）。またビアラスト，裏面ビアでは導通を取るために酸化膜生成後の酸化膜底面の異方性エッチングが追加で必要になる。図の構造を作るためには，イオ

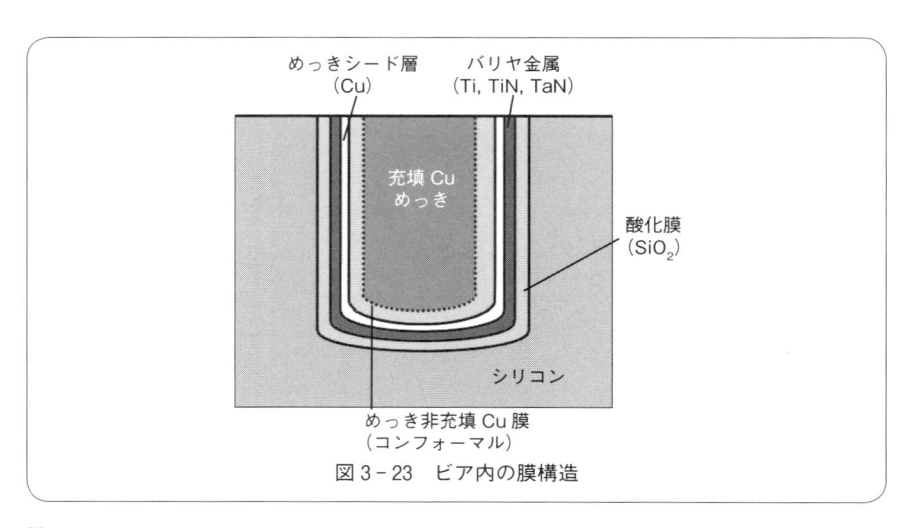

図 3-23 ビア内の膜構造

（めっきシード層 (Cu)，バリヤ金属 (Ti, TiN, TaN)，充填 Cu めっき，酸化膜 (SiO_2)，シリコン，めっき非充填 Cu 膜（コンフォーマル））

ンエッチング終了後，ビア内壁を洗浄してから厚さ約 1 μm の絶縁用酸化膜を付け，次に銅によるシリコンの汚染（コンタミネーション）を防ぐためのバリヤ層として TiN，Ti，TaN などの膜を生成する。バリヤの目的は銅の原子が高温度で酸化膜に拡散しリーク電流を増やし，さらにシリコン結晶内に拡散してシリコンの半導体特性を劣化させることを防止するためである。次に銅めっきの電極になるシード層を CVD かスパッタリングでつける。最後に銅めっきをかけるが，ビアラスト，裏面ビアの場合だけは銅を充填せずに膜として残す（コンフォーマルと呼ぶ）ことができる。その他のプロセスでは銅をビア内に充填する。以下に各々の膜の作成につき順次説明する。

5 絶縁用酸化膜生成

　電気伝導体である TSV を半導体であるシリコン内に埋め込むためには，絶縁物であるシリコン酸化膜（まれにシリコン窒化膜）が使われる。シリコン酸化膜はシリコンとの密着性もよく優秀な絶縁物である。酸化膜はその生成方法によって緻密な膜質になったり，または多少分子間結合がゆるい組成になったりする。熱酸化膜は生成速度が遅く，古典的ともいわれるが，膜の組成は緻密で良質の膜である。また内壁のシリコン自身が酸化するので厚さのばらつきは発生しない利点がある。

　シリコンウエハを 800 〜 1000 ℃の酸素中または水蒸気中で加熱すると緻密な熱酸化膜ができる。通常 0.5 〜 1.0 μm 程度の厚さが使われる。生成速度は遅くて数 nm/min 程度で厚い酸化膜を作るには時間がかかる。熱酸化膜は高温が必要なので，ビアファーストでしかも FEOL 前プロセスにしか使われない。BEOL 前プロセスではすでにトランジスタができていて特性が変化してしまうからである。トランジスタのないインターポーザではウエハ全面とビア内のすべてに均一に生成するので熱酸化が多用される。

　絶縁耐圧が必要な用途や高周波特性のよいビアが必要な時は酸化膜が厚いことが要求される。ビアファーストやインターポーザの場合には加工温度は上げ

られるが，ビアラストの場合はすでにアルミニウム配線が終わっているので，350〜400℃以上には構造上あげられない。アルミニウムの融点は600℃であるが，450℃では配線構造が変化するとされている。このため多くの場合CVD（化学的気相成長法，Chemical Vapor Deposition）による酸化膜が使われる。CVD法にもAPCVD（常圧CVD），LPCVD（低圧CVD），PECVD（プラズマ励起CVD）などがあり，ガスとしてSiH_4+O_2，TEOS（テトラエトキシシラン）$+O_2$などを導入して，生成温度としては一般には400〜600℃が使われるが，このなかでもPECVDは300℃前後の低温が可能で生成速度も早い（160 nm/min）のでTSVプロセスでは多く使われている。

半導体ウエハプロセスではステップカバレージと呼ばれる段差被覆性も重要であるが，TSVの場合もスカロップの凹凸を覆ってなるべく平坦にする性能が必要であり，$TEOS+O_2$を使ったPECVDではこれもほぼ満足できる。酸化膜の厚さに関しては第一に絶縁耐圧が重要であるが，PECVD膜では厚さ$1\mu m$で400〜500 Vが報告されており，充分といえる。

ステップカバレージとも関係するが，酸化膜はビアの側壁と底部に均一な厚さで生成することが必要である。細い（アスペクト比の大きい）ビアでは反応ガスの流れが不完全で，ビアの中央部と底部の酸化膜の厚さが均一でなくなりやすい。図3-24(a)に不均一な厚さの例を示す。一方生成条件を制御して厚さ

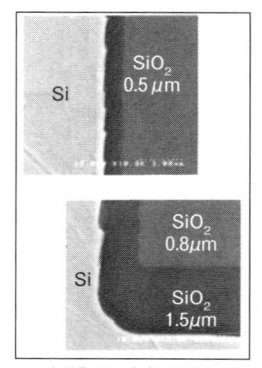

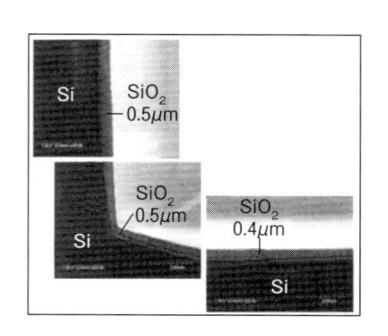

(a) 膜厚が底部で厚い　　(b) 膜厚がビア内で均一

図3-24　ビア内酸化膜厚の分布（エプソン）[15]

を揃えた例を図3-24(b)に示す[15]。酸化膜はウエハの表面にも生成し，ビア内部よりも厚くなる傾向がある。場合によっては庇のように突出する場合もあり，これをオーバーハングと呼ぶ。

CVD酸化膜についてのフランスCEAのデータ（第4章17節参照）を示すと，SiH_4ガスによる酸化膜の場合，ビア内の膜厚が均一でなく，ウエハ表面では4μmの厚さになるのに，径80μmと150μmのビアの中央付近では0.1～0.2μmに薄くなってしまう。このためSiH_4に変えてTEOSを使った。TEOSによる生成の場合の標準温度は380℃であるが300℃で行った。径150μmのビアでは表面が1.5μm，中央部0.8μmになり，径80μmのビアでは1.5μm対0.5μmとなった。CEAのデバイスでの温度制限はモジュールに組み立てる時の受動部品による温度制限なので300℃でよい。

① 裏面ビア用低温酸化膜

ビアラスト，裏面ビアプロセスの場合薄化先行なので，膜生成プロセスをサポートのついたまま行う必要がある。サポートは通常樹脂系接着剤を使うので，できるだけ低温で酸化膜を作る必要がある。通常エポキシ系接着剤による温度制限は150℃前後といわれる。報告によれば酸化膜精製は200℃（三洋）または150℃，さらには100℃（日立）でも可能と報告されている。一般にTEOSを使って生成した酸化膜はSiO_2だけではなくSiOも含まれているといわれているが，低温になるほど膜の完全性が低下するので，この場合SiOを多量に含んでいると想像される。酸化膜の絶縁耐圧はある程度組成の完全性を示すと思われるが，低温で生成したものほど耐圧が低下する傾向がある。一例として各酸化膜の絶縁耐圧を調べると以下のようである。

- 熱酸化膜　　　　1,000 V/μm
- SiH_4酸化膜　　712 V/μm
- TEOS酸化膜　　390℃生成 603 V/μm
- TEOS酸化膜　　300℃生成 490 V/μm

② ビア底部の酸化膜除去

すでに第2章3節で述べたがビアラスト，裏面ビアではビア内に生成した酸

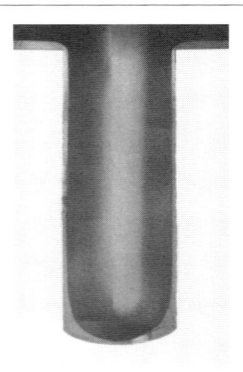

図 3-25　大きいアスペクト比でのレジスト塗布膜（ビア径100μm）（EV グループ）[16]

化膜の底部を電気的接続のためにエッチして除去しなければならない。これをボトムエッチングと呼んでいるが，ボトムエッチングは側壁をエッチしてはならないので，反応性イオンエッチングで CF_4（フロン）または CHF_3 と O_2 を導入して異方性エッチングで行う。専用の装置も開発されていてエッチング速度は 10〜20μm/min 程度である。IC 構造のシリコン側の酸化膜の厚さは 1〜2μm 程度あり，それに生成させた膜の厚さが加わるのでさらに厚くなる。一方アルミニウム膜は 1μm 以下なので精密な制御が必要である。

　イオンエッチングは一般に選択比が小さいが，化学的エッチングは酸化膜とアルミ膜の選択比がはるかに大きいので，ボトムエッチングには有効なはずである。しかし深いビアの底部を精度よくフォトレジストでパターニングするのは不可能なので化学エッチングは今まで考慮されなかった。しかし最近のフォトレジスト関連機器の開発でビア内にも薄くレジスト塗布が可能になってきた。EV グループによると[16] 超音波で霧状にした AZ レジストのナノスプレーによる吹きつけ法によってビア径 20μm でアスペクト比 5 まで，またもっと大きい径では 400μm までビアの内部に均一なレジスト塗布ができ，ビア底部にフォーカスできる光学系も開発されたので，化学的ボトムエッチングが可能になった。

　図 3-25 にこのプロセスによるレジストが塗布されたビアを示す。またこのレジスト技術を延長して酸化膜を使わず，直接レジストをビア内に塗布し，底

部に露光して穴あけを行い，レジストをそのまま絶縁層として使用する永久レジスト（permanent resist）と，導体膜上にもレジストをつけ，電極用のパシベーション膜として利用することが提案されている。この方法はTSVのコストダウンには有効と思われ，ビアの口径がある程度の大きさ（20 μm）以上では使えるのではないかと思われる。

6 バリヤメタルの作成

　バリヤ層は前述のように銅原子の酸化膜およびシリコン内部への拡散を防ぐためであるが，半導体ウエハプロセスでは高温処理が多いこともあり，銅配線のバリヤとして当然使われてきた。しかしビアファーストプロセス，特にEFOL前ではTSVの伝導体はポリシリコンかタングステンであり，これらはコンタミネーションが起こらないのでバリヤは不要であり，バリヤの必要性はビアラストプロセスの伝導体が銅の時だけ考えればよい（ただしビアファースト，BEOL前ではまれに使用例もある。

　またタングステンに対して接着性改善のためにバリヤと同じ金属を使う場合がある）。バリヤメタルとしては，TiN（窒化チタン），TaN（窒化タンタル），Ta，TiWなどが使われている。Si_3N_4（窒化シリコン）もバリヤ効果があるとされているが，TSVに使われた例はほとんどない。バリヤが最高でも120℃程度にしかならないデバイスのTSVでも絶対に必要かどうかは，明確なデータは少ないが長時間の信頼性確保のために使われている。

　バリヤメタルの必要性については新光電気の実験[17]がある。シリコンインターポーザでの銅充填されたTSV構造で，厚さ5,000 Åの酸化膜について200℃の高温放置試験を400時間行ったが，絶縁抵抗の1,000 MΩは変化しなかった。銅のSiO_2中の拡散係数，$2.5 \sim 8$ cm²/s@1 MVcm，活性化エネルギー，0.93 ± 0.2 eVから計算して，TSV間（25 μm）に10V印加してもほとんど拡散しないと推論している。銅原子のSiO_2中への拡散を調べるためにはBT試験（Bias Temperature Test）があるが，これは150〜250℃の高温で電圧を

印加し続けるもので，半導体デバイスのプレーナ構造でナトリウムが酸化膜中に拡散して，リーク電流を増加させる現象を調べるための方法である。バリヤ層はチップのバンプ作成にも広く使われており，コストにも影響するので今後BT試験も含めて充分な確認が必要と思われる。

　銅以外の金属たとえば金が伝導体の場合はバリヤは使わない。導電ペーストの場合は銅粒子が入っているため使っている。また絶縁層が酸化膜以外の場合，たとえば樹脂絶縁の場合などもバリヤメタルは使われない。銅が酸化膜と直接接触している場合は拡散しやすいからである。シード層は通常MOCVD（Metal Organic CVD，有機金属気相成長法）またはPVD（スパッタリング）で作成されるが，CVDの方がビア底部までよく被覆するので初期には主に使われた（次の7節参照）。

　原料ガスとしては，たとえばTiNの場合は$TiCl_4+NH_3$を使う。その厚さはごく薄く10〜20 nm程度である。スパッタリングは真空装置内でターゲットから飛び出した原子が直性状にウエハ表面に到着して堆積するので，ビアの深部には付きにくいとされている。この問題はシード層と共通なので，次の7節を参照すること。ただバリヤ膜の不均一性は電気的測定などの歩留まりにはあまり影響しない。

7　めっき電極を作るシードメタル

　TSVのビアラストプロセスでは伝導体として銅めっきが必要になるが，銅めっきのための電極としてシード層の作成はきわめて重要である。広く使われているプリント基板（エポキシ樹脂などの有機基板）の上に銅配線を作る時は通常触媒となるパラジウム処理をしてから無電解めっき膜をつけ，これを電極（シード膜）として電界めっきをする。しかし酸化膜やその上のバリヤ膜の硬い平滑な面上には無電解めっきは付きにくい。無電解めっきは有機物の凹凸に食い込んで密着する，いわゆるアンカー（錨）効果によって密着するものとされているからである。

しかし無電解めっきは条件によって金属物質上にも析出するという研究もある。たとえば TaN 膜上には無電解めっきにより銅が直接堆積可能である。エッチングにより表面自然酸化層を除去してから，直ちに無電解めっき液に試料を浸漬することにより無電解銅めっき膜が形成されるという報告もある。TSV 作成に対してはビア内銅めっき用のシード膜は CVD または PVD で酸化膜とバリヤ膜上に付着させる。銅の CVD は原料（液状の有機銅錯体化合物）をガス化して加熱したウエハ上に流し，化学反応によって銅を析出させる。ガスはウエハ表面を自由に動き回るので凹部にも入り込み，ビア内凹凸の被覆性がよく，細いビアの底部にも届きやすい。しかしこの銅 CVD 法は析出速度が遅いことと，TiN などのバリヤ層には密着性が悪いなどの理由から使いにくいとされている。

一方，PVD（Physical Vapor Deposition, 物理的気相成長）はスパッタリングとも呼ばれ，半導体では配線層を作る場合に多用されている。図 3-26 のようにアルゴンガスを入れた真空装置で高い直流電圧をかけ，銅をマイナス電極（ターゲットと呼ぶ），ウエハをプラス電極にしてプラズマを発生させると，重いアルゴンがプラスイオン化して，マイナス電位のターゲットに衝突して銅原子を叩きだし，ウエハ上に堆積する。プラズマに磁界をかけてマグネトロン効果も加えると生成速度も速くなりバリヤとの接着強度も大きく，装置としては

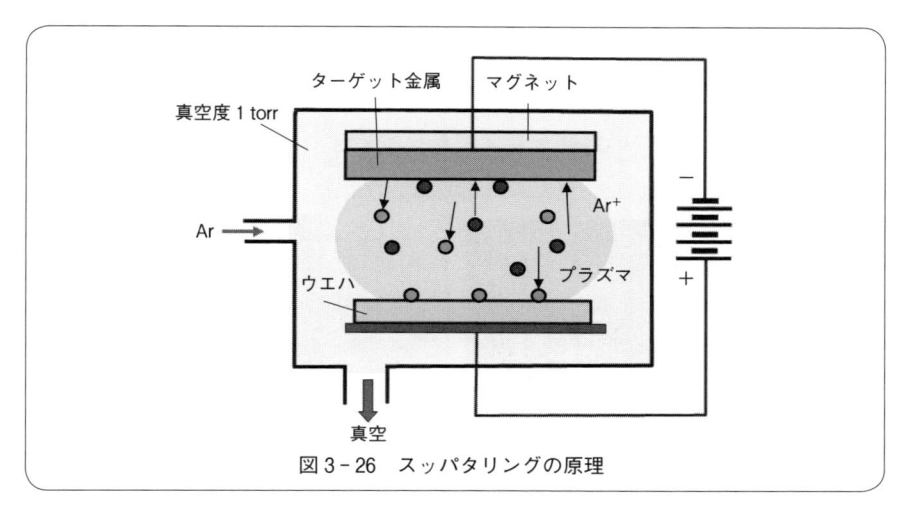

図 3-26　スッパタリングの原理

ガスの扱いもCVDに較べて容易なのでCVDよりもコストが安くて使いやすい。金属膜の付着は以前には真空蒸着と呼ぶ真空中で金属を加熱する方法が使われたが，現在はスパッタリングが主流でその装置は半導体工場にはどこにも存在しているので使いやすい。

　半導体ウエハプロセスで銅配線を採用する場合，TSV構造と作り方がよく似た（ただし微細線幅で深さは浅い）銅めっきによるダマシン法（象嵌法）が使われるが，この時バリヤとシード作成を同一装置内で行う方法があり，バリヤのTiNをCVDに似たALD（Atomic Layer Deposition，原子堆積法）で行ってCVDよりも精度の高い膜を作り，次に銅のシード作成をPVDで行う方法が使われている。TSVの場合もこのALDによるTiNによるバリヤとPVDによる銅シードが同一装置内で作られている例もある。

・ビア底部までのシードメタル

　スパッタリングは銅原子がターゲットからウエハまで直線的に飛ぶので，アスペクト比の大きいビアの底部まで届かないという問題が発生する。これについていくつかの研究論文がある。インテルの測定[18]によると銅のスパッタリング後に蛍光X線分析を行うと，図3-27のようにビアの底部では銅の濃度が低いことがわかる。インテルではこの問題の改良法として図3-28のようにテーパービアを試みている[19]。テーパービアの傾きを大きくすると当然シード層の厚さは増加するが，ウエハの中心部と周辺部では厚さがばらつく問題も残っている。インテルはこのテーパービアでTSV開発を進めているようである。

　Semitool[20]ではビアの直径を変えてシードの付着状態を測定した。バリヤ

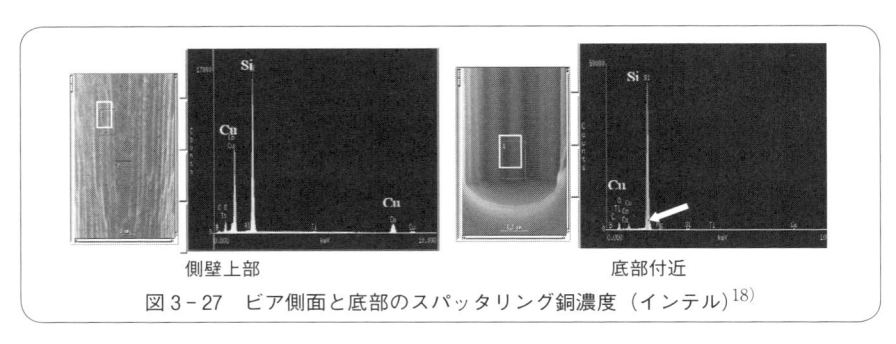

側壁上部　　　　　　　　　　　底部付近
図3-27　ビア側面と底部のスパッタリング銅濃度（インテル）[18]

のTiと銅のシードをともにスパッタリングで行い,コンフォーマルめっきを行った場合,図3-29のようにビア径20μmでは深さ41μmまでしか届かないが,径30μmでは71μm,径50μmになると深さ110μmまで到達する。シードのない部分には当然銅めっきが付かず不良となる。Semitoolはこの問題に対してSLE(Seed Layer Enhancement,シード層延長技術)を提案している。図3-30のようにスパッタリング後にある種の薬品で処理をするとシード層をさらにビア底部まで延長でき,スパッタリングにさらにCVD付着をしたものと同様な状態になるという。

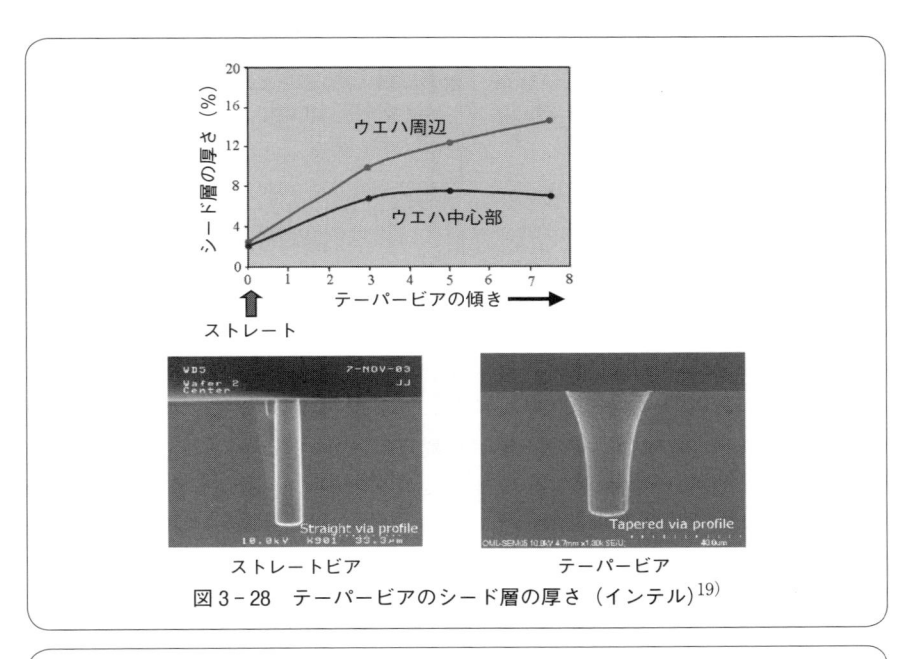

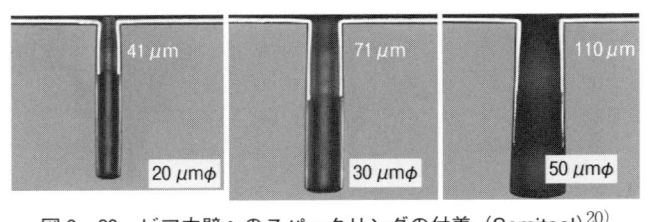

図3-28 テーパービアのシード層の厚さ(インテル)[19]

図3-29 ビア内壁へのスパッタリングの付着(Semitool)[20]

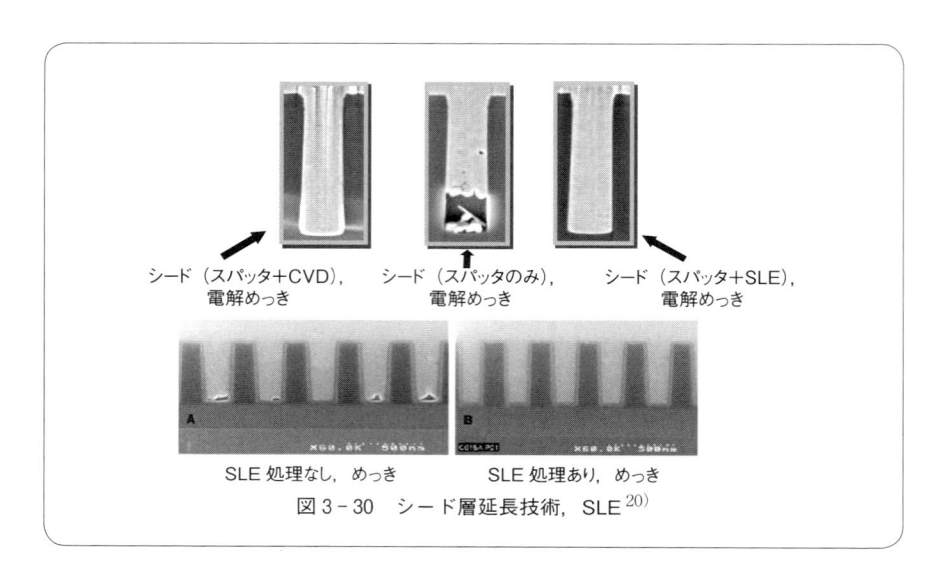

シード（スパッタ+CVD），　シード（スパッタのみ），　シード（スパッタ+SLE），
電解めっき　　　　　　　　電解めっき　　　　　　　　電解めっき

SLE 処理なし，めっき　　　　　SLE 処理あり，めっき
図 3-30　シード層延長技術，SLE [20]

　また他の研究によるとシード膜の表面には自然酸化膜が存在し，めっきを妨げているので，この酸化膜を除去してシード金属を露出させる効果と，シードの粒子が点在して連結していないか，または抵抗が高くて電流が流れない状態を修復するのではないかという意見もある。この処方はウエハプロセスでの銅配線技術の中で，スパッタリングによるシード膜の補修用として開発されたものであり，その内容は明らかでないが無電解めっきと似たものではないかとも推測される。CEA の実験データを見てみると，まずスパッタリングで Ti と Cu をつけ，さらに CVD で Cu シードをつける。この理由は Ti と Cu があった方が酸化膜と CVD Cu の接着がよいからである。Ti と Cu の厚さは 0.2 μm で，CVD Cu は 200 ℃の低温プロセスでつける。その厚さは表面，中央部とも 1 μm で均一についている。

　フラウンホーファ大学の IZM 研究所ではタングステンのスパッタリングをシード層として使うことを試みた [21]。タングステンの方が銅よりも深部まで入るらしい。さらにスパッタリングによる TiW（チタン-タングステン混在）のバリヤとスパッタリングの銅シード，タングステン CVD の上にスパッタリング TiW バリヤとスパッタリング銅シードを比較した。タングステン CVD を行うと，5 μm 径のビアの底部まで充分銅めっきができる。この結果をまと

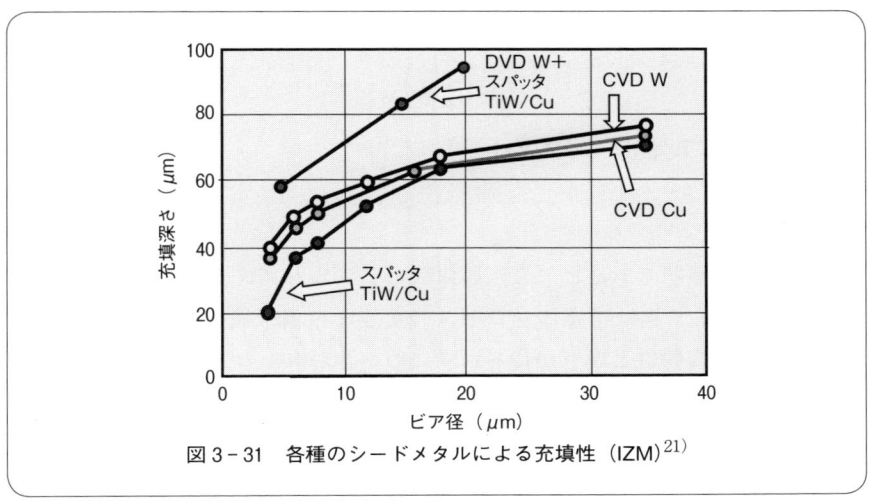

図 3-31　各種のシードメタルによる充填性（IZM）[21]

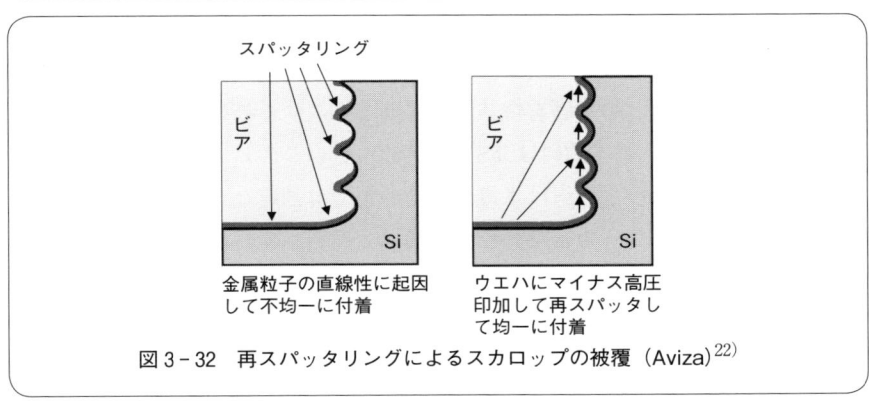

図 3-32　再スパッタリングによるスカロップの被覆（Aviza）[22]

めたものが図 3-31 である。ビアの形状によって使うバリヤとシードの組み合わせが選択できる。

　ビア内壁のスカロップが大きいと，やはりスパッタリングで問題が起こり，側壁の凹凸の上面にだけシードが付くため，めっきが連続しない。全体がかならずしも同じ厚さにならず，薄い部分ができて，めっき膜の生成が不充分になりやすい。これに対してアビザテクノロジーではイオン化 PVD と関連する技術で [22]，ウエハに負電圧をかけてスカロップの凹凸の上面についたシード物質を図 3-32 のように再スパッタリングさせて，スカロップ下面にビア内を均

一に被覆できると発表している。詳しいデータなどはまだ明らかではない。

8 銅フィリングめっき

　TSVの主要機能であるビアの伝導体はビアラストプロセスの場合は銅めっきで作成される。銅は半導体プロセスの重要な金属堆積技術であるCVDやPVDでは充分な物性と厚さが得られず，めっきが唯一の方法である。銅配線が低抵抗にもかかわらず導体として半導体プロセスに導入されるのに時間がかかったのも，半導体技術者がめっきに対してアレルギーがあったからともいわれる。めっきは下地の金属表面に膜として付着するイメージなのに，ビアのように細い穴に充填されるのは難しいことは想像できる。

　しかし実装の世界ではビア内に銅をめっきするのはビアフィリングめっきと呼ばれ，エポキシなどの多層有機基板の層間を接続する技術として十数年前から開発されてきた。基本的にはTSVビアめっきはこのビアフィルめっき技術を踏襲している。めっき技術は半導体技術の中では独特な世界で，めっき液の組成はめっき液メーカーの企業秘密で普通は公開されず，液の商品名だけが論文に使われる場合も多い。めっきの詳しいデータやメカニズムがあまり議論されないことが多い。

　TSVがなかなか実用化しないひとつの原因に加工コストがあるが，ビアラストプロセスで使う銅めっきはコストの大きい部分を占めていることがだんだんはっきりしてきた。ヨール社の分析によるTSVコスト分布を図3-33に示す。実にコストの40％を銅充填めっきが占めていて，イオンエッチングは想像するよりはるかに少ない。このためEMC3Dというような具体的な技術を議論する学会ではめっきの論文が多いのが目立つ。

①ビアフィリングの基本

　ビアフィリングめっき（superfillingとも呼ばれる）プロセスについてここでまとめてみよう。銅めっき液（化学分野では浴と呼ぶ）は$CuSO_4$，H_2SO_4が

主成分でこの他に数種類の添加剤（Additive）が入っている。めっきを促進させるのは促進剤（Accelerator）でポリマー系の物質たとえば SPS（$Na_2(S(CH_2)_3SO_3)_2$），Bis-3-（sufopropyl）disulfide）が使われる。まためっきの成長を抑制するのは抑制剤（Inhibitor）で PEG（Polyethylene Glycol）などである。レベラーは JGB（ヤヌスグリーン）などでめっきの表面を平滑にする。TSV 用の銅めっき液の組成はメーカーでは製品番号のみで内容は明示しないことが多い。ビアフィルめっきには添加剤の最適調整（tuning と呼ぶ場合もある）が必要といわれている。実験に使われた一例を示すと，

- $CuSO_4 \cdot 5H_2O$　　200 g/L
- H_2SO_4　　25 g/L
- SPR　　5 mg/L
- LEV　　0.2 mg/L
- HCl　　70 mg/L
- SPS　　2 mg/L

ビアの充填めっきができる理由は研究者によっていろいろな説明が行われているが，基本的にはビアの底部のめっき速度が速く，ウエハ表面のめっき速度が遅くなればよいことになる。図 3-34 にその原理図を示す。抑制剤と JGB は

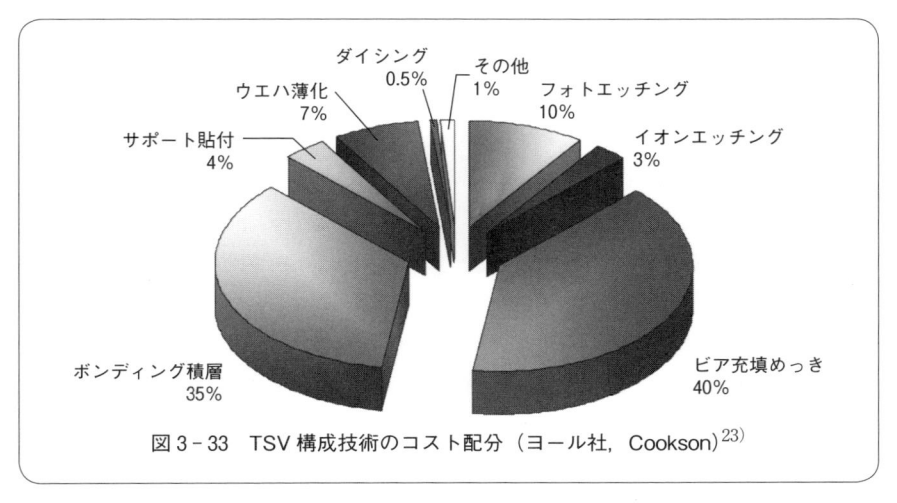

図 3-33　TSV 構成技術のコスト配分（ヨール社，Cookson）[23]

- ダイシング 0.5%
- その他 1%
- フォトエッチング 10%
- イオンエッチング 3%
- ビア充填めっき 40%
- ボンディング積層 35%
- サポート貼付 4%
- ウエハ薄化 7%

図3-34 ビアフィリングの説明

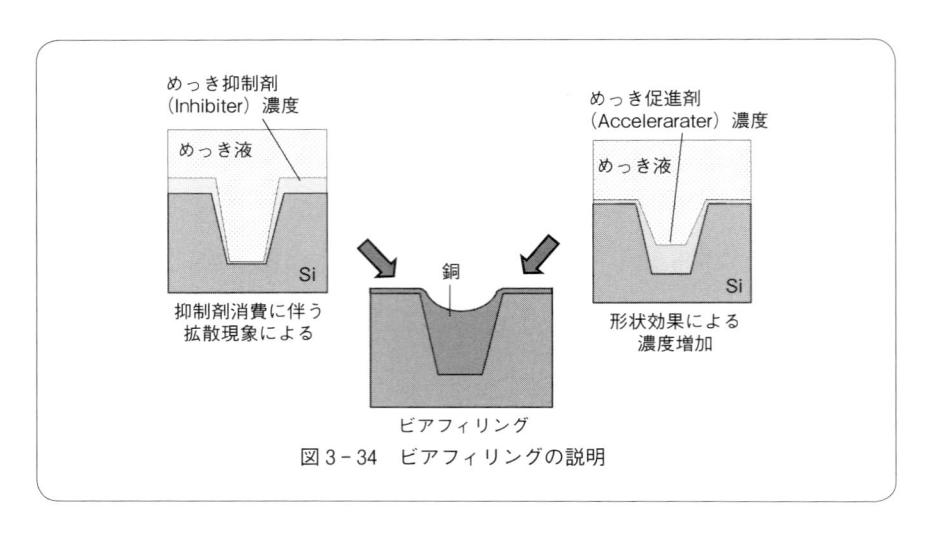

消費されて薄くなった濃度がビアの形状から,物質の拡散法則に従って(すなわち遠いビア底部には届きにくいので)ビア内部での濃度は小さくなり,逆にウエハ表面の濃度は大きくなり表面での銅の成長を抑制するといわれる。また促進剤は以下に述べるようなメカニズムでビア底部の濃度が大きくなり,底部からの成長が進む。

②促進剤の濃度増加メカニズム

ビアめっきでの促進剤の濃度はCEACメカニズム(Curvature- Enhanced-Accelerator Coverage,曲面による促進剤濃縮効果)に従うといわれるが,このメカニズムは1998年ごろからIBMが発表し[24],その後もいくつか論文がある。めっき成長面が凹形(ビア底部の状態)だとめっきの成長にしたがって促進剤の濃度が大きくなり,逆に凸形(ビア縁付近の表面の状態)だと促進剤の濃度が薄くなる,というもので理論的にもコンピュータの計算によって説明されている。

図3-35にこの理論によるビアフィリングの実測値とシミュレーションの比較を示す。時間経過によって包絡線が上昇してゆく状況を理論値と実測値で示している。理論値は角形のビア形状のために滑らかなカーブにはなっていない。図3-36は実測写真であり,理論がよく現象を説明している。この理論は抑制

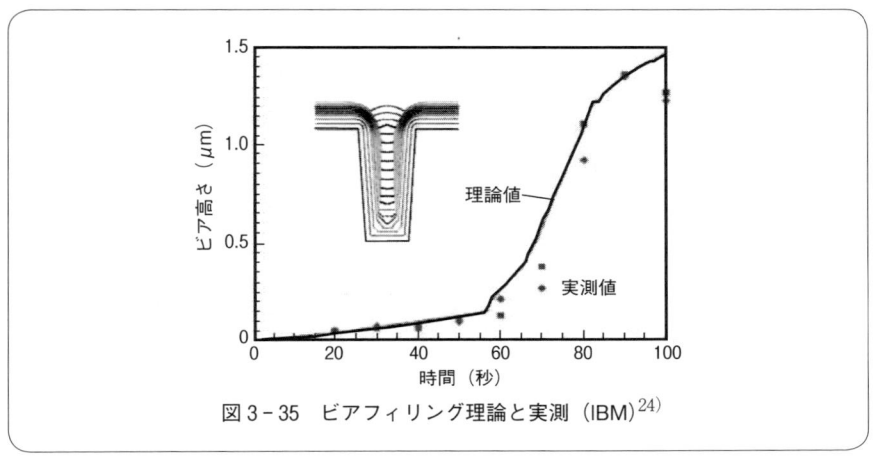

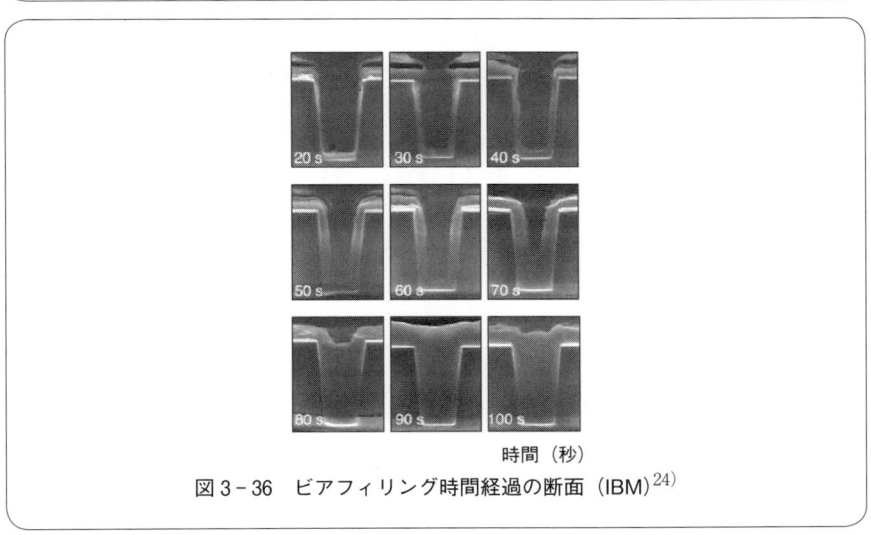

図 3-35　ビアフィリング理論と実測（IBM）[24]

図 3-36　ビアフィリング時間経過の断面（IBM）[24]

剤の効果については言及していないが，実際には促進剤の濃度増加と抑制剤の表面濃度増加が相乗的に影響しているということが一般的な説明になっている。

また実際のめっきでの実測値として図 3-37 は液中に含有する成分のフィリングに対する効果を示したもので[25]，(a)は促進剤のみ含有，(b)は促進剤と抑制剤，(c)はその両方とレベラーを含む場合である。ビア径は 30 μm，深さ 110 μm である。また図 3-38 は 12 × 100 μm のビアに対する促進剤の濃度に

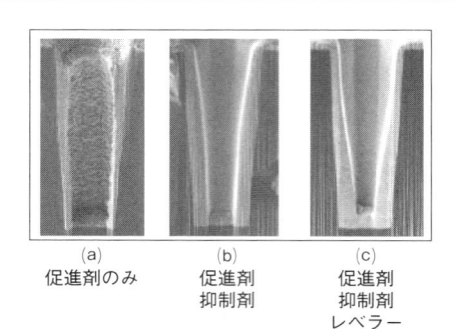

(a) 促進剤のみ　(b) 促進剤 抑制剤　(c) 促進剤 抑制剤 レベラー

図3-37　めっき液の成分の効果（Semitool）[25]

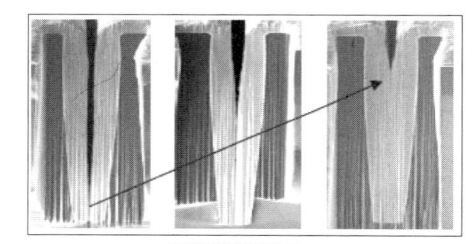

促進剤濃度増加⇒

図3-38　促進剤濃度の効果[25]

よる効果を示したもので，右端が最大の濃度である。また類似の目的に使われるめっき液によっても結果が変わり，不適当な組成では不完全なボイドや縫い目状の欠陥が現れることがある。

③めっき時の印加電圧波形

ビアフィルめっきで印加する電圧もビアフィルの状態に影響することがいくつか報告されているが，いずれも現象の解析は充分とはいえない。定性的な表現では電流値，波形，逆パルスなど，いずれもめっきの進行で失われたり変化した液中の添加成分の濃度を変化させたり再配置をするのではないかと想像される。具体的には印加は一定の直流ではなく電流値を変えたり，通電時間と休止時間を設定したり，パルス的に電流を流したり（パルスめっきと呼ぶ），逆

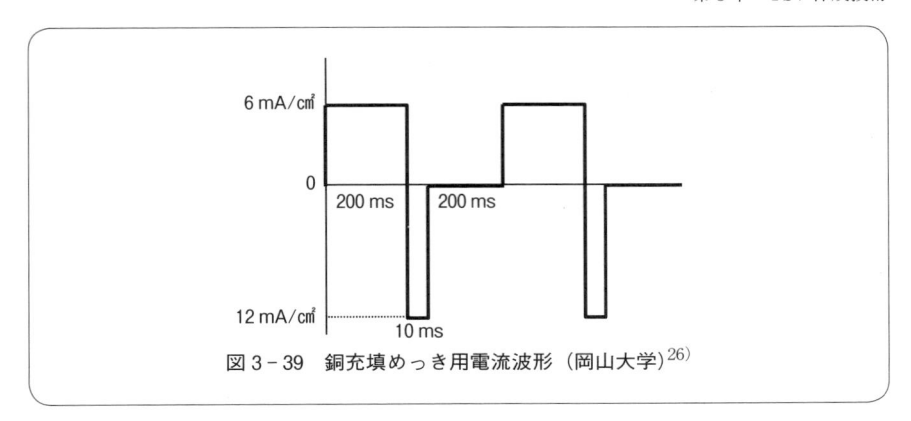

図3-39 銅充填めっき用電流波形（岡山大学）[26]

パルス電圧を短時間印加することも行われる。逆パルス印加ではめっきと逆に溶解が進むが，液の抵抗によってビア底部よりもウエハ表面での膜の溶解が進行し結果的にビアの充填が進行するらしい。逆電圧印加は液の分布状態をリセットする働きもあると思われる。いくつかの電圧印加例を示す。Cookson では電流密度を時間的に変えてビアフィルめっきを行い，

0.1 A/cm² 5 分
0.3 A/cm² 5 分
0.6 A/cm² 60 分
1.2 A/cm² 100 分

でよい結果が得られた。

岡山大学，ASET[26),49),50)] では，電圧印加，逆パルス，休止の時間と電流値を図3-39のように設定し，それから50分後のめっき後電流値を6 mA から15 mA として10分めっきし，計60分で径10 μm，深さ70 μmのビアを充填できた。また CEA[27] では径80 μmと150 μmで深さ500 μmの大型ビアのコンフォーマル被覆に Rohm & Hass の ST3100 のめっき液を用い，8 mA（100ms），−4 mA（10ms），0 mA（10 ms）というステップで（休止時間は添加物を活性化するため），析出速度0.15 μm/min でウエハ全面に均一な皮膜を得た。150 μm のビアでは銅の膜厚はビア表面と中央部で変わらず，80 μm ビアでは表面に対してビア中央部は60％の厚さになった。

④めっき時の液の攪拌

めっき時に液を攪拌することは当然新鮮な液をビア付近に供給するため，ビアフィリングに大きく影響する。めっき装置はなんらかの液攪拌機能を持っている。岡山大学，ASETではめっきするウエハを円板に取り付け，1,000 rpmという高速で回転させた。日立協和エンジニアリングでは高速ポンプを使って液を高速でウエハ表面に流す構造とし，よい充填結果を得た。同社のシミュレーションによると高速液流では35 msでビア底部の液の55 %が入替えられ，低速液流では10 %しか入替えできず，結果的にCu供給量の不足のためにボイドが発生することがわかった[28]。

また液の攪拌状態がビアフィリングに与える影響について荏原の実験[29]がある。縦形の浸漬めっき装置内にパドル式の攪拌器をおいて，ビアめっきの底部がどこまで上昇するか，フィリング比（ビア深さに対してめっき高さの比）を調べた。ウエハにイオンエッチングで数種類のビアをあけ，CVDで酸化膜をつけてバリヤとしてTiを1000 Å，シードとして銅をスパッタリングで5,000 Å生成した。めっき液は硫酸銅と硫酸に塩素イオンと添加物を加えた。まずめっき用の電流を4段階に変え，ビアのアスペクト比をパラメータとして，この場合は攪拌なしの状態でフィリング比を見ると図3-40(a)のようになる。

アスペクト比が大きく（ビアが細く）小電流の場合はもっとも早く充填する。ビアが太い時は充填しない。次に攪拌を加えるとフィリングが促進される。図(b)は攪拌強度を変えて，パラメータはアスペクト比でフィリング比を見た場合

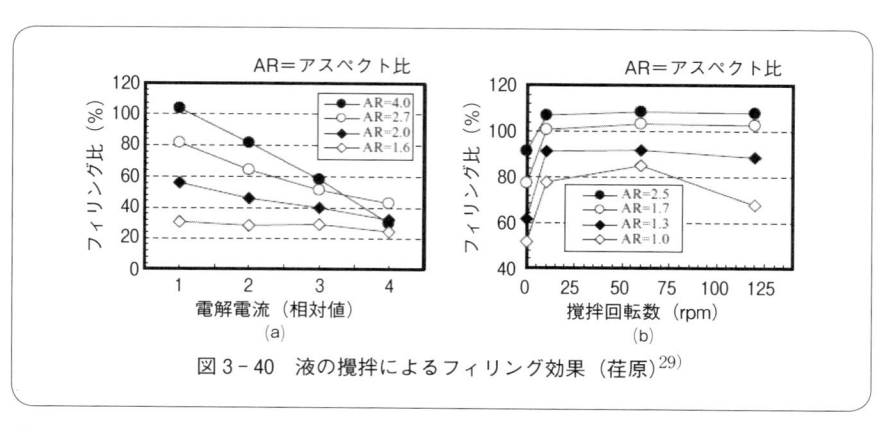

図3-40　液の攪拌によるフィリング効果（荏原）[29]

である。細いビアでは攪拌によって急速に充填が進む。太いビアでは攪拌しすぎると逆にフィリングが落ちる。この実験からはビアフィリングは適当な電流値と攪拌とが必要なことがわかる。この実験のビア深さは $50\,\mu m$ 前後と思われるが，アスペクト比 2.5 でフィリングに 20 分が必要だった。

⑤長時間必要な銅めっき

TSV 開発の初期には銅の完全充填ができるかどうかが大きな研究テーマであったが，それが完成するにつれて次にめっきにあまりに長い時間がかかることが問題になってきた。初期には数時間という報告もあったが，技術改良で 1 時間程度に短縮され，その後の研究でも 30 分程度の報告が多くなり，またそれが加工コストにも反映していることも指摘されるようになり，最近では 15 分以内でないと TSV 開発の障害になるともいわれている。図 3-41 に Semitool による種々のサイズのビアのめっき充填時間の一例を示す[20]。

充填時間がどんなパラメータに依存するかは諸説あったが，IMEC によると，これらのデータから結局ビア充填時間は，ビアの体積の 3 乗根に比例するとして図 3-42 を発表している[30]。図中で直線に乗らないグループがあり，深いビアが多いがこの理由は不明である。この図によれば，標準的な $20\,\mu m$ 径，$50\,\mu m$ 程度のビアは 45〜50 分必要ということになる。この分野のオピニオンリーダーともいえる米国の Semitool では，このめっき問題に対していくつか

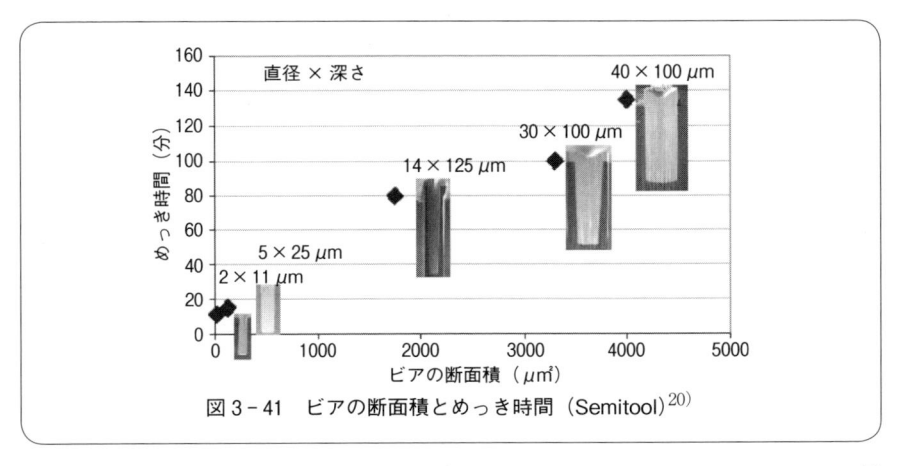

図 3-41 ビアの断面積とめっき時間（Semitool）[20]

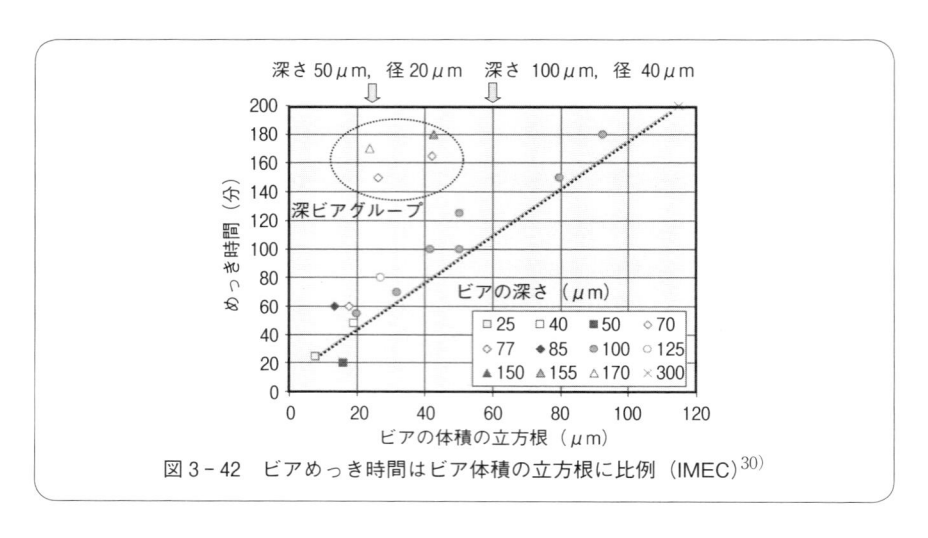

図3-42 ビアめっき時間はビア体積の立方根に比例（IMEC）[30]

の提案をしている。プロセスの改良は当然として，めっき装置の複数並列化，めっき層の長寿命化のための装置の改良，薬品使用量の減少，促進剤の酸化防止，表面まで銅を充填しなくても使えるデバイス構造などである。

⑥コンフォーマル非充填ビア

ビアラスト，裏面ビアで多用される銅の非充填（コンフォーマル）ビアはめっき時間から見ると魅力的でめっき時間は大幅に短縮できる。めっき時間が大きな問題点となっていることから見るとコンフォーマルが今後主流になりそうだという意見もある。しかし問題点としては，

① コンフォーマルは薄化されたウエハでの裏面ビアに限られるので，サポートをつけたままでの酸化膜，バリヤ，シード加工への温度的な制約が生じること。
② ビアの抵抗は充填に比べて当然高くなり，電流容量の必要な用途には難しく，そのため銅膜を厚くすると充填に近づきメリットは小さくなる。
③ ビア直下に接続用バンプが作りにくいので，積層構造に対しては追加の配線工程などが必要になりそう。
④ デバイスとしての構造上ビア内部が空気のままでよい場合は少なく，多くの場合ビアに樹脂充填をする必要がある。

これらの制約の比較的少ないフォトセンサや MEMS デバイスなどのシングルビアについては、すでに実用化されその優位性が確認されている。

⑦ビアファーストプロセスと銅ビア

銅は低抵抗の伝導体として半導体、TSV 技術に不可欠になっているが、一方シリコンと酸化膜に対して汚染（コンタミネーション）を引き起こす問題がある。特に高温では銅の拡散係数が大きくなるので注意が必要になる。このためビアファーストプロセスのように、高温工程を通過するときは使用できないという意見が多く、汚染のないタングステンを使うことが多い。しかし IMEC の Cu ネイル構造などのようにビアファーストでも使い、トランジスタから直接銅ビアを引き出しているという例もいくつかある。判断が難しいのはいずれも実験的に採用したので、電気的動作には問題はないが、実用製品として長時間の信頼性は必ずしも確認はされていない点である。

ビアファーストには第 2 章で述べたようにトランジスタ工程（FEOL）前と配線工程（BEOL）前のふたつがある。FEOL ではイオン注入や不純物拡散工程で高温になることが多いので銅の使用はまず無理と思われるが、BEOL では酸化膜生成時の温度が最も高くなり、それ以外ではそれ程温度は上がらない。実際すでに多用されている銅配線はバリヤ金属層で保護されているとはいえ、配線工程で作られて問題がない。それならば銅の TSV でも大丈夫という意見もある。しかし銅配線は幅数 μm、深さは $1 \sim 2\mu m$ で TSV の太さと深さを考えると、ビアファーストでは銅は必ずビアに充填しなければならないので、銅配線とは銅の体積が数百倍も違うことも見逃せない。今後銅を TSV に使うために半導体配線工程の低温化という動きも出てくるかもしれない。

9　ポリシリコン充填ビア

銅充填以外の伝導体を調べてみると、ビアファーストプロセスでは前述のようにポリシリコン、タングステンが使われる。ポリシリコンは従来 MOS トラ

ンジスタのゲート電極，メモリデバイスキャパシタ電極，TFT トランジスタ用の成膜技術などとして開発され，ビア埋め込みのデータは少ない。ポリシリコンの堆積は LPCVD で行われるが，ビアを充填するには長時間が必要とされていて，第4章2節で述べるようにエルピーダでは充填には時間がかかるので，ビアの中に複数のポストを立て充填体積を減少させている。また ST マイクロでも複数のリング状ビア（第4章16節）を使っている。

　ポリシリコンの生成についてもう少し調べると，基本プロセスとしては SiH_4 の熱分解による LPCVD（Low-Pressure CVD，減圧 CVD）が使われる。生成条件の一例はウエハを 580 ℃に加熱し，CVD 装置内の圧力は 375 mTorr で SiH_4 にリンをドープしながらポリシリコンを堆積させた時，生成速度はきわめて遅く 4.8 nm/ 分で，比抵抗は 1,900 mΩcm 程度と報告されている。圧力を 175 mTorr に下げると堆積速度は 3.5 nm/ 分になり，比抵抗値はやや低くなり 1,810 mΩcm になる。低圧生成の方がポリシリコンが密な状態になると考えられる。

　高アスペクト比のビアへの充填は中央部にシーム（縫い目）状のボイドが発生しやすい。ボイドは抵抗値が不安定になり，また信頼性にも問題を生ずる。これを防ぐためにビアの形状をストレートではなくスロープを付けたり，ポリシリコンの堆積中に一度エッチング工程を入れてポリシリコンの成長面を清浄にしている例もある。たとえば 5 μm 幅のビア（横方向で見る）を充填するのに，まず 3 μm をデポジット（堆積），1 μm をエッチング（厚さ減少），4 μm を再デポジットで充填する。

　ポリシリコンの CVD では堆積物を N_2 ガス中で 1,000 ℃前後の高温状態で 30 分アニールすると多結晶化してキャリア移動度が大きくなる，すなわち比抵抗が減少する。アニールを2段階で行うとさらに比抵抗が減るという報告もある。これはドーピングしたリンを活性化させることとポリシリコン中のストレスを緩和するためであり，またアモルファス状態のシリコンを微細に結晶化させるためであろう。それでもポリシリコンの比抵抗は 100 Ωcm 以上と高く，ボロンやリンをドープしても銅の比抵抗より数十倍大きいので，ポリシリコンビアの用途はメモリなどに限定される可能性がある（第8章1節参照）。ビアの充填時間と抵抗値はトレードオフの関係といえよう。

・ポリシリコン，タングステンビアのCMP

　ビアファーストプロセスでビアにポリシリコンや次に述べるタングステンを堆積した後，ウエハ表面は次のウエハプロセス，たとえばCMOSプロセスを行うために平面にする必要がある。ビアの上部は堆積後，通常は盛り上がっていて平面にはならない。このため一般にはCMP（化学的機械的研磨，Chemical-Mechanical Polishing）が使われる。ポリシリコンの例で述べるとポリシリコンは堆積の結果，数μm表面から突出している。

　このためCMPを2段階で行い，はじめに比較的高速の研磨材でポリシリコンだけを削って1μm程度を残し，第2段では低速研磨でシリコン（実際にはシリコン表面の酸化シリコン）とポリシリコンを同時に研磨する。CMP研磨後平面度を測定するとビア部分はやや凹んでいる。これをdishing effectということがある。この凹みは150～450 nm程度であり，CMPの影響とアニール時の残留ストレスに影響されているらしい。またこの凹みはウエハに中央部と周辺部では差があり，周辺の方が大きい。300 nm以下ではウエハプロセスにはあまり影響しないともいわれている。

10　タングステン充填ビア

　タングステンはウエハプロセスでは配線間の層間接続用プラグとして使われている。プラグ（栓）はビアとほとんど同じ意味でそのプロセスはビアにも適用できる。金属としての低い比抵抗（銅よりは高いが）を持ち，細いビアへの埋込み性もよくビア表面の平面性もよいという特長がある。タングステンは高温でもシリコンに対する金属汚染がなく，バリヤを使わなくてもよいが，SiO_2との接着性をあげるためTiNを接着剤的に使う場合がある。IBM，テザロン，東北大学もタングステンTSVを採用してビア抵抗の低さを確認している。

　東北大学では直径3μm，深さ40μmという細いビアにタングステンを充填したが，その前に500 nmのポリシリコン薄膜を生成させている。このポリシリコンの目的は接着性向上のためと思われる。同大学ではタングステンの

CVD生成用に2種類の反応ガスを試みた[31]。WF_6+SiH_4 および WF_6+H_2 であるが，図3-43(a)に示すように生成速度100 nm/minにおいて WF_6/SiH_4 ガスは350℃の低温でもWを生成したが，WF_6/H_2 ガスでは生成したWの抵抗値は低かった。WF_6/SiH_4 はコーナーの被覆性がやや悪かったが，WF_6/H_2 では機械的ストレスが大きく，下地酸化膜の損傷があったので，WF_6/SiH_4 を用いた。さらにビア底部にタングステンが完全には充填されなかったので，温度350℃，真空度 5×10^{-6} Pa の条件で図(b)のように時間変調法を用いた。

これは成膜の際中間化合物が膜生成の障害になるので排出しながら薄層ずつ析出させる方法で，薄層ALD（原子層蒸着，Atomic Layer Deposition）と呼ばれる方法と同じである。WF_6 ガスを10cc/mで導入後，一定時間後にガスをとめて余剰ガスを排出し，次に SH_4 ガスを5cc/mで導入してから再びガスを排出させる，この工程を繰り返して堆積させる。これらの工程は残留ガスや有害な副産物を除去するためである。デポ時の温度が低いと図のようにビアの抵抗が高くなるという問題がある。

タングステンは表面に凸になるのでCMPをかける必要がある。IZMでは逆に表面を凹にして電極作成時に処理するようである。IBMのデータによるとリングビア（第4章1節参照）の場合，タングステンのリングビアは銅リングビアより抵抗は高いがコンフォーマル被覆の銅より抵抗は低くなった。タングステンは特にパワー用ではない，一般のビアファーストプロセスでは標準の伝

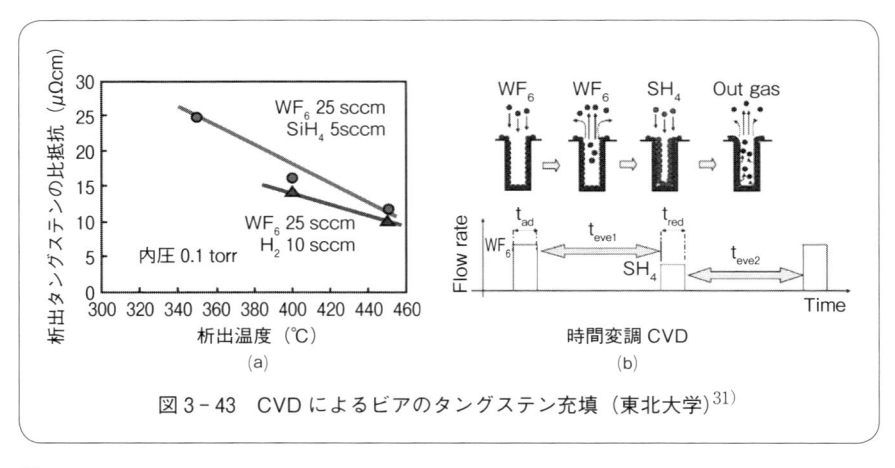

図3-43　CVDによるビアのタングステン充填（東北大学）[31]

導体物質になると思われる。

11 ビア伝導体としての導電ペースト

　ビアに導電性のペーストを印刷で埋め込む方法は処理時間が短いのが魅力的で，大日本印刷（第6章2節）やザイキューブ（第5章3節）などでいくつか実験されていて，抵抗値もある程度低く使用可能と思われる。報告されているデータではバリヤメタルをスパッタした後に径 $20\,\mu m$，深さ $270\,\mu m$，アスペクト比では 13.5 まで埋め込み可能である。しかしペーストは材料の樹脂中に粘度調整用の蒸発成分を含むので，硬化後体積が減少するためビア表面が凹む可能性がある。充填物質の調整が必要で，逆に表面が突起する場合は追加の表面研磨工程が必要になる。細いビアに印刷するのは粘度が低い必要があるし，抵抗を低くするには導電金属成分の濃度を上げる方がいいという矛盾した要求もある。おそらく TSV 専用のペーストの開発が必要であろう。ビアの導電物質充填法としては，第6章で紹介するインターポーザ用のはんだ粒の滴下法や溶融金属の吸引法など多くの可能性も残っている。

12 TSV チップ接続用バンプ電極

　次に TSV チップの表面，裏面に付ける接続用の電極（バンプ）について調べる。バンプはフリップチップまたは BGA などのエリアアレイで使われる用語であるが，TSV の電極も類似の構造なのでバンプという用語を使う。TSV のバンプには表面バンプと裏面バンプがあり，電極周囲の構造は配線層の有無などで違うことが多い。バンプには種類があり表裏のバンプが直結している場合と，互いに別の IC 回路に接続しているものがある。また金属としてビアの銅をそのままで使うもの，新しい金属電極を追加するもの，裏面絶縁膜を付け

るもの，接続時にはんだ，錫，金，インジウムを使うものなどがあり，バリヤ層とシード層を付けることも多く，複雑な構造が多いがプロセスや伝導体に対応して選択され標準的なものはまだないといってもよいだろう。

①ビアファーストプロセスのバンプ

まずビアファーストプロセスでの表面バンプでは，ビア作成後に表面配線層が作られるので，ビアは直接表面には出ないため，フリップチップバンプの作成と同様に最上層の配線にバンプ電極を作るか，または配線層の上に銅の再配線でバンプ底部電極を作る。配線層のアルミニウムとの接続にはまず酸化膜をパターニングして穴あけ後，Tiなどのバリヤ膜を入れてから銅をめっきし，再度銅バンプのパターニングをする。積層時のチップの間隙余裕を考えて銅の厚さは10μm程度に厚くする。

図3-44のエルピーダの場合はその上に10μmのSu-Agはんだを載せる[32]。図3-45のIBMの場合は銅の上にNi-Auの組み合わせになっている[33]。Niは金の下地によく使われるが，これは銅との接着性をよくするためである。溶融時に金は裏面電極のInと溶解して合金化しほとんど消失する。Inは融点150℃で使いやすいが高価な金属である。図中のエルピーダ，IBMのTSV全体構造については第4章で説明する。

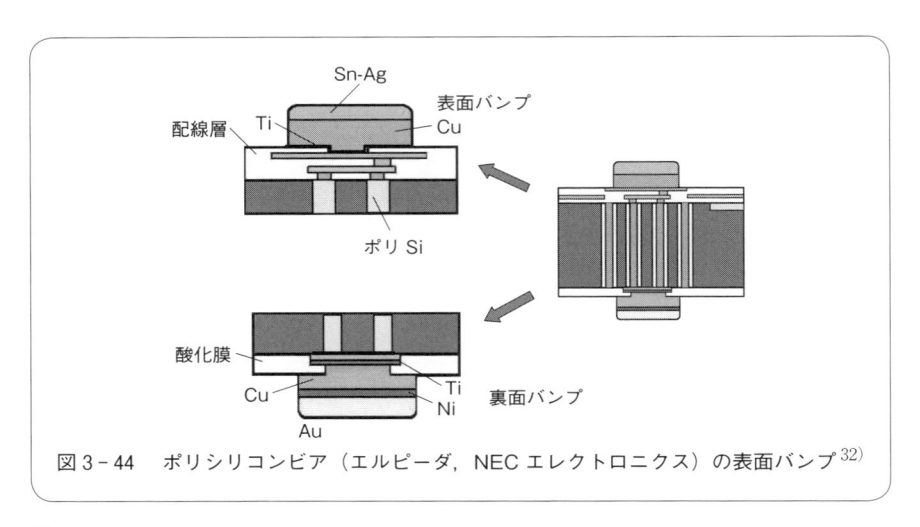

図3-44 ポリシリコンビア（エルピーダ，NECエレクトロニクス）の表面バンプ[32]

ビアファーストの裏面バンプはやや状況が異なる。ビア伝導体のポリシリコンかタングステンが，研磨された裏面に顔を出しているからである。この場合研磨された面に酸化膜またはポリイミドの絶縁層を作り，パターニング穴あけして格子状のポリシリコン（エルピーダ）やリング状のタングステン（IBM）のビアに Ti のバリヤと Al-Cu で接続する。裏面バンプは最上層に金を使う場合が多い。銅のままだと表面酸化現象などで接続信頼性に劣るからである。ポリシリコンと Al の接続で問題になるのは，ポリシリコンが半導体的性質を持っているので，表面処理によっては整流性が発生して高抵抗になるので，ポリシリコンの結晶性をなるべく破壊して，オーミックコンタクトにするような化学処理が必要である。

やはりビアファーストプロセス（ストレートビア）の IZM のバンプ構造を

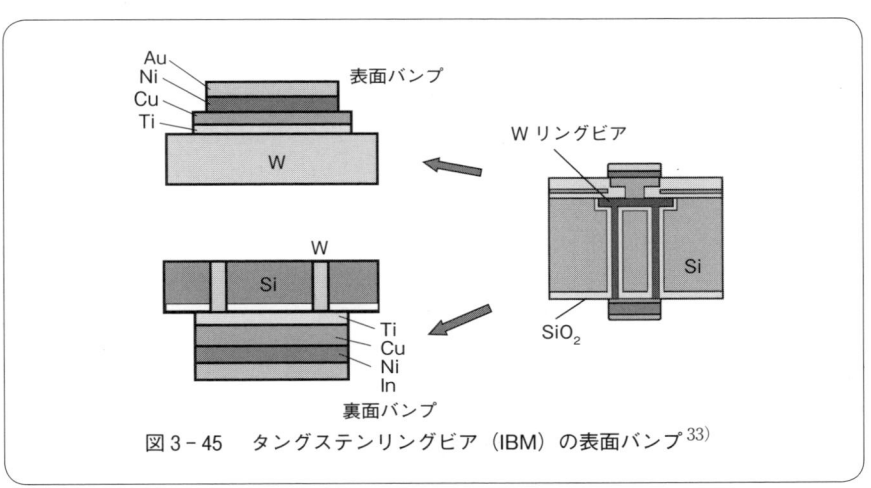

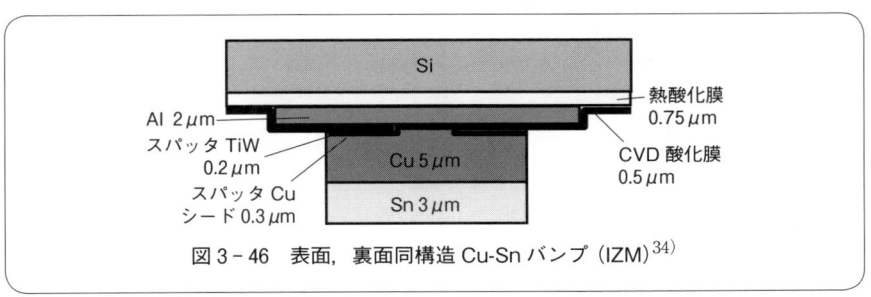

図3-45　タングステンリングビア（IBM）の表面バンプ[33]

図3-46　表面，裏面同構造 Cu-Sn バンプ（IZM）[34]

図 3-46 に示す[34]。IZM の SLID（第 4 章 8 節）はウエハ上に厚いチップをボンディングしてから研磨して薄化する方式で，バンプには Cu-Sn 合金を使い，表面，裏面とも同じ構造になっている。アルミニウム配線の上にスパッタリングで 0.2 μm の TiW バリヤ，その上にシードの銅で 0.3 μm のスパッタリング，これに銅めっき 5 μm，Sn の 3 μm を載せている。ボンディングについては次項で述べる。チップ上のアルミニウム配線は熱酸化膜 0.75 μm，CVD 酸化膜 0.5 μm でカバーされている。

② バンプ形状とはんだ量

NEC エレクトロニクスと沖電気（エルピーダメモリチップのパッケージ担当）によれば，はんだを使ったビアの形状には注意が必要である[32), 35)]。図 3-47 のように銅バンプはめっきの環境によって形状が変わり，(a)のような角形になったり(b)のような円形にもなる。銅コアにはんだを載せ，これをボンディングするとウエハ全面にわたってバンプ高さにばらつきがあってウエハ間またはチップ間が狭い場合，角型バンプでははんだが押し出されて図のように溢れ出してチップ面や隣のビアとショートする恐れがある。めっき状態を管理

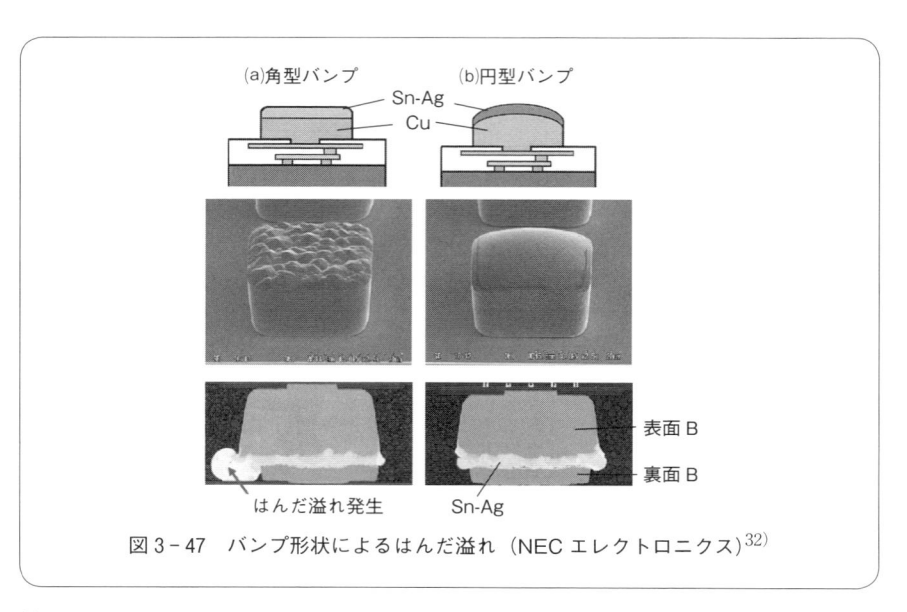

図 3-47 バンプ形状によるはんだ溢れ（NEC エレクトロニクス）[32)]

して円型バンプにすると図(b)のようにはんだがコーナーにたまりショート不良が減少する。

③ビアラスト表面ビアプロセスのバンプ

　ビアラストプロセスの場合，伝導体は銅と考えてよいが，表面ビアプロセスと裏面ビアプロセスでは構造が大きく違うので分けて考える。表面ビアプロセスの表面バンプはビアめっきが配線層を通過してそのままウエハの表面にまでめっきがついているので，このめっき層の処理によって構造が変わる。エプソンの表面ビアは図3-48のようにバンプというより上側チップの裏面バンプを受けやすい凹面形をしているが[36]，これはウエハ表面に厚いレジストを塗り，バンプ部をパターニングして穴を作り，銅めっきをコントロールしてレジストの穴の中に止めたものと思われる。その表面にはんだ（もちろん鉛フリーはんだ）を載せている。

　エプソンの構造でははんだ量が多いとバンプ部から溢れて垂れ下がり，下部のチップの裸のシリコン表面と接触する可能性があるのではんだ量のコントロールが必要になる。表面バンプはウエハ表面のワイヤボンディングパッドに接続する必要がある。ビアがパッドの中央部を通過すればパッドとビアとが接続すると考えられるが，実際はビアの側壁にはポリマー膜ができて，ビアとの電気的接続は難しい。そのため図(a)のようにあらかじめパッド表面にフォトプロセスで穴をあけて，ビア内部と同じようにバリヤを介してめっき層との導通をとる。これが上側バンプの面積が大きくなる理由である。

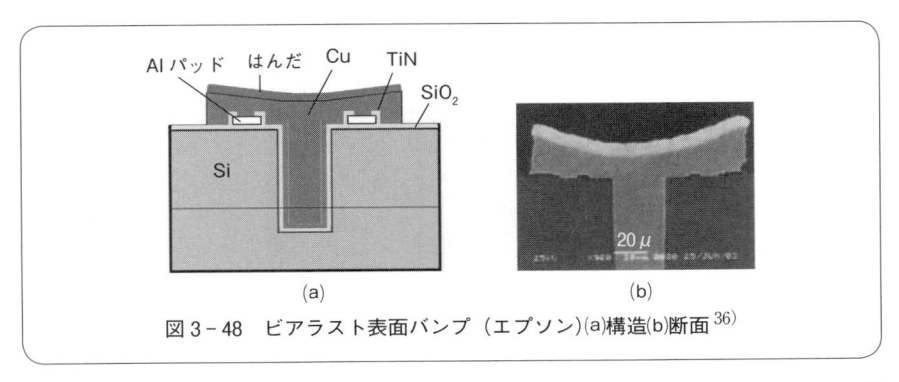

図3-48　ビアラスト表面バンプ（エプソン）(a)構造(b)断面[36]

④ビアラスト表面ビアプロセスの裏面バンプ

ではこのプロセスの裏面バンプはどうなるか。ウエハ内に埋め込んだ銅ビアはウエハ研磨を行うと切り口が現われてくる。このビア先端をバンプとしてある程度の高さにしないといけないのでドライエッチングでシリコンだけを除き，銅のビア（ビアポスト）を5μm程度露出させる。ドライエッチングは銅とシリコンの選択比が大きいことを利用する。ドライエッチングの前に選択比の大きい液エッチング（フロリナイト）を使うこともある。この時ビアポストの先端だけはシリコンが露出しているが，ビアポストの側面には酸化膜が残っていないと，はんだがポストの側面にも付着してシリコン表面とショートする心配がある。エプソンではこの酸化膜を図3-49のように側壁に付着させてはんだの濡れをコントロールした。酸化膜と銅の密着性はあまりよくはなく，高温ヒートサイクルで酸化膜がはがれる現象がある[37]。

ASETの研究では同じ構造でビアを露出させるためにイオンエッチング後SiN_4をウエハ全面につけ，ポスト上面だけを再度研磨によって露出させた。この裏面バンプのプロセスすなわちシリコンの内部で止まっていたビアを露出させることはビアファーストプロセスでも同じことが起こる。しかし違うのは，ビアファーストではビア材料が銅ではなく，ポリシリコンかタングステンなので同じ構造はとれない。銅の場合は可能かもしれないが実例はない。ビアファーストでは図3-44，図3-45のように酸化膜で表面をカバーして金属多層バンプにするのが通例である。

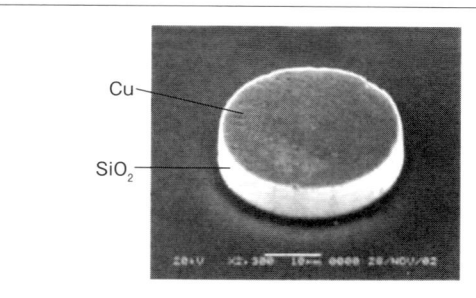

図3-49　酸化膜付き裏面ビアバンプ[37]

⑤ Cu-Sn の一時溶融接合機構

ビアラストでは上述のように銅のバンプとはんだを使う例が多く，いくつかのデータが出されている。IZM では上述のようにバンプに銅と錫の組み合わせを使っている。IMEC も同じ構造を採用している[38]。錫ははんだの主成分で融点 231 ℃であるが，必ずしもはんだほど銅への接着性はよくはない。しかし図 3-50 のように融点より充分高い温度，260～300 ℃で銅とともに加熱すると Cu が Sn 中に拡散し，種々の金属間化合物（IMC, Intermetallic Compound）を作る。この化合物は高い融点を持ち，600 ℃に加熱しても再溶融しない。このため Cu-Sn 接合機構を TLB（一時溶融接合，Temporary Liquid Bonding）と呼ぶことがある。図にこの化合物の断面を示す。

この Cu-Sn のボンディング機構についてエプソンでは興味ある実験をして

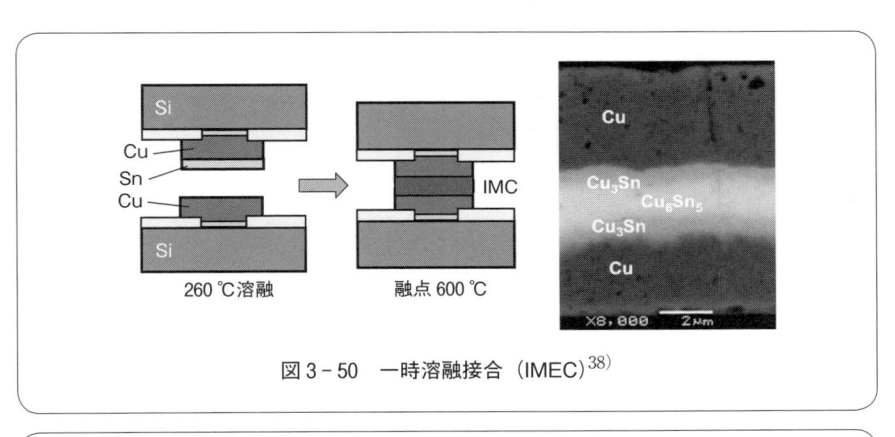

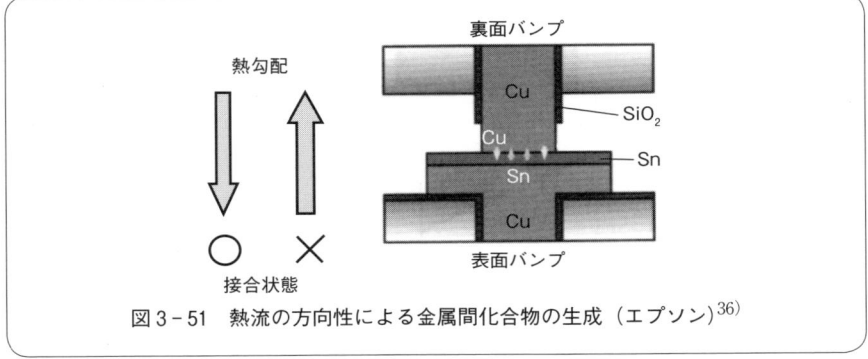

図 3-50　一時溶融接合（IMEC）[38]

図 3-51　熱流の方向性による金属間化合物の生成（エプソン）[36]

いる[36)]。ビアラストの表面バンプとして図3-51にCu-Sn，裏面バンプはCuのみ（上述の側壁酸化膜は存在する）の構成を積層し加熱した場合，表面バンプを高温（たとえば280～300℃）裏面バンプをやや低い温度にすると，表面バンプで銅がSn中に拡散するが裏面バンプはうまく接合せず，側壁酸化膜が剥離することがある。逆に裏面バンプを高温（250℃）に，表面バンプを低温にすると，銅がSn中に拡散して良好に接合する。この温度だと裏面ビアの側壁酸化膜の損傷が防止できる。すなわち銅原子のSn中への拡散が温度勾配によって影響を受けることがわかった。

⑥リフトオフによるマイクロバンプ

第4章で述べる東北大学のスーパーチップにはまずベースウエハ上にマイクロバンプと呼ぶバンプを形成し，同じマイクロバンプをつけたチップを逆向きにボンディングして積層する[39)]。図3-52のようにアルミニウム配線層にCVDによるW膜バリヤをつけ，ポリイミド膜でカバーしてからリフトオフ法でAu-Inバンプを作成する。リフトオフ法はエッチングしにくい金バンプを作るためと思われるが，フォトレジストとアルミ膜でバンプと逆のパターンを作り，Au-Inを蒸着後レジストを溶解して不要部分のAuも一緒に除去する方法である。積層時にはInが溶解して接続する。マイクロバンプの高さは4μmである。チップとチップの間隙に樹脂を注入して接着してからチップ裏面を研磨・CMPをかける。積層にはこのプロセスを繰り返す。

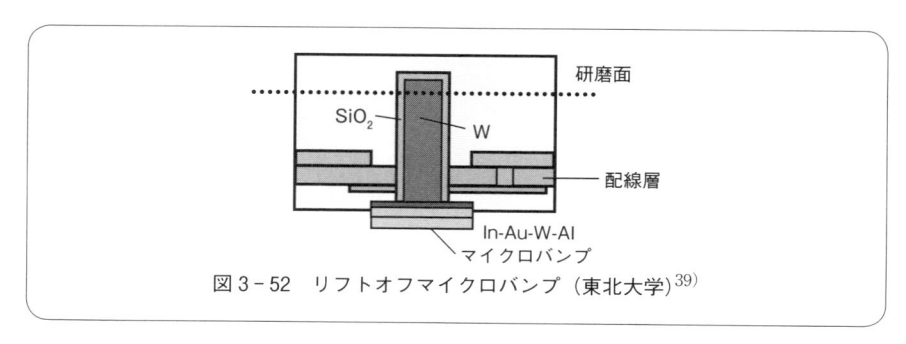

図3-52　リフトオフマイクロバンプ（東北大学）[39)]

⑦ビアラスト裏面ビアプロセスのバンプ

　次にビアラストプロセスでの裏面ビアプロセスのバンプは，ビアファーストやビアラスト表面バンプとは違って，コンフォーマル構造が可能でビア内部を充填しなくてもよいので，他のプロセスによるビアとは違った形になる。まず表面バンプについては日立（第4章3節）のケースでは金のスタッドバンプを使った。スタッドバンプは裏面の嵌込み用の非充填バンプにだけ対応する特殊なバンプである。金属学的にみると Al-Au の熱圧着接合は中間に別の金属もバリヤメタルも不要で製作も簡単で優秀な構造といえよう。

　スタッドバンプは通常フリップチップと同じ目的で使用されているので，積層構造の場合，相手側のチップに平面的な電極があれば嵌込み法でなくても積層は不可能ではないので，少数のバンプを持つチップ積層には今後使われる可能性を持っている。スタッドバンプの作成はウエハの状態でも，チップ分割後でも付けられるがウエハ状態でないとコスト的に不利かと思われる。

　裏面ビアプロセスでの裏面バンプについては，ビア直下にはバンプは付けられない。特殊な例として日立の嵌合構造では裏面バンプは必要ない。その他のケースでは光センサなどの場合シングル TSV として使われる。つまりこの場合表面バンプはなく，裏面バンプは CSP パッケージのデバイスバンプになるので，通常はんだによるバンプを作成する。ビアの直下にはバンプが付けられないので銅配線の延長で別の場所につける。これはフリップチップのバンプ作成と全く同じである。この際ビアは非充填になっているが普通はデバイス裏面は樹脂でコートしてあり，この樹脂がビア穴も埋めている。裏面ビアチップを積層する場合は，裏面に出ているコンフォーマル配線層を延長してバンプを作り，チップ表面のバンプ位置と整合させれば，ビアとはオフセット（中心ずれ）になるが積層は可能であり，IMEC ではこのオフセット積層を提案している。

13 非酸化膜の樹脂絶縁構造

ここで新しいアイデアの TSV 構造を調べてみよう。シリコンにビアを作る限り絶縁物は二酸化シリコンというのが、半導体技術者としては常識だったが、TSV の加工コストが問題になるにつれ、TSV 構造に対してあらゆる可能性が検討され始めた。酸化膜の生成は装置が大型で堆積に時間がかかる上に、生成温度が高い（CVD で標準的には 400 ℃）こともあり、代替構造が IMEC によって考えられた[40]。図 3-53 にそのプロセスを示す。ビアラスト、裏面ビアプロセスであるが、IC ウエハの表側にサポートをつけて研磨薄化してからイオンエッチングでリング状にビア穴あけをする(a)。リングの外径は約 40 μm、リングの幅は 10 μm である。

次にこのリングの中に樹脂を充填し（おそらく印刷のような方法と思われる）ウエハ表面にもコートし、樹脂硬化後フォトレジストでリングの中央部の円形の樹脂を取り去る。次に中央部のシリコンをイオンエッチングで取り去る

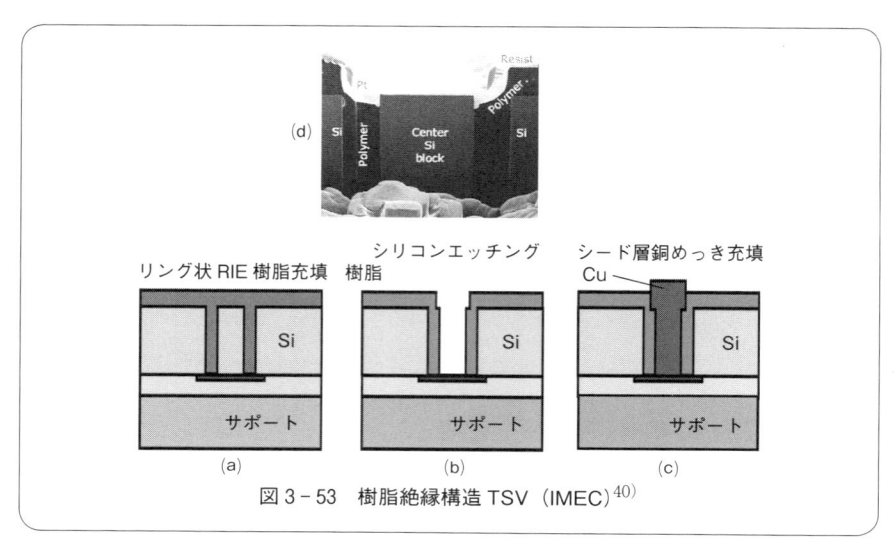

図 3-53　樹脂絶縁構造 TSV（IMEC）[40]

(b)。ビア内壁にバリヤ，シード層を付着してから銅を充填めっきして(c)のTSV構造が完成する。(d)はリング状にポリマーが埋め込まれた断面である。この構造はいかにも実装的な発想といってもよく，微細ではないが低コストの大きい可能性を持っている。絶縁用の樹脂としてはBCB，ポリイミドなどが考えられるが，Rohm and Haasでは専用の樹脂材料としてInterviaと呼ぶ専用のネガ感光型のエポキシ樹脂を開発した。

これについてもう少し調べると，誘電率は2.9，熱膨張係数は58，硬化収縮は11％でイオンエッチングに対するシリコンとの選択性がよい。スピンコートで厚さ10μmに塗布し，ビア中央の円形部を露光，現像し175℃3時間で硬化する。次に中央部のシリコンをイオンエッチングで抜くが，この時この樹脂がエッチレジストとして働く。すでに側壁は樹脂なのでボッシュプロセスも必要がない。エッチング速度は15～25μm/分，加工温度は150℃以下。次にスパッタリングでCr，Tiなどの接着層を500Å，銅シード層を3,000Å付着させる。接着層はバリヤ材料としてよりも接着力強化のためのようである。シードを電極として銅を厚さ4～10μmにコンフォーマルめっきを行う。めっき速度は3μm/分程度である。最後にビア内部と表面にエポキシ系感光性樹脂をスピンコートするがこれを誘電プラグ（dielectric plug）と呼んでいる。図3-54にセンサに応用した例を示す[41]。この構造はCMOSセンサのシングルビアを対象にしているが，裏面ビアプロセスを徹底的に簡略化したものといえる。ビアサイズはやや大きめにはなるが，積層デバイスにも使える可能性を持って

図3-54 樹脂絶縁TSVの応用例（Rohm and Hass）[41]

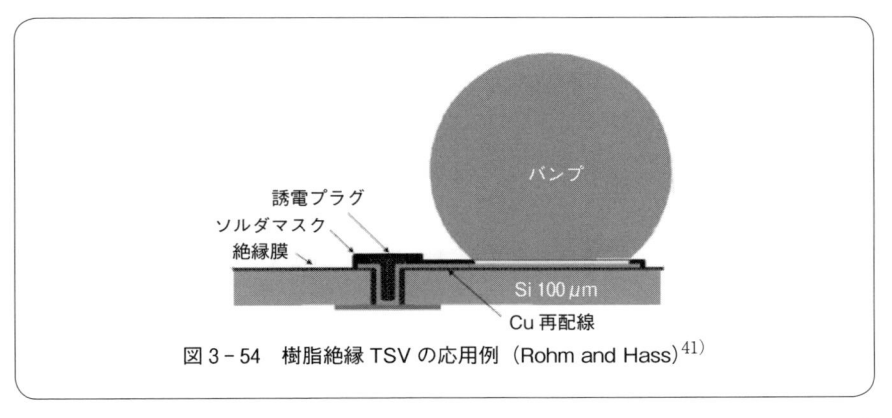

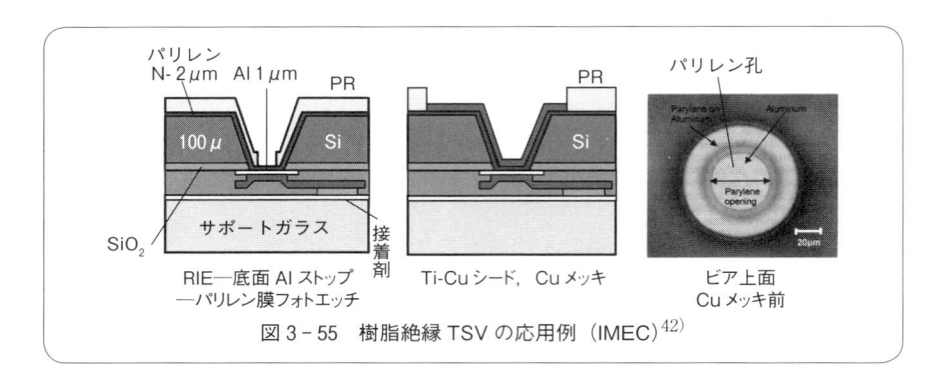

図 3-55 樹脂絶縁 TSV の応用例（IMEC）[42]

いる。IMEC はアイデアとしてこの樹脂による積層構造を提案しているので，今後の開発を期待したい。

① 樹脂絶縁膜用テーパービア

TSV のビアの形状は直感的には垂直の穴であるが，イオンエッチングの条件によってはやや角度がついて，85 度前後のものもある。ビアの内壁には複雑な膜構造が必要であるが，垂直の壁には基本的に膜が付着しにくい。膜の生成を容易にする目的で傾きの付いたテーパービアがいくつか提案されている。本章 1 節ではすでにテーパービアを説明したが，ここでは最初からテーパービアとして設計したビア構造について述べる。IMEC では樹脂絶縁 TSV の第 2 バージョンとしてパリレン絶縁構造を発表している[42]。図 3-55 にそのプロセスを示すが，まずウエハはパイレックスガラスのサポートにワックスで貼り付け，100 μm まで研磨する。裏面ビアは 15 μm 厚のフォトレジストでパターニングし，RIE でボッシュプロセスを使い，1 μm 厚のアルミニウム配線までイオンエッチングするが，エッチングガスの調節でビアのスロープを 75 〜 80 度の傾きにコントロールする。

ビアあけ後，耐熱性樹脂のパリレン N（N-poly-paraxylylene）を 2 μm の厚さに塗布する。パリレンの塗布が重要であるが，ここでは蒸気吸着法を使う。まずパリレン N の 2 分子重合体を真空中で加熱して蒸発させ，この蒸気を 650 ℃に熱してモノマー化する。この蒸気をウエハに当てると，吸着，重合してウエハ上に膜ができる。図 3-56 はビアの断面であるが，パリレンは均一に付着

第 3 章　TSV 作成技術

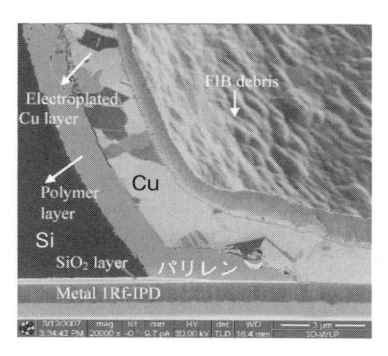

図 3-56　パリレン絶縁構造断面（IMEC）[43]

している[43]。次にフォトレジストでビアの底部のパリレンを除き，Ti バリヤ 30 nm と銅シード 300 nm をスパッタリングし，銅をコンフォーマルで 5～20 μm の厚さにめっきする。この全プロセスは 250 ℃以下の温度で実行できる。最後にウエハ表面の銅膜やシード膜を除去し完成させる。

②テーパービアの絶縁物と塗布方法

　テーパービアに対しては樹脂絶縁が使いやすいのでさらに安価な方法も考案されている。SUSS Microtec が材料開発しシンガポールの Schott が TSV に適用を進めている[44], [45]。この場合ビアの傾きは 68 度とかなり緩い。各種の絶縁物（IDL, Inter Dielectric Layer と呼ぶ）が試みられているが，ここにフォトレジストを使いそのまま IDL として残しておくと，プロセスはさらに簡略化される。絶縁物を薄く均一に塗布するのが重要である。従来の回転式のスピンコートでは 10～20 μm 以上の凹凸のある面には平滑に塗布できず，ビアのような形状の場合底部に液がたまり，コーナーでは薄くなってしまう。電着法もあるがシード層が必要になる。ビアの形状に沿って均一な膜を作成するコンフォーマルコーティングにはスプレーコーティングを使う。

　スプレーコーティングは理論的にも従来から検討されているが，スプレー用のノズルから吐出した液の濃度は中央が濃度の高い分布を持っているので精密に多重スキャンする必要がある。1 回全面に塗布しさらにウエハを回転させて

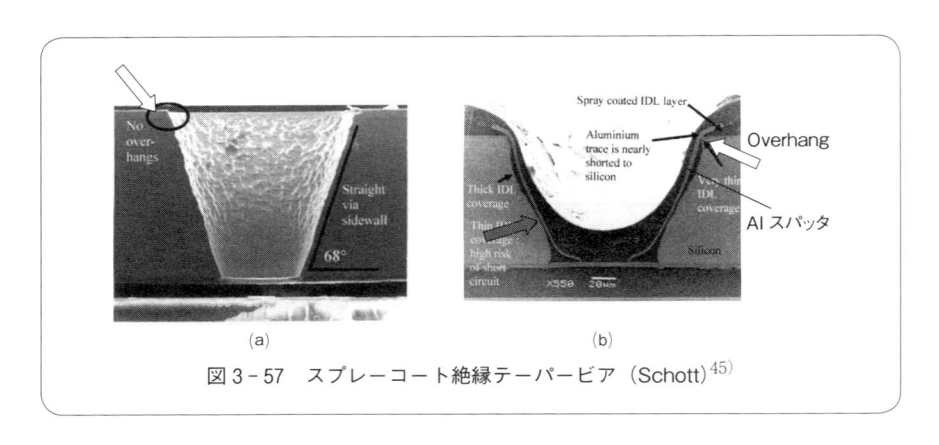

図 3-57 スプレーコート絶縁テーパービア（Schott）[45]

多数回塗布する。一般に塗布後にベークして膜を安定させる。ビアの深さに対して最適なテーパー角度があり，100μm 以上の深さには 68 度のテーパー角が必要になる。またテーパー角が 90 度すなわち直角ビアに対してもアスペクト比が小さい場合はスプレー可能である。スプレー塗布可能な材料はフォトレジスト各種，BCB，シリコーン，PMMA などがある。

　Schott が CMOS フォトセンサ用 TSV にスプレーコートを用いた。図 3-57 のように IDL 用のポリマーと次に使うフォトレジストを共にスプレーコーティングで行っている[44),45)]。このプロセスは裏面ビアプロセスであるが，ウエハ薄化は 85 ～ 125μm で，イオンエッチングの穴あけまでは図(a)まで前述のIMEC と変わらない。スプレーした IDL の厚さは 7.5μm だがビアの入口コーナーではやや薄くなっている。ビア底部は再びレジストをスプレーコートして露光，現像でオープンし，伝導体は図からわかるようにアルミニウムのスパッタリングである。(b)の矢印部分は IDL が薄くなってショートする危険性のある場所である。その後にもう一度 IDL をつけアルミニウム膜をカバーする。この方法はスプレーコーティングがやや液体の挙動を示すので，ビアの形状を正確にフォローしない点が気になるが，信頼性の結果は良好である。アルミニウムを使うこととポリマー類の吹きつけで大きいコスト低減ができると思われる。シングルビアには最適かもしれないが，積層構造にはビアサイズなどの検討が必要と思われる。

14　TSV ウエハの薄化

　TSV 構造を使って積層デバイスを作るにはチップは薄くなければならないことは当然である。デバイスの厚さはチップの枚数分プラスチップ間隔になるからで，積層デバイスは厚くなっては意味がない。ただ最近のデバイスの厚さは主に携帯電話機の厚さに制限されているケースが多く，パッケージとして 1.4 mm または 1 mm 以下が要求されるので，たとえば 8 チップを積層すると接着材 10 μm，インターポーザ 200 μm，保護樹脂 100 μm の厚さを入れると 1 チップ 50～60 μm が必要になる。現時点では 3 次元実装としては先駆者であるワイヤボンド積層デバイスのチップ厚さの 50 μm を TSV 積層としても踏襲している。

　実際には積層デバイスのチップは薄いほどよいはずだが，チップの破壊強度とウエハの取り扱いやすさから 50 μm 厚がほぼ標準になっている。ただしセンサ用のシングルビア TSV では，チップは 1 枚なのでウエハの取り扱いやすさから 70～100 μm 厚が多い。ウエハをもっと薄く，という要求はおそらく限りなく続くであろう。25 μm 厚は試作的には可能になっており，実験としては 10 μm 厚も報告がある。ウエハの取扱いは困難になるが，TSV の加工の面からみると薄化は有利になり，加工が容易になるのでいくつかのコスト的問題もよい方向に向かう。

　ウエハに TSV を作る時はビアファーストでもビアラストでも，どこかの段階で必ずウエハ薄化の工程が入る。そして薄ウエハはそれ自体では図 3-58 のように曲がってしまって扱えないので[46]，必ずガラスか厚いウエハのサポート（補強板）を表面側（IC の回路側）に貼り付けてから裏面を研磨して薄くする。この一連の取り扱い技術を WSS（ウエハサポートシステム）と呼ぶ。この時サポートとウエハはなんらかの接着材料で貼り付けねばならない。普通は BG テープ（back grind tape）と呼ばれる強い接着性を持つ両面テープを使うが，TSV ウエハの場合はウエハと同じ大きさのガラス円板やステンレス円

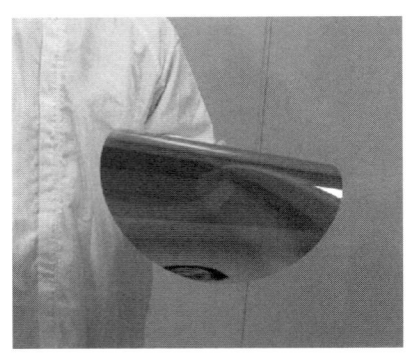

図 3-58　曲がる薄型ウエハ（径 300 mm の例）（ディスコ提供）[46]

板を使うことが多い。このような硬質のサポートを HWSS（Hard Wafer Support System）と呼ぶ。

　研磨は通常の LSI ウエハでもウエハプロセスの最終工程でウエハをある程度薄くするために行われている。円板回転式の装置でウエハをブロック板につけ，円板と逆回転させて研磨用のスラリと呼ばれる研磨液をかけながら 2,000 番程度の研磨剤を使う粗研磨（ラッピング）と精密研磨（ポリッシング）の 2 段階で行う。薄型ウエハでは研磨時のスクラッチを軽減するために CMP（化学的機械的研磨）的なウェット研磨方式やドライポリッシュと呼ばれる乾式微粉末研磨が使われる。

　薄型チップは強度が弱く，取り扱いやボンディング中に破壊することがある。チップの割れに対する強度を抗切強度と呼び，測定方法は SEMI で標準化されている。薄いウエハで研磨や切断によってチップの裏面や側面に欠けや傷（チッピングと呼ぶ）がついていると，それを起点としてチップが破壊する。チップの抗切強度を強くするためプラズマ中で表面，切断面をエッチするとチッピングが削られて平坦化し強度があがる。この工程をチップの内部にある応力（ストレス）を除去するという意味でストレスレリーフと呼ぶ。

　ダイシングの方法によってもチップ強度が異なるが，DBG（Dicing Before Grinding）と呼ぶ，東芝開発の研磨前にウエハの途中までダイシングしてから研磨してチップを分離する技術で，さらにプラズマ処理をすると強度があがる。

第3章　TSV作成技術

図3-59　薄ウエハのステルスダイシング（浜松ホトニクス）

ストスレリーフでチップを強化すると追加の処理が必要になり，チップのコストが高くなるのが難点である。ビアファーストとビアラスト表面ビアの場合はビアがシリコン中に存在しているので，そのビアが出るまで研磨はしない。ビアの頭の10 μmくらい前で研磨を止め，あとはシリコンだけを選択的に化学的エッチかイオンエッチしてビアをわずかに露出する。シリコンエッチはフッ素硝酸かフッ化水素硝酸を使う。イオンエッチングも使われる。

・薄ウエハのダイシング

　ウエハはBGテープまたはサポートに貼り付けて研磨，薄型化してから剥離すると同時に，再度展性のあるダイシングテープ（DC, Dicing Tape）に貼り替えてから円形のフレームに取り付け，ダイシングしてからテープを伸展してチップを分離し，ダイボンダーに載せてピックアップする。ダイシングの際の切断ストレスがチップ強度に最も影響する。薄型ウエハのダイシングは標準のブレード（回転刃）ダイシングではチップ分離時のチッピングが多いので，2回に分けて2段目の切断速度を遅くしてチッピングを減らす方法（ディスコ）がある。また**図3-59**のように強いレーザでウエハ中心部に焦点を絞り，改質領域を作り割断する浜松ホトニクスのステルスダイシング，プラズマでエッチングしながら切断するパナソニックFSのプラズマダイシングなどが提案されている。TSV付ウエハの場合も積層した薄型ウエハをダイシングする必要がある。積層構造の場合はウエハが薄い上にウエハとともに接着剤も重なってい

て，まだ実例の報告は少ないが切断には充分な注意が必要と思われる．

15 裏面ビアプロセスの加工温度

さて TSV ウエハでサポートを使う場合，「ビアファーストプロセスとビアラスト表面ビア」と，「ビアラスト裏面ビアプロセス」では状況が異なる．前者はサポート貼付け後に研磨，めっき，PVD，フォトエッチングなどを行うが，特に高い温度になる加工プロセスはない．これに対して後者は貼り付け後にビア作成を行う必要がある．すなわちサポートが接着剤で貼り付けられている状態でイオンエッチング，酸化膜，バリヤ，シード，めっきを行う．接着剤はエポキシ樹脂系が多く，温度が 200 ℃になると分解して接着力を失うとされている．イオンエッチングやスパッタリングはプロセス中に温度が上がるが，これは反応のために温度が上がるので，冷却することも可能である．ただ酸化膜生成だけは従来 400 ℃前後の温度が必要であった．この温度を下げると生成速度が下がり，膜自体の物性が低下し，良質の膜が得られない問題があった．このため各社とも低温での酸化膜生成にチャレンジした．CVD 装置の改良も行われ，最高温度は 250 ℃から 200 ℃，そして 150 ℃まで低下した．150 ℃生成の酸化膜の信頼性試験も行われ，安定であることが確認されている．

① 耐高温ウエハ接着剤

一方，接着剤の耐高温化への改良も行われている．このテーマは樹脂，ポリマーの開発を担当する化成品メーカーの分担分野でもある．三洋電機と東京応化の協力によるサポートガラス構造，耐熱性樹脂，剥離装置の開発については第 5 章 4 節で取り上げるが，この開発が TSV の低温プロセスの進展に大きく寄与したといわれる．海外では Brewer Science と EVG が協力して液体接着剤を開発した[47]．接着方法はこの接着剤をスピンオンでウエハとサポートに塗布し，両者を接触させて真空中で加圧，加熱して溶剤を蒸発させる．図 3-60 (a) にこの接着剤の加熱時の重量減少を示すが，230 ℃までは減少しない．

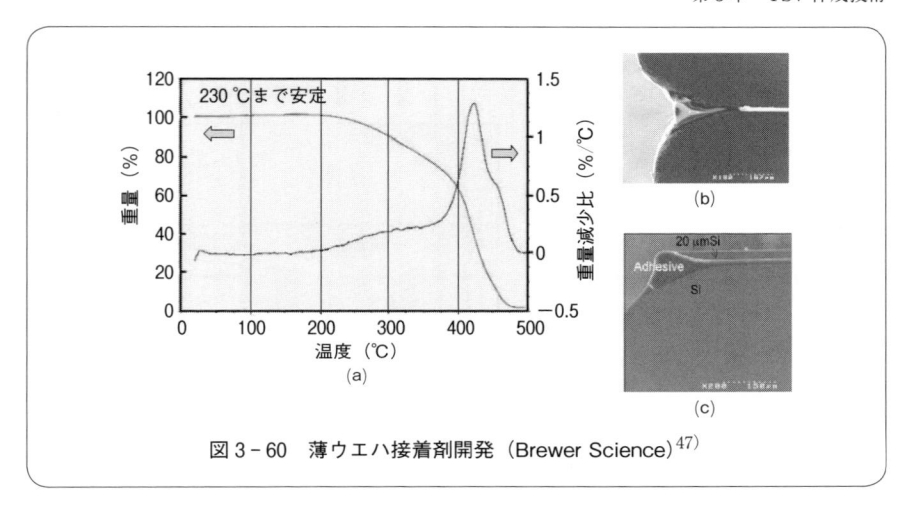

図 3-60　薄ウエハ接着剤開発（Brewer Science）[47]

大きく重量減少するのは 400 ℃以上である。液状接着剤の利点は図 3-60(b)のようにウエハとサポートのエッジ部に溜まって間隙を埋めることである。テープ貼り付けでは間隙が発生し，ウエハが薄化された時，ウエハエッジは薄い刃のようになり，クラックの大きな原因になるからである。図(c)にウエハを 20 μm まで薄化したときも接着剤がエッジを保持しているのがわかる。

②サポートシステムとテープ剥離方法

　TSV 加工の終わった薄ウエハをサポートガラスや BG テープから剥離するのも難しい技術である。薄化ウエハはそのままでは扱えないので，剥離と同時に次の工程となるダイシングテープに転写（移し変え）をする。この場合剥離も貼付けもウエハが大型化すると人手では不可能なので専用の装置で行う。一般には加熱して剥離するが，積水化学ではセルファ BG と呼ぶ特殊なテープを開発し，図 3-61 のようにガラスサポート側から紫外線をあててガスを発生させてウエハを浮かせて剥離し，ダイシングテープに転写させる。またいくつかのメーカーではガラスサポート側からレーザでスキャンして加熱し接着剤を気化させてテープを剥離している。

　この一連のプロセスは日本ではディスコを中心にいくつかの関連メーカーが協力していて，GWSS（ガラスウエハサポートシステム）と呼ばれていて，貼

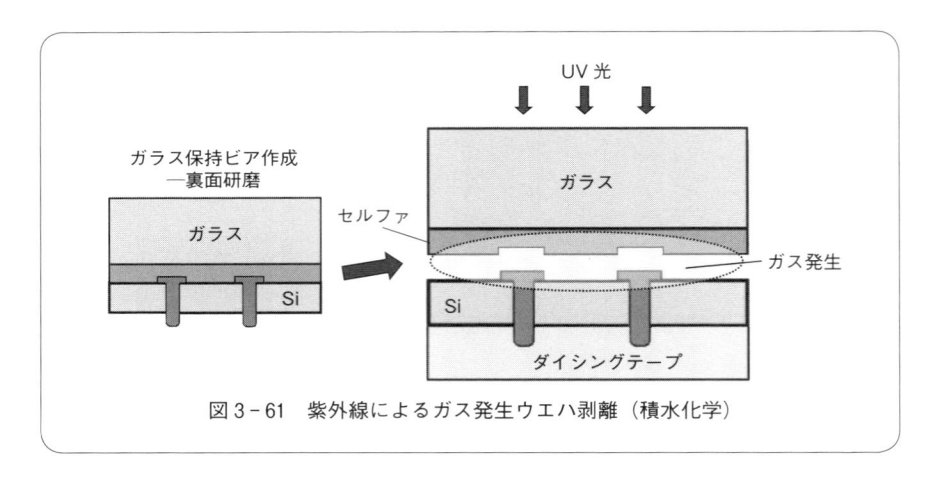

図3-61 紫外線によるガス発生ウエハ剥離（積水化学）

付け・剥離装置の開発，材料の開発などをおこなっている。上述のBrewerの液体接着剤ではTSV加工の終わったウエハをサポートから剥離する際，サポートとウエハを両面から150〜220℃に熱して接着剤を軟化させ，ウエハを真空チャックで保持しながら横方向にスライドさせて分離する。ウエハはその後溶剤に浸漬してポリマーを溶解，洗浄，乾燥してダイシングテープ貼付けなどの次工程に移す。サポート剥離の際，接着剤がウエハに残ることがあるが，ウエハに薄くTiを付着しておくと残渣が残らない。Tiはその後でエッチングで溶解する。

16 TSVの加工コストとCoO

TSVを完成させるためにはこの章で述べたように多くの加工工程が必要になる。この費用を加工コストと呼ぶ。コストには使用する材料，薬品，消耗品，使用する装置の償却費，関係する作業者，技術者の人件費，事務費さらには工場の管理費なども考えねばならない。しかし半導体のウエハプロセスには高額の装置が多く，歩留まり損失などのわかりにくいファクターも多いことから，米国を中心にCoO（コストオブオーナシップ，所有しているもののコストの

第3章　TSV作成技術

意味）という指標が使われている。米国の半導体開発コンソシアムのセマテックも半導体生産や実装工程に対してCoOを分析に使っている。このCoOには100項目以上のコスト要素があり，専用の計算ソフトも作られているなどいかにも米国的な発想という感じもする。TSVが従来の実装という範囲だけでなくウエハプロセスも含んだ構造なので，半導体生産になじんでいるCoOを使って議論することが適当と思われる。

　TSV作成コストについては従来のTSVのないチップのコストに較べて当初予想されたよりも高くなり，それがTSVの実用化を遅らせているともいわれているので，コスト構成の分析も活発に行われている。その一例は図3-33に示されているが，この中で銅の充填めっきのコストが40％と大きな部分を占めているため，銅めっきの時間短縮や代替構造が検討されていることはすでに述べた。ヨーロッパを中心とする3次元実装コンソシアムのEMC3Dを主導しているSemitoolが2007年にセマテックモデルを使ってTSV付加コストの試算をしたが，その結果を**表3.1**に示す。このモデルで使われた主な代表的なデータを**表3.2**に示す[48]。

　表3.1によると2009年にはウエハ当たり付加コストは200ドルと予想され，TSV製作前のウエハ（2,400ドル）に対して約10％のコストアップとされた。2008年の4月にはコンソシアムのプレス発表があり，2008年ですでに2009年の目標が達成され付加コストが190ドルになったと報道された。条件としてビアのサイズは$5\mu m \times 30\mu m$，ビアファースト構造とされた。この数字は本章8節で論じた銅めっきの時間と関係がある。すなわち$5\mu m \times 30\mu m$より大きいビアではめっきに長時間が必要になり，コストが下がらないためと思われる。

　またもうひとつの問題点は，この試算が銅充填構造を想像してそのメーカー

表3.1　TSVのコスト，CoO

	ウエハ径	開発投資	追加コスト
2007	200 mm	5200万$	400 $
2008	200 mm	4300万$	< 300 $
2009	300 mm	3200万$	< 200 $

表 3.2 TSV の CoO 計算用開発, 生産データ (Semitool)[48]

技術者勤務時間	週 12〜15 時間
生産実験	15 回/週
故障テスト平均間隔 MTTT	0.80 時間
ロットサイズ	300 mm ウエハ 23 枚
ウエハ内チップ占有面積	1 cm²チップで 80 %
生産失敗確率	5 %
勤務交代制	1 週間 42 時間 4 シフト
操作者の有効活動割合	80 %
技術者年俸	10 万ドル
オペレータ年俸	8 万ドル
設備設置面積	2,840 ft²
設置場所費用	100 ドル/ft²
インフレ率	4 %
期間減価償却	5 % 5 年間
TSV 加工前のウエハ価値	2,400 ドル
月間使用マスク枚数	5 枚
テスト用ウエハ	100 ドル
定期保守時間	週 9 時間
装置の平均故障間隔 MTBF	250 時間
平均復旧時間 MTTR	6 時間
平均アテンション時間 MTBA	150 時間
装置あたりの作業者	9 人
装置運搬費用	520 万ドル
装置設置費用	416 万ドル
技術工程決定	160 時間
オペレータシステム決定	320 時間
保守システム決定	80 時間
技術者訓練	320 時間
オペレータ訓練	320 時間
装置保守訓練	96 時間
消耗材料費用	103 万 8 千ドル/年
光熱費 (米国)	18 万 2 千ドル/年
装置使用効率	87.70 %
材料廃却	2.40 %
廃却材料費	1,230 万ドル/年
無形固定資産減価償却	年 1,230 万ドル
工場床面積費用	16 万 5 千ドル/年
2008 年ウエハ 200mm 使用量	3,800 枚/月
2009 年ウエハ 300mm 使用量	4,800 枚/月

のプロセスで技術の傾向に応じてビアファーストかビアラストを選択するという仮定で計算している。ビアファーストで銅充填ビアはIMECなどの発表はあるが，現実的には充分確認されていないと感じられるし，また5μm × 30μmというビア形状はブラインドビアの表面ビアプロセスをイメージしているが，難しい配線層通過の追加コストも問題である。さらに30μmの深さという条件は，ウエハ薄化を30μmにせねばならないということなので現時点でウエハ取扱い，ストレスレリーフなどの点で無理がある。これらの細かい点は無視するとしても，ウエハ自体で約10％のコストアップをどう評価するかということになる。TSVを持つ3次元構造としては，ウエハコストだけでなく，積層工程の歩留まり，検査，熱対策などでもう一段コスト検討が必要とも感じられる。

■第3章　参考文献

1) Bosch Web Site, 2009.1.
2) 神永晋，住友精密工業，"MEMS技術のTSVへの展開"，Semi ISTF 2008, 9.17.
3) Semitool, EMC3D 2008, June.
4) 針貝篤史，パナソニックファクトリーソリューションズ，"実装のためのプラズマによるウエハ加工技術"，長野実装フォーラム 2008, 第9回, p.35, 2008.12.2.
5) Michel Puech, Alcatel Micro Machining Systems, "DRIE Achievement for TSV Covering Via First and Via Last Strategies", EMC3D 2008, 2008.6.2.
6) Ranganathan Nagarajan, IME, "Development of a Novel Deep Silicon Tapered Via Etch Process for Through-Silicon Interconnection in 3D Integrated Systems", ECTC 2006, p.383.
7) 加藤里，沖電気工業，"貫通電極を用いたチップ積層技術の開発"，OKIテクニカルレビュー 2007, Vol.74, No.3, p.66.
8) 崎間弘美，住友スリーエム，"フッ素系溶剤を用いた貫通孔側壁のデポ洗浄"，SEMI Forum Japan 2008, p.61.
9) パナソニックファクトリーソリューションズ，2008マイクロマシン／MEMS技術大全，エッチング装置 5-5-10, p.413.
10) 田中直敬，日立製作所，"Si貫通電極を形成した積層チップ間の常温接続技術"，長野実装フォーラム 2006, p.49, 2006.6.30.

11) Singer, Aviz Technology, Semiconductor International 2008.5. p.17.
12) N. Tanaka, Hitachi Mfg, "Through Silicon Via Interconnection for 3D Sip Using Room Temperature Bonding", 3 D-SIC 2008, p.249.
13) T.Narita, Xsil, "Industrial Laser Via & Dicing Tools", EMC 3D Asia Technical Symposium 2008, 2008. June 2-5.
14) Jean-Luc Laydevant, Xsil, "High Speed Laser Drilling for Cost Effective Mass Production", 2006 Encasit Workshop, 2006. May.11.
15) 橋元 伸晃，セイコーエプソン，"Si 貫通電極を応用した三次元パッケージ"，長野実装フォーラム 2006, p.34, 2006.6.30.
16) Markus Wimplinger, EV Group, "Lithography and Wafer Bonding for 3D Integration", EMC3D 2008, 2008.6.2-5.
17) 小泉直幸，新光電気工業，"シリコンインターポーザーの基礎評価"，MES 2005, p.197, 2005.10.
18) Wojciech Worwag, Intel Corporation, "Copper Via Plating in Three Dimensional Interconnects", ECTC 2007, p.842, 2007.
19) Michael W. Newman, Intel Corporation, "Fabrication and Electrical Characterization of 3D Vertical Interconnects", ECTC 2006, p.394, 2006.
20) Paul Siblerud, Semitool, "TSV Copper Electrodeposition", EMC3D 2008.
21) M.Jurgen Wolf, IZM, "High Aspect Ratio TSV Copper Filling with Different Seed Layers", ECTC 2008, p.563.
22) Jones, Aviza Technology, Semiconductor International May 2008, p.18.
23) Yun Zhang, Cookson Electronics, "Defect Free, Fast TSV Fill", EMC3D, 2008. 6. 2.
24) T.P.Moffat, IBM, "Supercomformal film growth: Mechanism and qualification", IBM J. Res & Dev. Vol.49, No.1, p.19, Jan. 2005.
25) Rozalia Beica, Semitool, "Through Silicon Via Copper Electrodeposition for 3D Integration", ECTC 2008, p.577, 2008.
26) 三上大輔，岡山大学，"三次元実装用貫通電極穴埋めっき（第2報）"，MES 2004, p.109.
27) D.Henry, CEA-LETI, "Low Electrical Resistance Silicon Through Vias: Technology and Characterization", ECTC 2006, p.1360.
28) 門田裕行，日立協和エンジニアリング，"貫通電極形成における高速ビアめっき技術"，電子材料，2008 年 1 月, p.56.
29) 福永明，荏原製作所，"シリコン貫通電極生成のための Cu 電解めっき"，第 22 回 JIEP

講演大会, p.1, 2008.3.
30) Eric Beyne, IMEC, "Solving Technical and Economical Barriers to the Adoption of Through-Si-Via 3D Integration", 10th EPTC 2008, p.29, 2008.9.
31) M.Koyanagi, "High Density Through-Silicon-Via Technology for Super Chip Integration", 3D System Integration Workshop 2007. 8.31.
32) Yoichiro Kurita, NEC Electronics, "A 3D Stacked Memory Integrated on a Logic Device Using SMAFTY Technology", ECTC 2007, p.821, 2007.
33) K.Sakuma, IBM T.J.Watson Research Center, "3D Chip Stacking Technology with Low-Volume Lead-Free Interconnections", ECTC 2007. p.627, 2007.
34) B.Awinnen, Fraunhofer IZM, "Introduction to IMEC's research program on 3D technology", EMC3D 2007.
35) 三橋敏郎, 沖電気工業, "貫通電極を用いたチップ積層DRAM技術の開発", 長野実装フォーラム 2007, p.27, 2007.6.29.
36) 橋元伸晃, セイコーエプソン, "Si貫通電極を応用した三次元パッケージ", 長野実装フォーラム 2006, p.31, 2006.6.30.
37) Ikuya Miyazawa, Seiko Epson, "Development of Die Level Stacked Packaging", ICEP 2003, p.320.
38) B.Swinnen, IMEC, "Introduction to IMEC's research program on 3D-technology 3D-WLP/3D-SIC", EMC3D 2007.
39) T.Fukushima, Tohoku University, "Self-Assembly Process for Chip-to-Wafer Three-Dimensional Integration", ECTC 2007, p.836.
40) Eric Beyne, IMEC, "Requirement for Cost Effective 3D System Integration", 3D-SIC 2008. Last Min Info. p.1, 2008.5.12.
41) Bob Forman, Rohm and Haas, "New Materials for 3D Integration", EMC3D 2008.
42) Deniz Sabuncuoglu, IMEC, "Sloped Through Silicon Vias for 3D Wafer Level Packaging", ECTC 2007, p.643.
43) Bivragh Majeed, IMEC, "Parylene N as a Dielectric Material for Through Silicon Vias", ECTC 2008, p.1556, 2008.
44) Raymond Lau, SUSS MicroTec, "Full Field Lithography for 3D Topography & High Performance Bonding for Advanced MEMS Packaging", JPCA Show 2008, 12A1.
45) Dzafir Shariff, Schott Advanced Pkg., "Via Interconnections for Wafer Level Packaging: Impact of Tapered Via Shape and Via Geometry on Product Yield and

Reliability", ECTC 2007, p.858, 2007.
46) Disco Hi-Tec Europe, "Trend of wafer thinning process", ENCASIT 2006, May11, 2006.
47) A.Jouve, Brewer Science, "Facilitating Ultrathin Wafer Handling Processing", EPTC 2008, p.45, 2008.
48) Paul Siblerud, Semitool, "Cost Effective TSV Chip Integration", EMC-3D 2007 Pan Pacific, p.1.
49) Jian-Jun Sun, "High-Aspect-Ratio Copper-Via-Filling for Three-Dimensional Chip Stacking", J. Electrochem. Soc. 150 G355 (2003).
50) Kazuo Kondo, "High-Aspect-Ratio Copper-Via-Filling for Three-Dimensional Chip Stacking", J. Electrochem. Soc. 152 H173 (2005).

第4章
代表的なTSV応用積層デバイス

現在，世界で論文，セミナー，ウェブなどで発表されている代表的な TSV 構造を応用した，実用に近い構造のデバイスを調べてみよう。必ずしも最終デバイスの形が見えていないものもあるが，各社が自社の半導体主力品種に必要な構造を研究していることがわかる。一般に欧米，アジア諸国に較べて日本メーカーはかなり実用デバイスに近づいているといえよう。また研究組織，大学は当然ながら開発に時間がかかっても理想的な将来の構造に焦点をあてていることが感じられる。そのメーカーに特長的な技術を含むものは本章で取り上げるが，TSV に対して共通的なプロセスの場合は第 3 章で説明してあるのでそちらを参照しながら読んでいただきたい。

1　IBM のタングステンリングビア

　米国 IBM 社（International Business Machines）は半導体技術では常に世界をリードしているといえる。1965 年のフリップチップ鉛バンプ，C4（Controlled Collapsed Chip Connection）はいまでもバンプの代名詞になっているし，1998 年の銅配線技術は一気に LSI チップの高速化を推進した。IBM は日本を含め世界に研究開発拠点を整備しつつあるが，TSV 技術についてもむしろ着実に問題を解決しつつ開発を進めているようである。IBM が最初に使ったビアファースト，ビアラストの用語も定着している。

　その後の進展を調べると，2005 年から 2006 年にかけて IBM はいくつかの TSV 技術の論文発表を行ったが，2006 年 12 月にはプレス発表で「シリコン貫通電極を使った 3 次元集積技術を 4 年以内に実用化したい」と述べ，2007 年 4 月にはこの技術に目途をつけたとメディアに公表し，2008 年中にはこの技術を適用した SiP，無線 LAN や携帯電話機向けのパワーアンプを発売すると発表した。しかし 2008 年中にはこれは実現しなかった。理由はやはり予想以上のコストアップにあると思われる。

　IBM の技術の特徴を見てみると，ビアファーストで BEOL 前のビア製作プロセスである[1]。このプロセスは TSV が存在してもその後の CMOS の BEOL

第4章　代表的な TSV 応用積層デバイス

（配線工程）プロセスは従来のまま変更なく行える点が優れていると強調している。IBM は 2 種類の構造を試作して比較した。構造はリングビアと呼ぶべきもので，第 1 の構造では伝導体は絶縁されたリング自体の中に作り，第 2 の構造ではリングで囲まれた内側にコンフォーマル（非充填，コアと呼んでいる）として作る。リング構造にすると標準的なシリンダー形に較べて伝導体の体積が少なく，付着時間が短縮するためである。大型の 45 × 48 mm のシリコンチップに 51,000 個の TSV を作り比較した。

まず第 1 の構造を図 4-1 に示すが，FEOL（トランジスタ工程）が終わっているシリコンウエハの表面からみて，(a)のようなリング状に RIE（反応性イオンエッチング）で約 70 μm の深さまでビアをあけ，ビア内部に熱酸化膜で絶縁膜を作り，内部に伝導体として CVD でタングステンを充填する。タングステンとともに銅めっきも検討したがタングステンを選択した。リングの直径は 50 μm，リングの幅は 4 μm である。

リングビア構造は加工時間の短縮とともに熱的安定性にも有効である。これ以前に検討したシリンダー型の銅めっきに較べてシリコンコアが内部にあるため CTE（熱膨張係数）のミスマッチが少ない。タングステンの抵抗率は金属の中ではやや高く 20 mΩ cm である。ビアの抵抗についての検討は第 8 章で取り上げる。タングステンは表面にも付着するため，タングステンの生成のあと CMP（Chemical Mechanical Polishing，化学的機械的研磨）によってウエハ

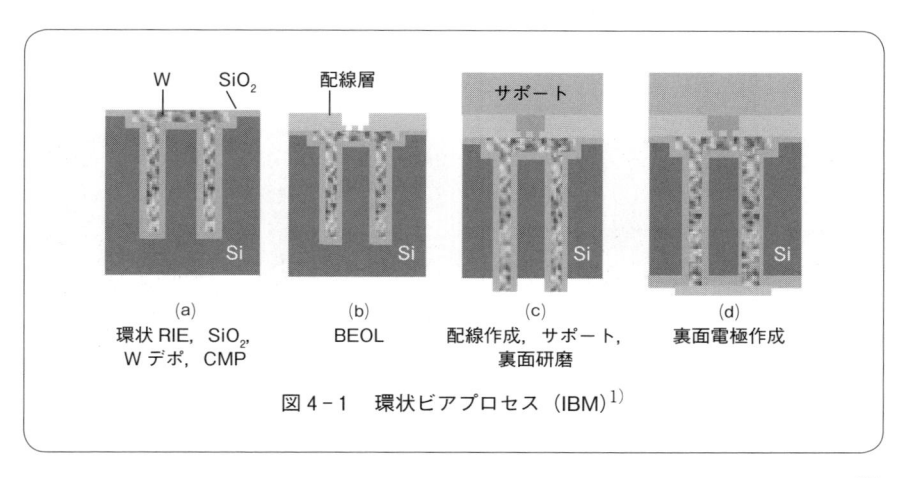

(a) 環状 RIE, SiO$_2$, W デポ, CMP
(b) BEOL
(c) 配線作成，サポート，裏面研磨
(d) 裏面電極作成

図 4-1　環状ビアプロセス（IBM）[1]

表面を平滑にする。上記の工程で熱酸化膜をビア内に作っているが高温加工がトランジスタに多少影響するかもしれない。

このウエハは FEOL 後と同じ状態なので，通常のウエハプロセスの BEOL で配線を(b)のように作成してから，厚いガラスまたはシリコンウエハを機械的サポートとして接着剤で貼り付け，機械的研磨と化学的エッチングでビアの端面を(d)のように出し，裏面に酸化膜をつけてから裏面電極を作成して(d)の構造とする。表面電極と裏面電極はともに4層構造で，第3章の図 3-45 のようにスパッタリング，めっきとフォトエッチングで作成するが，表面電極の最上層は Au，裏面電極の最上層は In となっていて，チップ積層時は Au と In が溶着する。IBM は接続実験用として裏面電極を作らず代わりに C4（はんだバンプ）を作成して抵抗値を測定した。図 4-2 に環状ビアの平面(a)と断面(b)を示す。このチップ2枚を別のシリコンサブストレート（インターポーザ）上に積層，接続した断面の状態を図 4-3(a)に，またチップ6枚を積層した外観を(b)に示す。

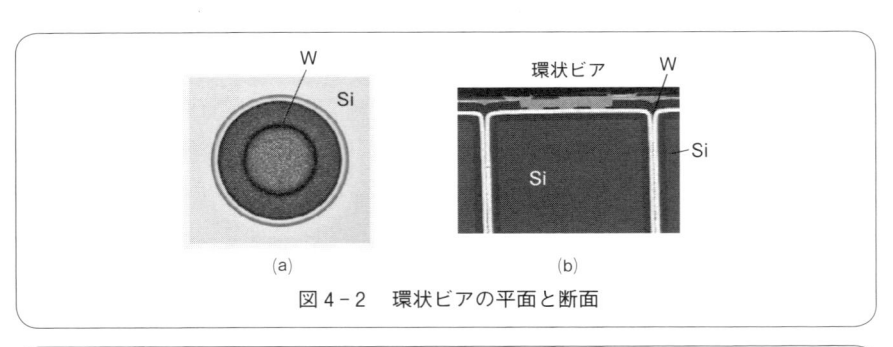

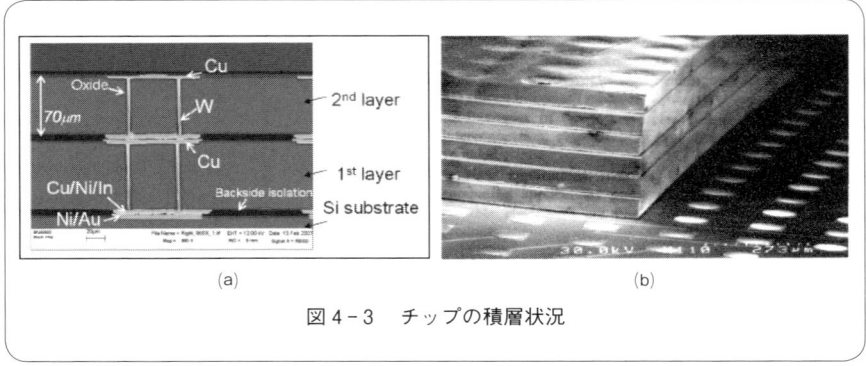

図 4-2　環状ビアの平面と断面

図 4-3　チップの積層状況

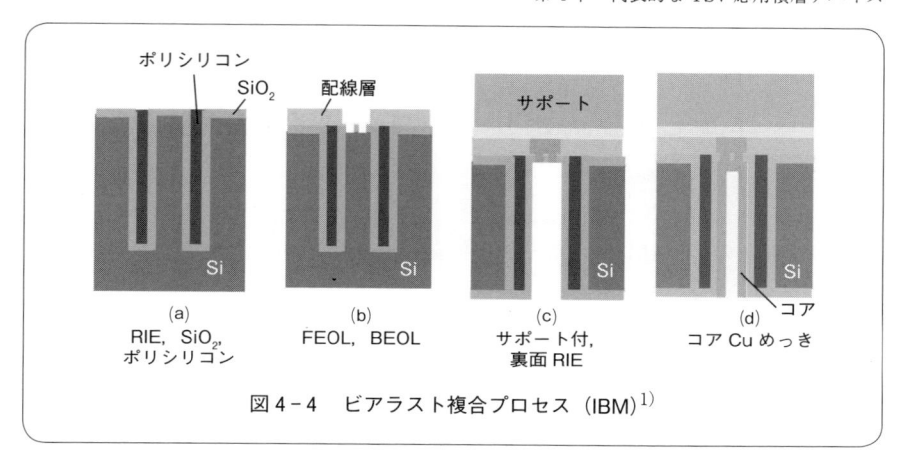

第4章　代表的な TSV 応用積層デバイス

図4-4　ビアラスト複合プロセス（IBM）[1]

（a）RIE, SiO₂, ポリシリコン
（b）FEOL, BEOL
（c）サポート付, 裏面 RIE
（d）コア Cu めっき

多数枚の最終的なチップ積層の方法については第7章で述べる。

　IBM は第2のビアラスト複合プロセスの銅ビアについても開発を検討した。図4-4 はそのプロセスで，(a)のようにビアファーストで環状リングをあけ，熱酸化膜をつけ，これにタングステンの代わりにドープしていない（半導体不純物の入らない）ポリシリコンを充填して表面を研磨する。このウエハは FEOL 前と同じ状態なのでトランジスタ工程，配線工程後サポートをつけ，ウエハ研磨，薄化後リング中央部分のシリコンを裏面から(c)のように RIE で取り去り，これにバリヤ，シード層をつけてからコンフォーマル（非充填）の銅めっき（コアと呼ぶ）を行う(d)というかなり複雑なプロセスである。第2のイオンエッチング以後はビアラストプロセスといってもよいだろう。この方法では銅めっきの前に酸化膜生成が不要になり，また裏面 RIE もすでに酸化膜で囲まれた領域があるので簡単になるというメリットはあるが，結局コア銅膜の抵抗が高い（第8章2節参照）ため，採用されなかったようで，IBM はその後タングステンビアで開発を進めている。

2 エルピーダのポリシリコンビア DRAM

　日本で唯一の DRAM メーカーとして健闘しているエルピーダ（エルピーダメモリ）は，当然のことながら DRAM の高容量化が目標である。同社は NEC エレクトロニクス，沖電気とともに NEDO からの支援を受けて共同研究を行っている[2), 3), 4)]。メモリは同一チップ大量生産という TSV 向きの応用で，ビアファーストプロセスに向いている。図 4-5 にエルピーダのプロセスを示す。まず(a)でイオンエッチングを行うが，ビアは格子状に 8 本または 16 本のポストを残してあける。これも IBM と同じく後のポリシリコン付着時間を短くする目的である。(b)で酸化膜とポリシリコンを CVD で充填し，(c)で表面を CMP で平滑にする。次に(d)でトランジスタ，配線層をつけ表面電極を作成する。このときビアは表面電極に直接接続せず，配線で IC 回路の一部に繋ぐ。これは積層後にチップセレクト機能を可能にするためであるが，TSV の表裏が直結してないので，表裏が独立したフリップチップという見方もでき，

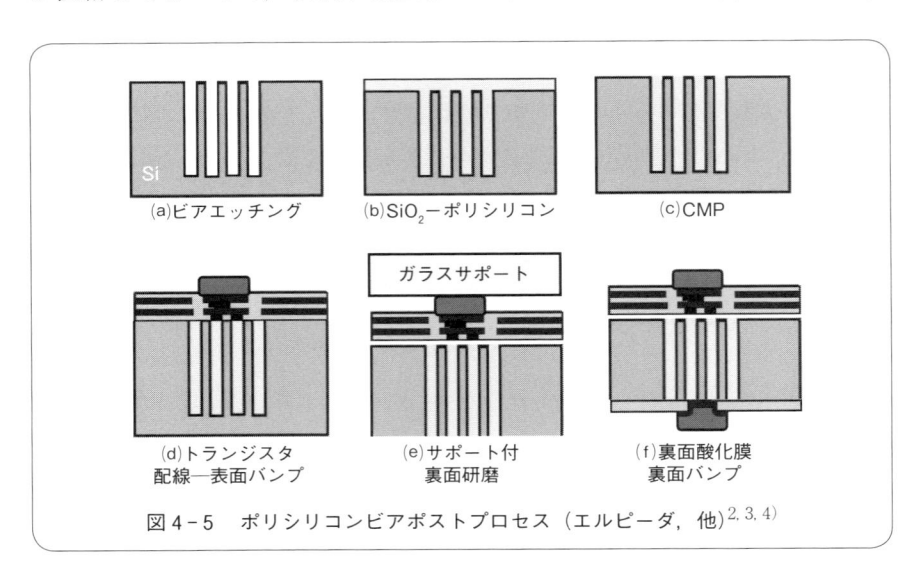

(a)ビアエッチング　　(b)SiO$_2$ーポリシリコン　　(c)CMP

(d)トランジスタ　　(e)サポート付　　(f)裏面酸化膜
　　配線―表面バンプ　　裏面研磨　　　　裏面バンプ

図 4-5　ポリシリコンビアポストプロセス（エルピーダ，他）[2, 3, 4]

第4章　代表的なTSV応用積層デバイス

TSVの使用法の幅が大きく広がると考えられる。

次に(e)でサポートを接着して裏面研磨，(f)で裏面酸化膜，電極を作成する。もう一度ビアの構造を見ると，**図4-6**(a)のようにシリコンポストの間にポリシリコンが充填されるが，ビアの最外周に濠のようにポリシリコンが充填される。この濠の電位はおそらくグランドに接続され，ビアの浮遊容量を減少させ信号電流をガードするためと思われる。またビア内のポストの数は**図4-6**(b)のように4×4と8×8があり，4×4は信号用，8×8は大電流の必要な電源用に使われる。電極構造は第3章の図3-44のように表面は銅-SnAg，裏面はTi-Al-Cu-Ni-Auという複雑な構成になっている。積層時はSn-Agが溶解しはんだの役割をする。バンプの接続方法については第3章で説明した。

ビアの断面とTSV全体構造を**図4-7**(a)(b)に示す。ビアはポリシリコン充填なので見えにくい。(a)のバンプの接続されている下部はやはりTSVのあるシリコンインターポーザである。8枚のチップを積層した外観を**図4-8**に示す。最上部のチップにTSVバンプの列が見られる。これは512Mbのチップ8枚で計4Gbの大容量となっているが，積層の厚さはチップ間のアンダーフィル的な樹脂を含めて約700μmにすぎない。積層方法については第7章で述べる。さらにこの積層チップをBGAパッケージと同様にモールドし，SMAFTYと呼ばれる薄型のインターポーザに取り付け，その裏面に制御用のLSIをフリ

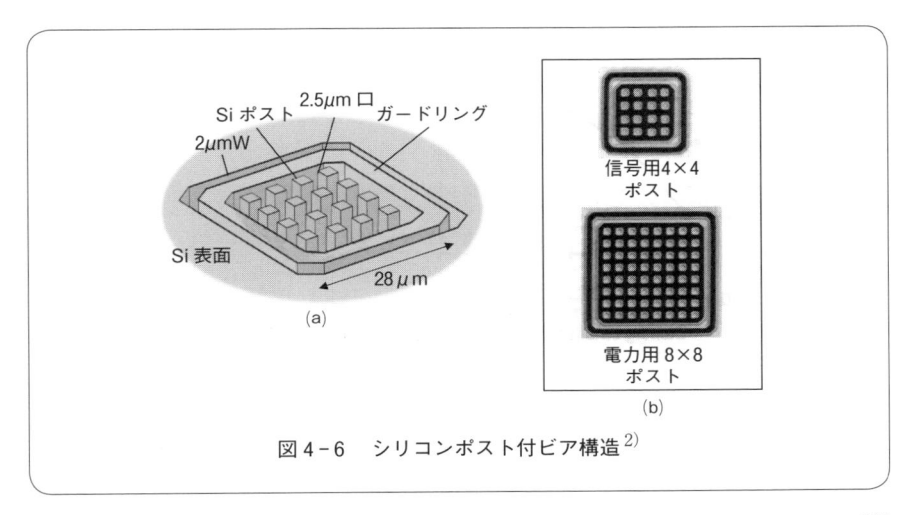

図4-6　シリコンポスト付ビア構造[2]

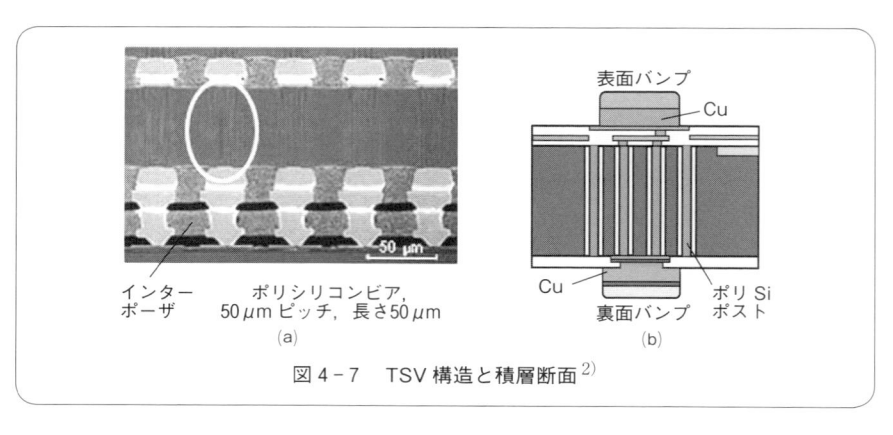

図4-7 TSV構造と積層断面[2]

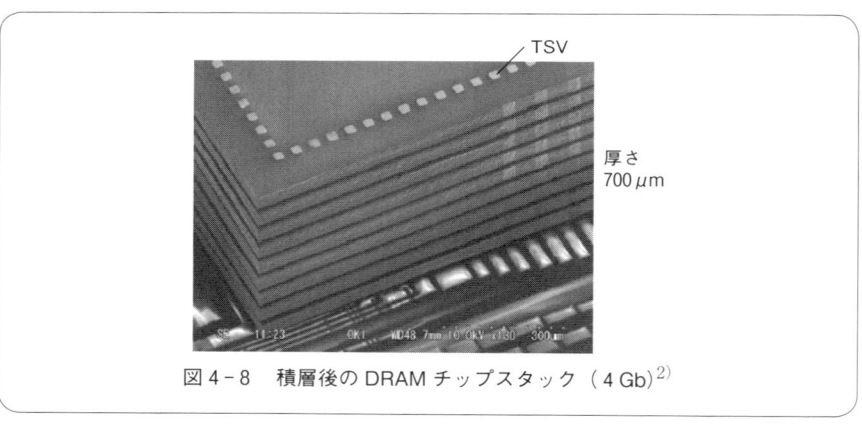

(a) インターポーザ、ポリシリコンビア、50μmピッチ、長さ50μm

(b) 表面バンプ、Cu、裏面バンプ、ポリSiポスト

図4-8 積層後のDRAMチップスタック（4 Gb）[2]

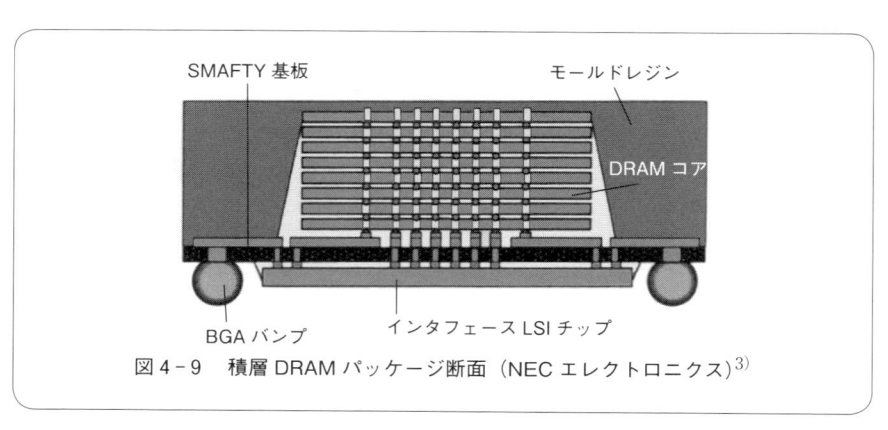

TSV、厚さ700μm

図4-9 積層DRAMパッケージ断面（NECエレクトロニクス）[3]

SMAFTY基板、モールドレジン、DRAMコア、BGAバンプ、インタフェースLSIチップ

第 4 章　代表的な TSV 応用積層デバイス

表 4.1　デバイスのデータ[3]

パッケージサイズ	33 × 33 mm
DRAM チップサイズ	10.7 × 13.3 mm
DRAM チップ厚さ	50 μm
チップ内の TSV 数	1,560 個
DRAM 容量	512 Mb チップ 8 層
インタフェース LSI	
チップサイズ	17.5 × 17.5mm
LSI チップ厚さ	200 μm
LSI バンプ数	3,497 個
LSI プロセス	0.15 μm CMOS
バンプピッチ	50 μm
BGA バンプ数	520 ピン
BGA バンプピッチ	1 mm

ップチップボンディングした BGA パッケージ構造を図 4-9 に示す。

　TSV 技術に関する論文は数多いが，試作品とはいえ最終パッケージにまで組み上げて諸特性を測定した例はエルピーダだけであり，実用化に最も近いと想像される。デバイスの諸データを表 4.1 に示す[3]。

3　日立の常温接合嵌込み SiP

　日立製作所は自社の強力なマイクロコントローラ（MPU）を中心にした SiP（システムインパッケージ）を推進している。現在流通しているワイヤボンド用のチップを TSV で積層できればさらに小型高速の SiP が可能になる。この目標を実現したのが嵌め込み（かしめ）を使ったユニークな常温接合技術である[5],[6]。まず図 4-10(a)のように通常のワイヤボンド用のチップのボンディングパッドを利用して表面ビア，裏面ビアを作る。プロセスとしてはビアラストの典型である。裏面ビアについては薄型化したチップのボンディングパッドの直下に裏面からイオンエッチングでビアを作り，アルミパッドでエッチングを止める（このプロセスの問題点と対策は第 3 章の図 3-19 を参照）。また RIE

の際，内側ノッチの形状にする例として図3-15で取り上げている。

　裏面ビア加工の時，サポートウエハを使うため，裏面ビアの特徴であるサポート接着剤の保護が必要で，ビア内壁のCVD酸化膜は低温（100℃）で生成し，金でコンフォーマル（非充填）めっきの伝導体にする。この酸化膜の100℃での生成は発表されている限りでは低温の記録といってよい。100℃での酸化膜の特性も興味あるところである。一方チップ表面のバンプとしてはワイヤボンド用のアルミパッドに普通の金ワイヤでネイルヘッドボンディングし，その金ワイヤをワイヤボンダの動作によってネックで切断する。これはスタッドバンプ（SBB）と呼ばれているものと全く同じで，図のようにネイルヘッドを含んだ円錐形になっている。

　このバンプを常温で加熱なしにビアに押し込むと(b)のようにうまく嵌め込ま

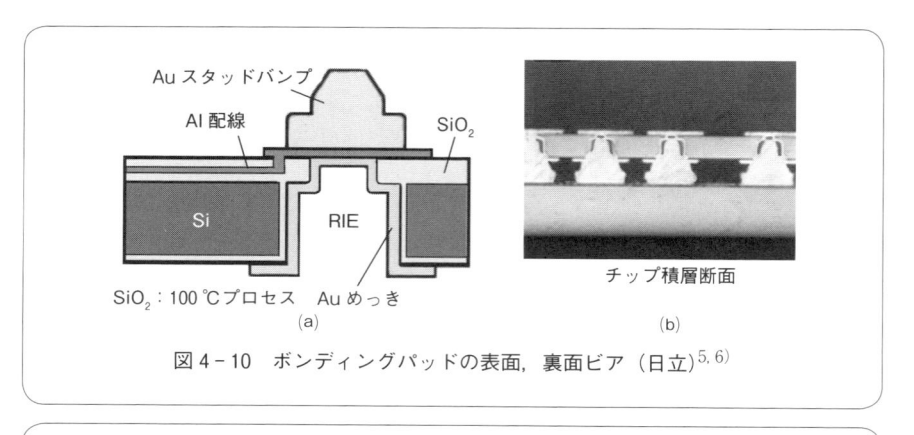

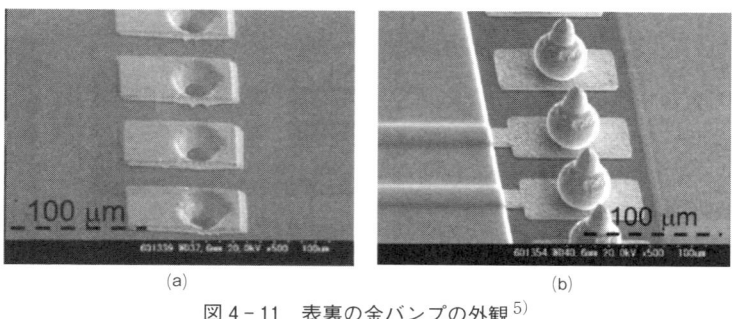

図4-10　ボンディングパッドの表面，裏面ビア（日立）[5, 6]

図4-11　表裏の金バンプの外観[5]

れ，金が柔らかいために変形しながら接合する。パッドの下面に作られたビアとパッド上に作られたスタッドバンプの状態を図4-11に示す。また4枚のチップを積層した状態を図4-12(a)に，10枚積層チップの外観を(b)に示す。この接合方法の信頼性は充分検討されて確認されている。常温で接合することは熱的にみるときわめてよい状態で，この技術の最大の特徴である。

このようにボンディングパッドで作られたTSVの問題は，この構造で重ねるチップのパッド位置が違うと積層ができないことである。一般に違う種類のチップはパッドのピッチ，レイアウトは同じではないためである。そこで図4-13のようにたとえばMPUとメモリをBGAパッケージに組み込む時，中間に回路のないインターポーザを使い，インターポーザの表面バンプと裏面ビアは上下のそれぞれのチップとピッチを合わせて置く。つまりインターポーザはピッチ変換装置として働くことになる。

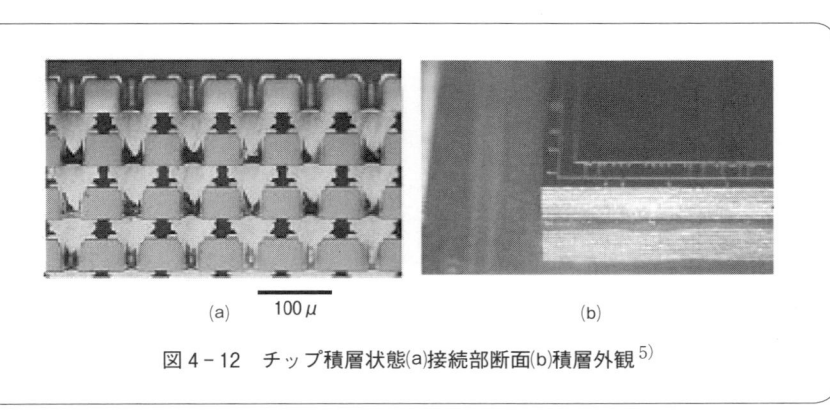

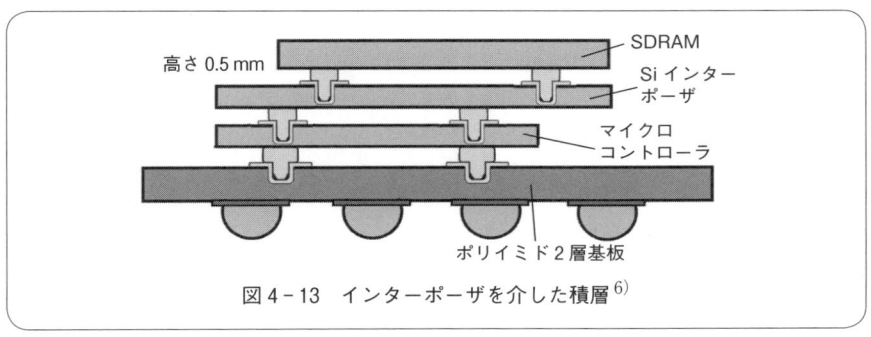

図4-12 チップ積層状態(a)接続部断面(b)積層外観[5]

図4-13 インターポーザを介した積層[6]

インターポーザのどちらかの面に配線の引き回しは必要ではあるが，この方法はチップを新しく設計する必要がなく，現存するチップをそのまま使える点がきわめて現実的である。おそらくもっとも実用に近いアプローチであろう。ただ一つ問題点は表面バンプを作る際，現在のワイヤボンディングは相当高速ではあるが，一点ずつボンディングするので，時間がかかりそうな点である。このためあまり多ピンのLSIは使いにくそうで，ウエハ状態でバンプ作成するにはかなり長時間を必要とするかもしれない。

4 インテルのTSV応用CPU

　半導体業界トップのインテル（Intel Corporation，米国）は当然TSV技術をマイクロプロセッサに応用することを目標にしている。3次元実装が実用化されたとき，もっとも象徴的なデバイスはおそらくパソコン用のCPUとメモリの組み合わせであろう。世界の半導体をリードしてきたインテルはある時点でDRAMメモリから撤退し，その先行性を生かしてCPU開発のみを続けて業績を上げ，価格競争の激しいメモリは他社にまかせた。ユーザーはまずCPUを選択し，メモリを選んでシステムを組み立てている。今後3次元実装技術が完成するとCPUにメモリが組み合わされてひとつのデバイスになる。

　3次元実装はパッケージの小型化だけではなく，高速化，低電力化にも有利である。従来の平面的なチップ配置では5mm以上にもなる長いチップ間接続が伝送線路として働くために，付随するインダクタンスとキャパシタンスによって高速信号を減衰させ，それによる電力の損失をもたらし発熱していた。CPU周辺のチップセットやDRAMメモリを集積できれば，それは当然インテル製になる，というシナリオであり，半導体業界に激震をもたらすだろうし，当然インテルがメモリ生産を再開するかもしれない。

　実際2006年にインテルは最新の80コアプロセッサとメモリをTSVで接続して一体化する計画を発表し，同社CTO（技術責任者）が「TSV技術はインテルの未来を変えるすばらしい偉業だ」として講演し大きなニュースとなった。

この時点ではインテルは80コアCPUとSRAMを集積した試作に成功したと思われる。2008年になってその発表があったがこれについては後で述べる。その後関連する技術論文がいくつか発表されていて，本番のDRAM集積にむけて研究が進んでいると思われるが，製品化はまだ見えてこないようである。

　CPUを含む3次元実装について考えると，CPUは技術的には半導体デバイスの最高峰製品ともいえるが，その超高集積密度と高速クロック周波数のためにチップの電力消費は動作速度の上昇とともに年々大きくなり，電源電圧の極限までの低下にも関わらず，チップの発熱は大きくなってその実装には大型の放熱器が必要であり，今後も放熱構造がCPUの重要なテーマになってくる。2008年にその基本構成が発表されたが[7]，CPUとメモリをTSVで立体的に実装することを考えると，直感的には図4-14(a)のようにCPU上にメモリが載る形が考えられるが，通常放熱器はデバイス上部につけるため，CPUの熱はメモリを通過して放熱される形となる。推定によると接合温度は100℃を超え，表面温度も80℃以上となり，CPUのホットスポット（発熱部）がDRAMを破壊してしまう危険がある。ホットスポットについては第8章で検討する。このような理由から図(b)のように逆にCPUを上に載せるのが最適と結論されている。

　この構成はまだ試作段階であるが，製造上いろいろな問題を引き起こす可能性がある。CPUへの電源ラインは太く，大きい電流容量が必要である。TSVもCPUに対応して数多く太く作る必要がある。一方メモリのピン数はCPU

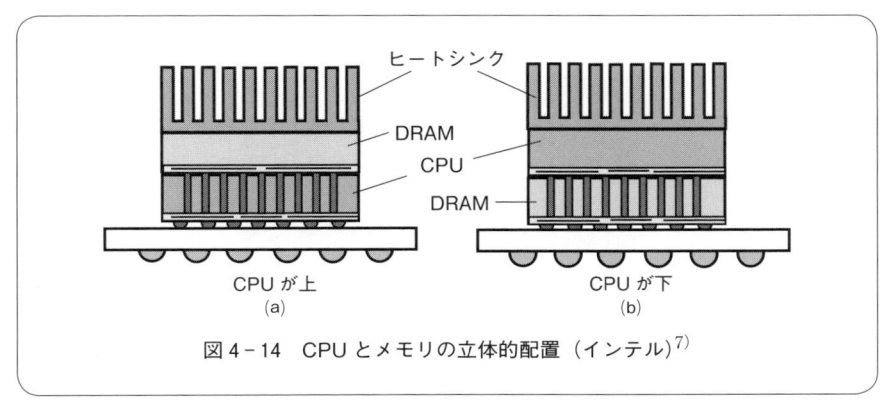

図4-14　CPUとメモリの立体的配置（インテル）[7]

に比べてはるかに少なく，また電流も少なくてよい。すなわちメモリには不要なTSVを数多く作る必要がある。図4-14ではチップの面積と放熱器の面積を同じとしているが，実際には放熱器，ヒートスプレッダ，パッケージの面積はチップの4～8倍程度のかなりの大きさになっている。インテルの発熱対策についてはこの他に熱放散TSVによる冷却構造が考えられているがこれは第8章の熱対策で述べる。またホットスポットを持つ同一チップの積層時におこる熱重畳による温度上昇に対するチップの回転についても検討しているので，第8章で述べる。

上述のCPU+DRAM積層の研究結果はまだインテルから発表されていない。その前段階としてDRAMの代わりにSRAMを使った積層構造が2006年には実験されていたと思われるが，その一部の結果が2008年に発表された[7]。SRAMメモリでも動作の確認は可能と思われる。この試作デバイスは浮動小数点で1 TFLOP（テラフロップ）の高速計算を確認した。図4-15は80コアプロセッサチップと同じサイズのSRAMチップを示す。SRAMは同一サイズのチップでCPUのタイルに相当したタイル構造を持っているので，おそらく新しく設計されたものと想像される。CPUの80個のコア領域をタイルと呼んでいるが，1タイルの面積は3 mm^2 で，CPUのタイルごとにSRAMチップのタイル256 MBが対応しているので，SRAMチップの全メモリは80タイルで20 MBである。

図4-15 積層する同サイズのCPUとSRAMメモリ[7]

CPU と SRAM のタイル間は 42 ビットのバスで接続されていて，バンド幅は 12GB/sec で総合バンド幅は 1 TB（テラバイト）/sec を実現している。チップサイズは 21.72 × 12.64 mm の長方形で，CPU のプロセスは 65 nm CMOS，配線層はポリシリコン 1 層，銅配線 8 層，トランジスタ数 1 億個で，1248 ピン LGA（Land Grid Array），信号ピン数は 343 ピン，14 層の有機ビルドアップ基板に取り付けた。2 枚積層なので SRAM のみに TSV があり，その断面を図 4-16 に示す。このビアは後で述べるテーパービアと形は異なるが，理由は不明である（SRAM のために DRAM ほど大電流を必要としないためかもしれない）。TSV の位置は 1 タイル当たり 42 本以上あるので，チップ全面に分布しているはずである。SRAM チップの厚さは 70 μm，ビア径は 20 μm でビアラスト，裏面ビアで銅充填めっき，バンプは銅の上にはんだまたは錫の構造と思われる。

以上の CPU-SRAM 構造とは離れて CPU または高速，大電流のチップ上に他のチップを積層する場合を考えると，TSV に対する特別な条件が存在し，インテルはこの必要性に対する TSV の研究をしているようである。抵抗の大きい TSV では電流容量が不足するため細いビアやポリシリコン，タングステンは使えないと思われる。また信号周波数は高く，ビアの伝達特性も問題になりそうである。ビアはシリコン酸化膜で絶縁されていて，酸化膜が薄いとビアとグランド（チップ）間の容量成分が大きくなり，信号の減衰が大きくなるので，充分に厚い酸化膜が望まれる。インテルの TSV 研究開発はこれらを念頭において行われていると考えられる。

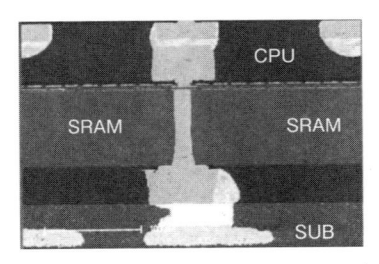

図 4-16 CPU とメモリを繋ぐビア[7]

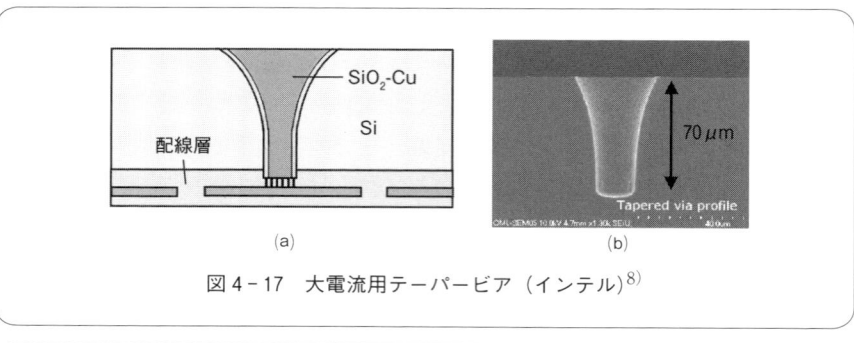

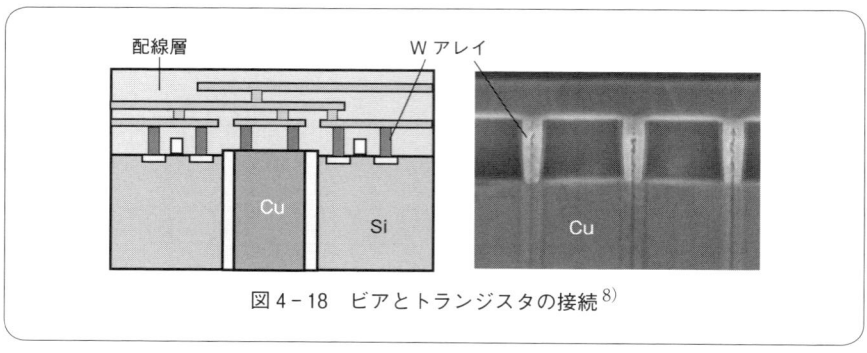

図4-17 大電流用テーパービア（インテル）[8]

図4-18 ビアとトランジスタの接続[8]

　インテルの発表論文[8]から推測すると，研究しているTSVプロセスはビアラスト，裏面ビアプロセスであり，さらにビアの形がストレートではなく図4-17のように深さ$70\,\mu m$，細い部分の径が$10\,\mu m$のテーパービアで銅めっき充填である。裏面バンプはこの銅めっきを延長した形である。ビアの写真(b)はビアのみの実験のため配線層には届いていないようである。テーパービアはRIEのレシピ（生成条件）の制御で可能とされている。テーパービアはその形状からCVDやスパッタリングが均一にできやすいので，酸化膜生成やめっき用のシード膜付着に有利である。インテルではテーパービアではシード層の厚さがストレートビアに比べて厚くできることを示している。酸化膜にも同様の効果が期待できる。ビアラスト，裏面ビア方式の場合，ビアの先端が配線層内の必要な配線と安定に接続する必要があるが，この場合は充分な電流容量を確保しないといけないので，配線との接続は充分考慮する必要がある。インテルでは図4-18のようにトランジスタからのタングステンプラグを長くしておい

て，複数のプラグにビア底部を接触させてトランジスタにもっとも近い場所で電流を供給しているというイメージである。

5 エプソンのビアラスト TSV

　エプソン（セイコーエプソン）はユニークな半導体メーカーで，メモリは扱わず独自のゲートアレイ，表示ドライバ，マイコンなどを生産していて，TSV技術を他社よりも早く2003年ごろから開発し，8層，10層のチップ積層の試作まで行っている。基本的にビアラストプロセスを採用し，当初は標準的な表面ビアプロセスを開発した[9]。厚さ約600 μm の6インチウエハに標準的なビアサイズの30 μm 径，深さ70 μm（薄化後50 μm になる）のビアを高速のマグネトロンイオンエッチング（45 μm/min）で開孔する。このエッチレートはきわめて早く，現在でも最高速に属する。非ボッシュプロセスといわれているが詳細は明らかではない。エプソンはインクジェットプリンタでのRIEの技術蓄積があり，これを TSV 加工の応用したものと推測される。

　次にビア内に 0.5 μm の酸化膜を作成し，バリヤとして TiN と銅シード層を付け，銅フィリングめっきをする。このめっきを延長してそのまま表面バンプとするが，特長的なのは，一般にめっき後の表面は CMP で平坦化するが，エプソンではフォトレジストでパターニングしてめっき厚さをコントロールして，第3章の図3-48のような凹型のバンプを作ることで CMP を不要とした。これはめっきの厚さ制御を精密に行ったものであろう。バンプの表面にははんだとして Sn-Ag を被覆した。

　次に表面にガラスサポートを貼付し，ウエハ裏面をビア底部まで研磨し，さらに液エッチとイオンエッチを併用してビアを露出させる。裏面ビアの底部の状態を第3章の図3-49に示すが，研磨後ビアは酸化膜で覆われているので，これを除去する。ただし周囲のシリコン表面は裸であり，接触などを考慮してビアの周囲の酸化膜は残したいので，化学的エッチではなく機械的ポリッシュを行う。この工程は第3章の12節で述べた。エプソンはチップにピッチ

150 μm で 120 個の TSV を作り,チップを 4 層積層し 5 × 5 mm の BGA パッケージ基板に搭載した.さらに厚さ 810 μm の 10 層のデバイスも試作している.図 4-19(a)ははんだによるボンディング部分,(b)は 4 チップを積層した断面を示す.この表面ビアデバイスをビアや電極にかかわる技術を解決して積層状態にまで完成させた意義は非常に大きい.

エプソンは表面ビアプロセスの問題点として,第 3 章 2 節で述べたように配線層をビアエッチングが通過する際の制御の難しさを指摘した.その後裏面ビアプロセスでもアクティブシリコンインターポーザ,ASI(意味は能動素子を含んだチップに TSV を作成し,他のデバイスを載せてインターポーザとして利用するもの)と呼んで,WLP(ウエハレベルパッケージ,ウエハのままでパッケージまで完成する構造)と結合した技術を開発している[10].図 4-20 にそのプロセスを示す.

WLP はパッケージバンプを熱膨張係数差ストレスから保護するため,樹脂などの応力緩和層をチップとバンプの間に置くが,(a)でまずこの緩和層をチップ表面に作成し,その上にバンプ接続のための銅配線を作る.これを再配線(RDL,Redistribution Line)と呼ぶ.この状態でウエハサポートをつけウエハを研磨するが,このチップは多数積層を想定していないので,厚さは 100 μm にする.ウエハの研磨薄化については共通技術が多いので,第 3 章 14 節で取り上げている.次に裏面から(b)でイオンエッチングを行いアルミボンディング

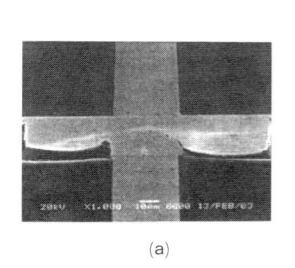

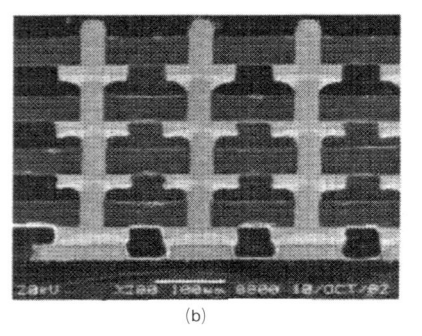

図 4-19 バンプボンディング(a)とチップ積層断面(エプソン)[9]

第4章　代表的な TSV 応用積層デバイス

パッドで止め，ビア内酸化膜付着，バリヤ，シードをつけ，銅めっきをかける。銅めっきはビア内に充填し(c)さらにチップ裏面に延長して配線電極とする。

完成したビアラスト，裏面充填ビア，はんだバンプ WLP を図 4-21 に示す。このチップは WLP CSP（チップサイズパッケージ）としてのバンプを持つが，さらにチップ上にチップやキャパシタなどの電子部品が搭載できるので各種のモジュールが製作できる。またアナログチップなどにも適用でき，モジュール構成にも適している。LSI チップ積層 SiP 志向の構造とは一線を画する，いかにも日本的なアイデアであり，表示ドライバなどにも用途が考えられる。この ASI はまた積層デバイスとしても薄型化を進めてバンプ位置を任意に設定できるので，積層に対しても展開が可能である。

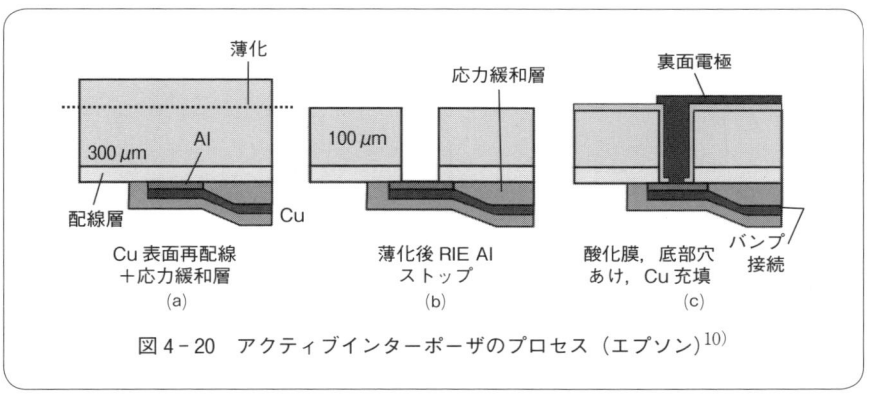

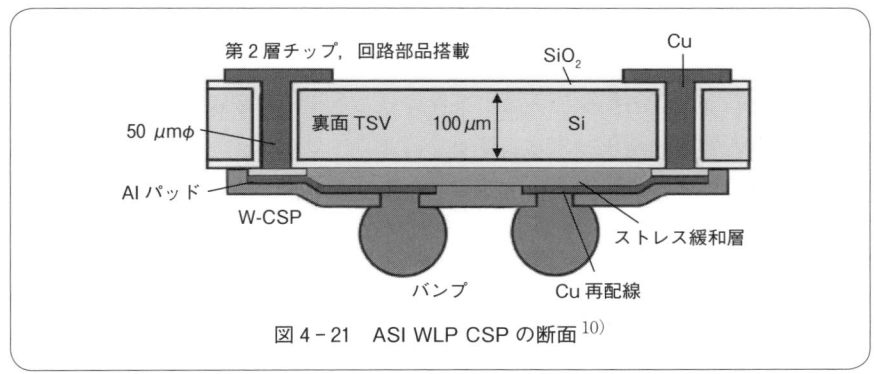

図 4-20　アクティブインターポーザのプロセス（エプソン）[10]

図 4-21　ASI WLP CSP の断面[10]

6 TSVのパイオニア，ASET

　ASET（Association of Super Advanced Electronics Technologies, 超先端電子技術機構）は第2章で述べたように，日本の国家的研究機関として1998年からのTSVの開発を始め，2003年にプログラムを終了したが，その間TSVの基本技術をゼロから積み上げて大きな貢献をした[11]。ASETでの成果はその後日本メーカーで活かされているが，欧州や米国ではすでにASETで完成された技術，たとえば銅めっきのビア充填技術などを論文として発表しているものが多く見受けられるのは，日本の成果が外国に充分に伝わっていないことで残念に思える。日本の研究者がもっと外国で英語論文を発表することが重要なのであろう。

　ASETのプロセスについて説明すると，ビアラストプロセス，表面ビアであるが（当時はそのような分類法はなく，これが唯一のTSV作成方法と思われていた），ビアは四角形で一辺$10\,\mu m$，RIEエッチングで$5\,\mu m$の配線層を通りビアの深さは$70\,\mu m$であった。ビアのネック部に酸化膜に起因する$0.5\,\mu m$のオーバーハング（ひさし）が生じた。ビア完成後TEOSを使ったCVDで$0.2\,\mu m$のSiO（SiO_2ではなく，SiOと表現している）を生成し，その上に$0.12\,\mu m$のバリヤとシード層をつけ，銅の充填めっきを行った。めっきはウエハ表面まで延長し，ダマシン法（象嵌の方法で銅配線を作る）で配線を作成し表面の銅はこの後CMPで除去した。

　このダマシンによる配線作成は，現在で見ると銅の再配線でよいと思われるが，当時としては再配線はポピュラーではなく，半導体チップの銅配線はダマシン法だけという感覚であったと想像される。ビアが完成したウエハにサポートを接着剤で貼り付け，厚さ$50\,\mu m$まで研磨する。次にドライエッチングでシリコンを$5\,\mu m$エッチングしてビアの底部を露出させ，バンプとする。そのプロセスを**図4-22**に示す。このプロセス図はその後非常に多く引用されて有名になっている。ビアの銅充填めっきについても実験が重ねられ，大学の協力

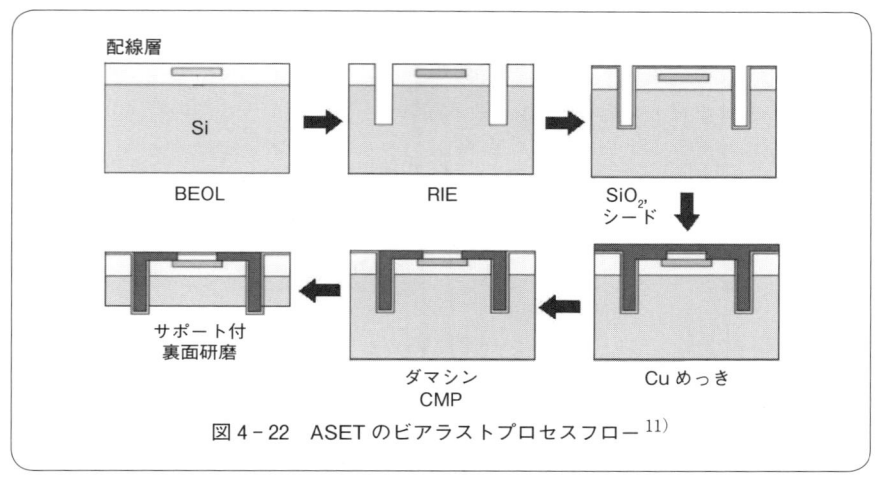

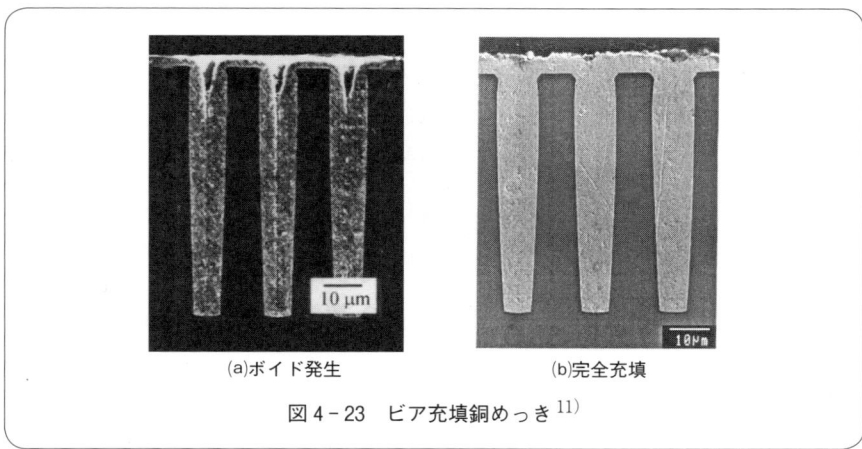

第4章 代表的なTSV応用積層デバイス

図4-22 ASETのビアラストプロセスフロー[11]

図4-23 ビア充填銅めっき[11]
(a)ボイド発生　(b)完全充填

も受けてボイドレスの処方[12]が確立した。

　充填めっきの状態を図4-23に示す。(a)にはボイド，シーム（縫い目の意味）が残っているが(b)は完全充填の状態である。この後ピッチ20μmのバンプ上に錫をめっきし積層用はんだとする。積層された構造で，シリコンを化学エッチングで除去し，ビアだけを露出させたものを図4-24に示す。この写真も半導体技術者を驚かせた。以上のTSV製作プロセスはすでに10年近くも経過しても基本的には変わらず，現在の開発の重要な指針となっているのはすばら

129

図 4-24　シリコン除去後のビアの外観（ASET 提供）

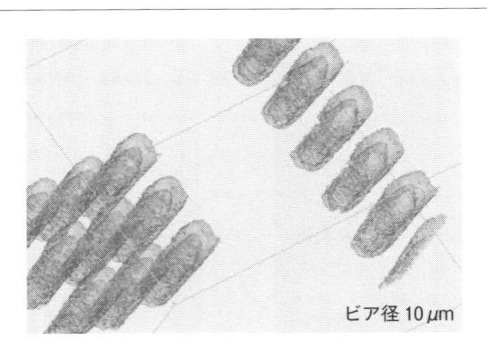

図 4-25　ビアの非破壊 x 線透過写真（島津製作所）[13]

しいことである。また図 4-25 の写真は ASET が作成した TSV を，島津製作所の非破壊の X 線内部透過計測法[13]によって斜めから観測した画像である。

7　東北大学のスーパーチップ

東北大学では TSV 構造では日本ではじめての TSV（当時は垂直配線と呼ん

でいた）構造のデバイスコンセプトを1989年に発表している[14]。その後も精力的に開発を続けて，現在ではスーパーチップインテグレーションと名づけている。同大学のプロセスはいくつかの試行があったが，最終的にはビアファーストの配線工程前ビアプロセスで，極細のタングステンビアを採用している[15],[16]。図4-26に示すような直径2.8 μm，深さ50 μmでポリシリコンまたはタングステンを充填（タングステン充填プロセスについては第3章10節を参照，またビア構造については第3章の図3-52参照）したビアが作られていて，まだ薄型化研磨がされていないチップを裏返して図4-27のように支持ウエハに載せる。回路が完成しているLSIシリコンウエハを支持材として使う。このチップは特性検査がされている，良品のチップ（KGD, Known Good Dieと呼ぶ）である。チップとウエハの電極を位置合わせしてボンディングする。

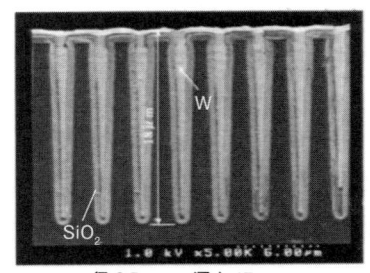

径 2.5 μm, 深さ 17 μm

図4-26　スーパーチップのビア断面（東北大学）[15],[16]

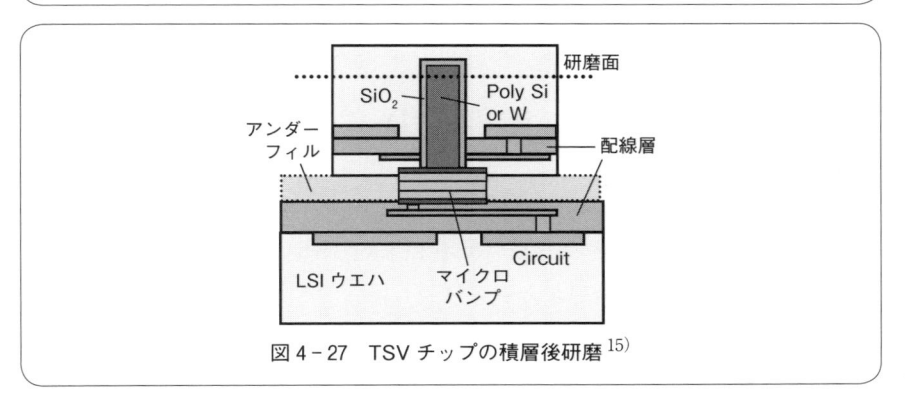

図4-27　TSVチップの積層後研磨[15]

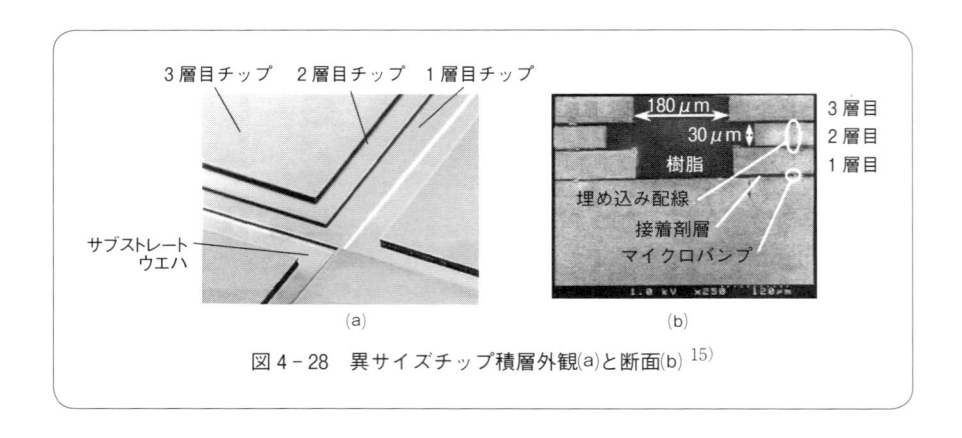

図4-28 異サイズチップ積層外観(a)と断面(b) [15]

ウエハ全面にチップをボンディングした後,チップ下面と側面に樹脂を流し込んで硬化させてからウエハ上の全チップの裏面を研磨してビア底部を露出する。

同様にして第3層目のチップを積層,研磨し,最終的にはTSVのないチップを最上層に載せる。積層した構造を図4-28(a)に,またその断面を(b)に示す(バンプおよびボンディングについては第3章12節を参照のこと)。この方法ではチップの大きさは任意でよく,接着剤で固めるため図(b)のように小さいチップ上に大きいチップを載せることも可能である(チップサイズが異なる時TSV位置の整合のための追加工程は必要であるが)。東北大学では将来の構造としてメモリ,マイクロプロセッサ,センサ,MEMS,アナログなどを積層した3D積層スーパーチップを提案し,さらに神経細胞層チップを含んだ人工網膜チップも計画している。

8 IZM研究所のICV-SLID

フラウンホーファー大学のIZM(Institute for Reliability and Microintegration)研究所は,ドイツのマイクロエレクトロニクス研究の中心といわれる。実装に関する先端技術を常に進めていて,日本の研究機関とも密接に連絡していて,フリップチップバンピングでは日本に提携工場を持っている。IZMの

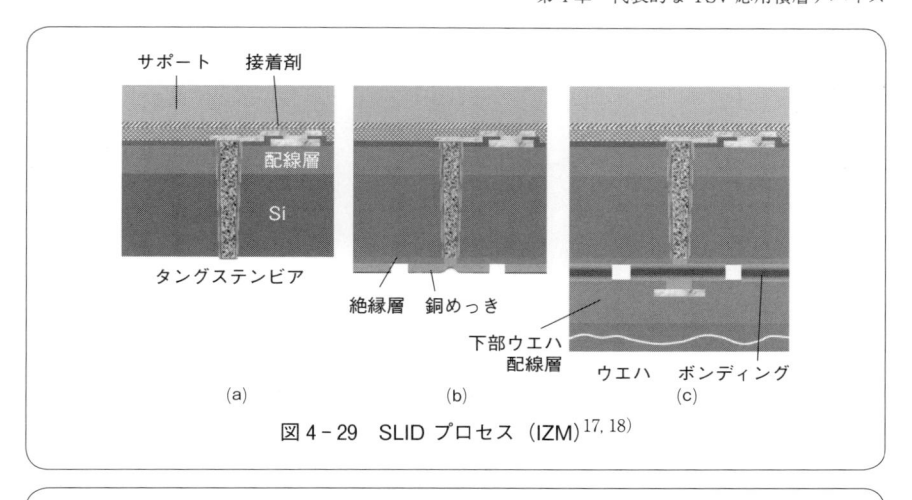

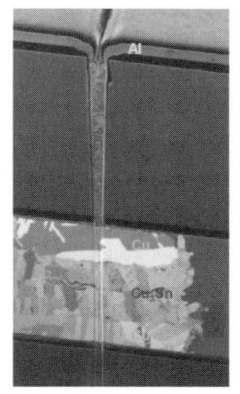

第4章 代表的な TSV 応用積層デバイス

図4-29 SLID プロセス（IZM）[17, 18]

図4-30 ボンディング後のビア断面[17]

構造は各種試みられているが，中心のプロセスは ICV-SLID テクノロジー（SLID は Solid-Liquid Inter-Diffusion）と呼ばれ，ビアラスト，表面ビアプロセスである。図4-29 に製作プロセスを示すがビアの上にさらにパシベーション層と Al 電極を重ねたものである。ある意味では配線工程（BEOL）前ビアファーストといえるかもしれない。ビアの直径は 2 μm の角型で，深さは約 17 μm でタングステンを充填している。図4-30 に Cu-Sn ボンディング後のビア断面を示すが，タングステンの表面はやや凹んでいて，その中に Al が沈ん

133

標準厚チップ　　薄化チップ

図 4-31　TSV チップ積層後研磨プロセス[17]

でいる形になっている。

　表面，裏面の電極は大型の銅電極上に錫をめっきして，加熱圧着して合金（Cu_3Sn）を作る方式（Interdiffusion）である。この接合法の詳細は第 3 章 12 節を参照。積層工程では IZM はベースウエハ（最下層に置くウエハ）上にチップを載せる Chip-to-Wafer 方式を採用している。裏面電極を作る前にダイシングして，厚いチップのままベースウエハにボンディングし，次の工程でチップを研磨して薄化する。この状態を図 4-31 に示すが，厚チップ（500 μm）と薄チップを同一ウエハ上に比較して並べてある。この工程ではチップを極限まで薄くできるので，図の薄チップは 10 μm まで薄化している。IZM は将来構想として e-Cube と称する物理センサ，バイオセンサ，ワイヤレス，ネットワーク，電源などの機能を TSV を用いてチップ集積をした超小型システムを 2010 年頃に完成すると企画している。また 2012 年には CPU を TSV で集積した e-Brain の出現を予想している。

9　セマテックのコスト分析

　SEMATECH は米国テキサス州に研究施設を持つ，半導体数社によるコンソシアムで，日本からも東芝，ルネサス，NEC エレクトロニクスが参加している。半導体技術の将来予想や量産技術のコスト予想なども発表して信頼され

ている。半導体のコストは高額な設備投資が必要でコストの大きな部分を占め，また生産期間中の運転コストも考慮せねばならない。このため第3章16節で述べたようにCoO（コストオブオーナーシップ）が導入され，技術開発の指標になっている。セマテックはこのCoOの解析用のソフトウェア（TWOCOOL）を開発し普及させ，欧米の多くのメーカーはこれを採用している。日本メーカーがCoOに対してそれほど注意を払わないのが半導体産業の問題点と論ずる人もいる。2007年にセマテックが発表したセマテックモデルによるTSVウエハのCoO（第3章，表3-1）は大きな反響を呼んだ。

セマテック自身もTSVの技術開発を行っていて[19]，ビア穴あけについて標準のイオンエッチング，ボッシュプロセス，レーザドリルについて比較し，またチップ上のビア数に対してレーザとエッチングの優劣を比較している。これらはいずれも第3章で取り上げている。TSVの基本技術としてはビアラストプロセスを志向していると思われる。内容はほとんど第3章で触れているが，$0.5 \sim 15\,\mu m$径のビアエッチングと銅充填ビアについて試作し，ウエハ接合については$2\,\mu m$厚のBCBによるボンディングを採用している。バンプはバリヤ，銅キャップ，Niと$3\,\mu m$厚の金で作成している。セマテックのTSVに対する基本理念は，TSVが今後の半導体のテクノロジードライバーになるので，多くのメーカーが3D実現に向かって協力せねばならないとしている。

10 IMECの各種TSV開発

ベルギーの研究開発会社IMEC（International MicroElectronics Center）は活発に半導体技術の研究を進めているが，TSVの開発にも注力していて，すでに3種類のTSV構造を発表している。まず第1のバージョンとしては2005年ごろからビアファースト，FEOL後，BEOL前のプロセスで細い銅ビア技術を発表している[20]。図4-32のようにトランジスタ製作後に径$3\,\mu m$，深さ$15\,\mu m$のCu-ネイル（釘）と呼ぶ細いビアをRIEであけ，ビアに銅を充填している。ビアファーストでの銅充填ビアは他にあまり例がないが，IMECでは

このビアはダマシン配線工程と同じであり，ビア作成以後は通常のBEOLには影響しない，すなわち2次元の配線工程は変えなくてよいといっている。ウエハ研磨後の厚さはビアの15μmに対応して10μmという薄いもので，現時点では最薄に属するが，実験的にこのTSVチップ2枚を積層して配線で連結したものを，上側のチップのシリコンをエッチングで除去し，ビアの接続状態を確認した写真を図4-33に示すが，これはTSVを立体的に目視できた点で他社の開発者にインパクトを与えた。

このプロセスの特長はトランジスタに直接ビアが接続できるという点である。

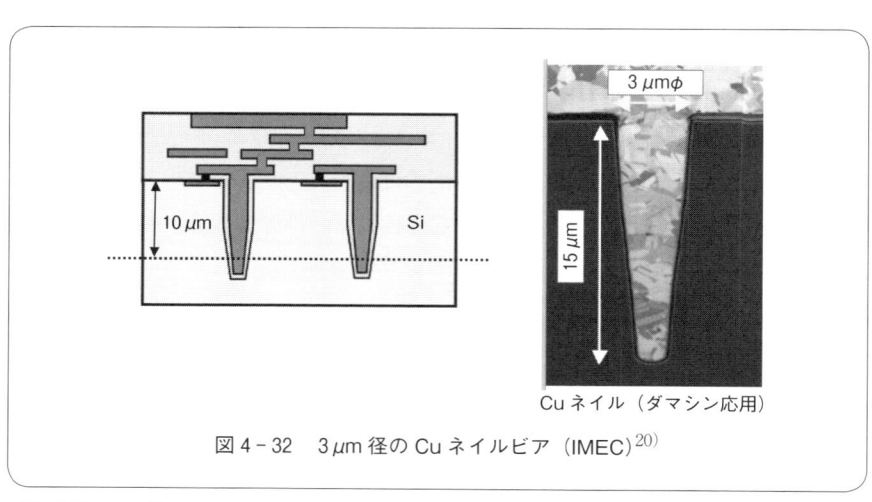

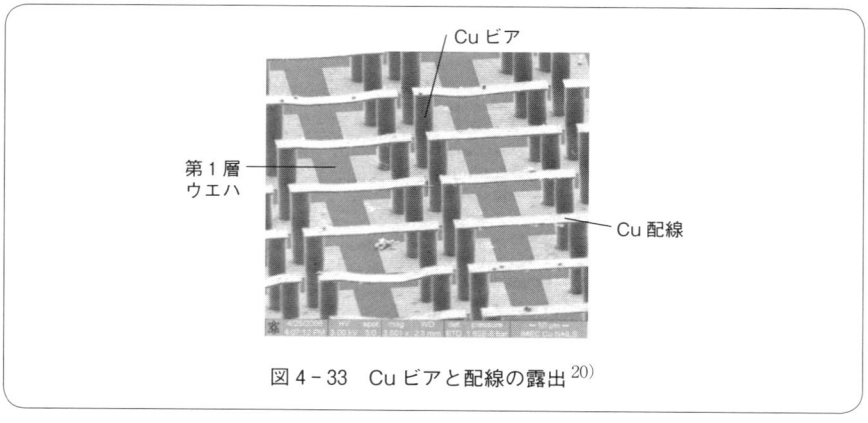

図4-32　3μm径のCuネイルビア（IMEC）[20]

図4-33　Cuビアと配線の露出[20]

第4章　代表的なTSV応用積層デバイス

回路のどこからでも外部に接続できるという点で回路設計により大きな可能性を与えられるかもしれないので，理想的なTSVの形というべきかもしれない。しかしコンタミネーションの問題を考えると，このプロセスでは銅充填のビアが配線工程前に作られることで，ダマシン工程と同様なのでコンタミネーションの問題はないという説明ではあるが，その後もBEOL前の銅ビアの例はあまりなく，大量の銅が配線工程の高温（500〜600℃）でも安全かどうかの疑問は必ずしも解決されていない。この構造に対してIMECが問題点として最初から挙げていることは，

①ビアの薄い絶縁物のためにTSV接続が容量を持つこと，

②シリコン中に太い銅ビアが存在し，熱膨張のミスマッチがストレスを発生すること，

③銅のめっき工程が長時間必要なこと，

でこれらは現時点でも研究対象として残っている。IMEC自身も銅めっきのコスト高の問題を解決すべく，よりローコストの構造にシフトしている。この構造をここではバージョン1と呼んでおこう。

2006年ごろからIMECはビアラスト，裏面ビアプロセス（第2章3節参照）にシフトした。バージョン2と呼んでおくが，すでに第3章で述べた図3-53のように裏面ビアで樹脂をビア内に充填し，はんだバンプを裏面側につけた標準構造である。ただ裏面ビアはシングルTSVに開発が集中している感があり，積層構造はあまり考慮されていないのではあるが，IMECでは図4-34のような積層構造を，コンセプトではあるが提案している。ビアは樹脂充填し，チッ

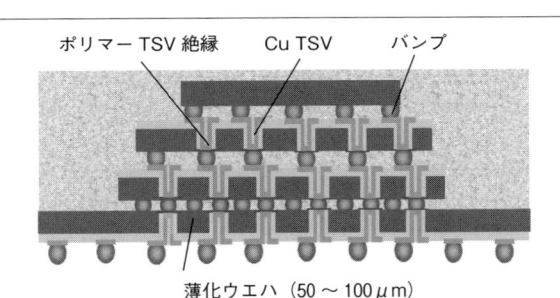

図4-34　裏面ビアチップの積層構造コンセプト（IMEC）[21]

プ間は接着剤を使用し，裏面ビア構造の制約からオフセット（TSVの軸をずらすこと）になっているのはやむを得ない。この図は異サイズチップの積層をイメージしているが，裏面ビアでは配線の引き回しで異サイズチップへの対応も可能かと思われる[21]。

さらにIMECはバージョン3として樹脂の印刷時の問題から印刷でなくパリレンポリマーの吹きつけ技術を提案した（第3章13節）。この場合ストレートビアでは樹脂がうまく塗布できないので，スロープのついたビアを作った（この話題は第3章を参照のこと）。これらの非酸化膜構造はさらにいくつかの展開を見せている。たとえば銅の代わりにアルミのスパッタリングを伝導体に使うなどである。IMECの革新的な発想によって，TSV技術に当初の構造の思想とは違った大きな変革をもたらす予感もある。

11 メモリのトップランナー三星

　三星電子（Samsung Electronics，韓国）はよく知られているようにメモリの世界最大手で，当然TSVを使ったメモリの開発には力を入れている。しかし論文発表は意外に少なく，技術内容を推測しにくい。2006年4月に同社は「貫通電極型チップ接続技術」としてWSP（Wafer-level Processed Stack Package）を発表し2GbのNANDフラッシュメモリ8枚を積層した[22]，16Gbの積層チップで厚さ560 μm（1チップの厚さ50 μm）を開発し，ビアはレーザドリリング方式を採用した，と発表した。チップ外観を**図4-35**に示す。レーザ方式の方がイオンエッチングより加工時間が短い（ビア数によって変わる，第6章参照）ためである。またウェブ上では12チップ積層24Gbの写真も報道されているがデータはほとんどない。その後レーザ方式を中止したという情報もある。

　その中で三星は2007年の学会[23]で新しい発表をした。**図4-36**に示すが，トランジスタをシリコン面上に直列に配置し，NANDフラッシュメモリを構成するが，シリコンの積層はウエハ上のILD（Interlayer Dielectric，絶縁層）

第 4 章　代表的な TSV 応用積層デバイス

図 4 - 35　積層16 Gb DRAM 外観（三星）[22]

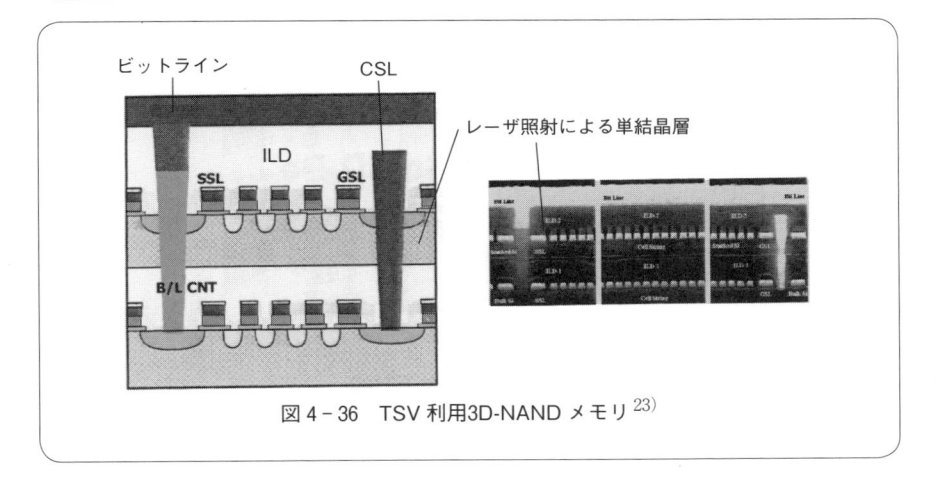

図 4 - 36　TSV 利用3D-NAND メモリ[23]

の上に，種結晶部分からエピタキシャル単結晶層を生成し，これを何層にも重ねるものである。層間は TSV で結合し，ソースラインは各層で共有する。この構造は複数チップを TSV で結合するという概念から離れて半導体テクノロジーの新発展ともいえるので，その発展を見守りたいと思う。なおこの構成はおそらく NAND 回路でのみ可能になるかもしれない。また NAND メモリの雄，東芝も TSV 付き縦型 NAND を発表しているが，基本的にはこの三星の構造と似ているところもある。

12 テザロンのタングステンビア

　テザロン（Tezzaron Semiconductor）はカナダに本社を置く半導体開発会社で，メモリなどの先端的なデバイスを開発，生産している．メモリと CPU の接続，試験法に Bi-Star という概念を提案し，TSV 技術にも早い段階から先進的な役割を果たしている[24]．同社のプロセスはウエハ積層を前提としてビアファーストプロセスでタングステンプラグ（プラグは IC 配線層中の短い金属ビア）を延長してビアを作るので，配線工程前プロセスと呼べる．まず図 4-37(a)のようにトランジスタ形成と同時に深いトレンチ（窪みの意味，DRAM キャパシタをこう呼んでいる）にタングステンを充填したビアを作る．

　いろいろなサイズのビアを提案しているが，Super Via と呼ぶものは 4 μm 角で 6 μm ピッチ，Super Contact と呼ぶものは 1.2 μm 角で 4 μm ピッチと微細である．ビアの絶縁膜は SiO_2 または SiN で，配線層は Al 5 層で構成され，表面には銅層を付ける．このウエハに同じ構造のウエハを裏返してボンディングする．銅電極の接続方法は明らかではない．この状態を(b)に示す．この第 2 層のウエハを研磨，CMP 加工して薄化し，さらに同じ構造の第 3 層ウエハを

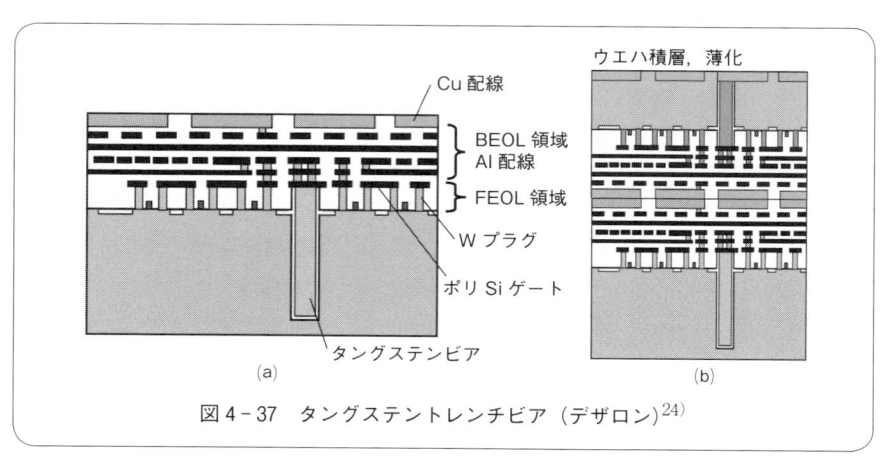

図 4-37　タングステントレンチビア（テザロン）[24]

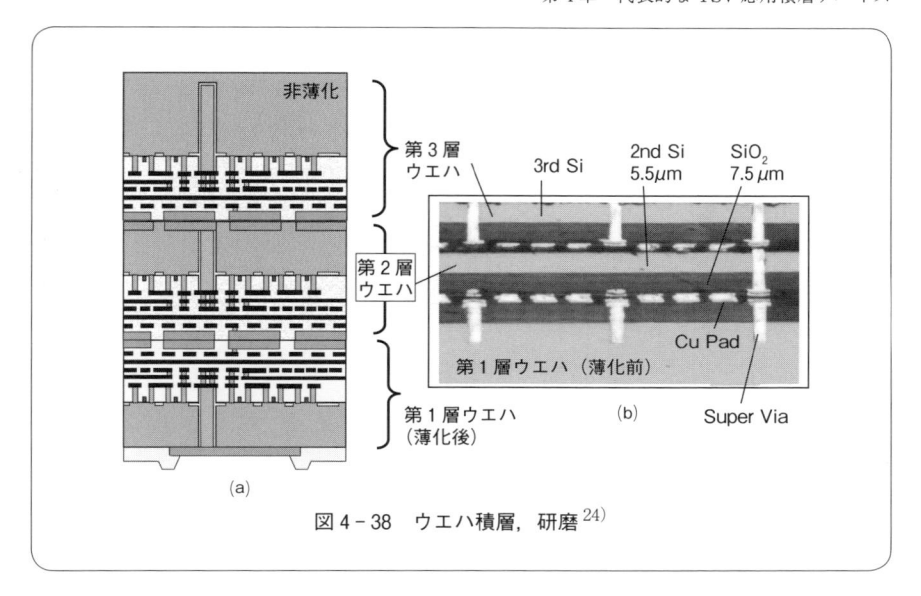

第4章　代表的なTSV応用積層デバイス

図4-38　ウエハ積層，研磨[24]

同様にして重ねる。

　次にこの3層構造の最下層の第1層ウエハを研磨薄化し裏に銅電極をつけ，デバイス電極とする。この構造では第3層のウエハのTSVはどこにも接続していないので，TSVは必要ないと思われるが，メモリの同一ウエハを量産する時は意味があるかもしれないし，さらにウエハを重ねるのかもしれない。TSVは配線層を通過していないので，TSVの配線接続の自由度は大きいだろう。この3層構造を図4-38(a)に，断面写真を(b)に示すがここで第2層の厚さは5.5μmという驚くべき薄さになっていて，配線層が7.5μmなのでそれより薄い。この薄さの必要性は明らかではない。第3層もまた薄く見えるが理由は不明である。第1層は薄化前の状態である。テザロンはビアファースト，タングステンストレートビアという基本的なTSV構造で，まだ具体的な製品はないようであるが，その後のTSV開発に大きな影響を与えたといえよう。

141

13 ホンダリサーチのバンプレス TSV

 自動車メーカーのホンダの関連会社である米国のホンダ研究所（Honda Research Institute USA）は 2008 年に TSV 積層半導体構造を発表したが，それまでホンダはあまり半導体分野では知られていなかったうえに，しかも独特の TSV 構造だったので驚きの目で迎えられた[25]。ホンダのプロセスはビアファースト，素子工程前プロセスで，図 4-39 に示すようにまず RIE で穴をあける(a)。中央に平行平板のような 2 つの導体部とその周囲を囲んだ正方形の誘電体部を作り，CMP の後にトランジスタを作成し，次に導体ビアに充填する。誘電体，導電体の材料はいずれも未公表であるが，おそらく酸化膜とタングステンであろう。次にガラスサポートを貼り付け，裏面研磨を行い，ウェットエッチングでシリコンだけ溶解すると(b)のようになる。

 一方，下層になるウエハには TSV は作らず，IC としての配線終了後その表面に金属のマイクロバンプを作る。材料は未公表である。このウエハに薄化したウエハを位置合わせして加圧し，伝導体とマイクロバンプを接合させる。この時，誘電体部分は接続部を取り囲んで保護する状態になる。ウエハとウエハ

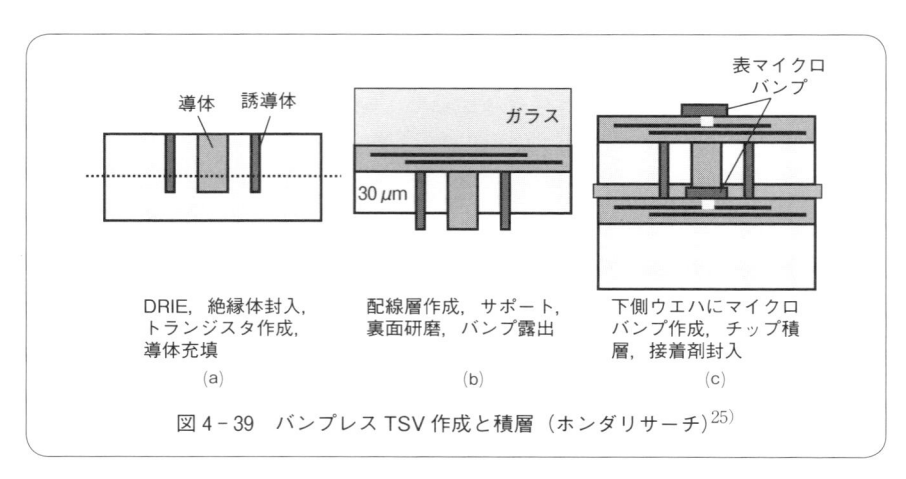

DRIE，絶縁体封入，トランジスタ作成，導体充填	配線層作成，サポート，裏面研磨，バンプ露出	下側ウエハにマイクロバンプ作成，チップ積層，接着剤封入
(a)	(b)	(c)

図 4-39　バンプレス TSV 作成と積層（ホンダリサーチ）[25]

第 4 章　代表的な TSV 応用積層デバイス

の間隙に接着剤を流し固定する(c)。バンプ部の状況を図 4-40 に示す。この写真を見ると接続時にバンプ部の加熱はしていないようである。このように接続部はバンプが 1 個だけなので，他の TSV 方式のようにバンプ－バンプ接続部がないため，接続抵抗がタングステンではあるが 0.7 Ω 以下と低い。

ホンダではウエハ積層方式を採用し，下層から 64 Mb SDRAM，カスタム AD コンバータ，SH_4 マイクロプロセッサの 3 枚を重ね歩留まり 60 ％以上を達成した。図 4-41 に積層部の断面を示す。ウエハ積層については歩留まりの問題で無理ではないかという意見も多いが適当な歩留まりで，ウエハ 3 枚程度なら許容範囲という見方もあるので，この問題は第 7 章で取り上げる。なお TSV 構造によってシステムの動作周波数が 2 倍，消費電力が 30 ％減少というデータも得られている。

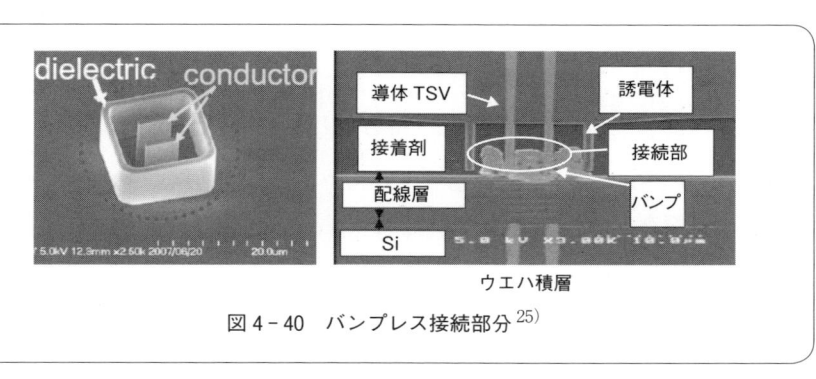

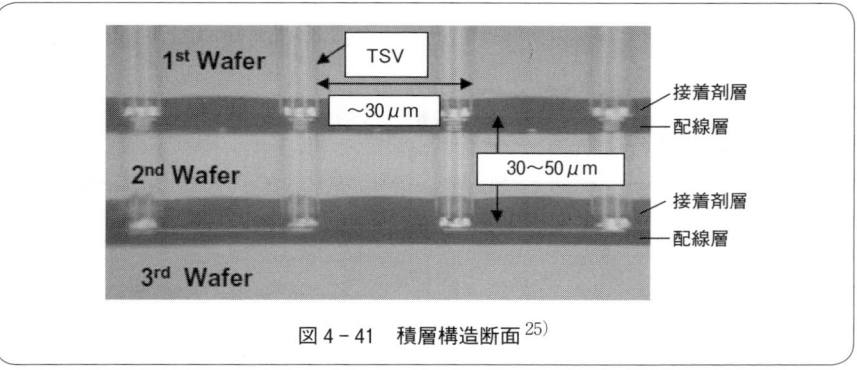

図 4-40　バンプレス接続部分[25]

図 4-41　積層構造断面[25]

14　WOW アライアンスのウエハ積層

　ウエハ積層が本質的に歩留まりによる制限を受けていることから見て，もし歩留まりが技術の進歩によって飛躍的に向上したとすれば，TSV デバイスの製作方法も変化する可能性がある。現在はウエハ 1 枚ごとにそれぞれ TSV を作っているが，もしウエハを積層しながら TSV を作って行けば別の可能性が出てくるだろう。東京大学を中心として結成された WOW（Wafer On a Wafer）アライアンス（研究同盟）はこの可能性を探っている。アライアンスにはディスコ，富士通，大日本印刷が参加している [26]。

　そのプロセスを図 4-42 に示す。このプロセスはビアラスト，薄化先行，ボンディング後表面ビアプロセスといってもよいだろう。ボンディング後に TSV を作るのは RTI が試みているが，これは 2 層に留まっている。WOW はさらに 7 層などの多層を試行している。まず IC の完成したチップサイズ 20 × 20 mm の TSV のない，厚さ 8 インチのウエハの回路面に Au パッドと SiN，SiO_2 の絶縁膜をつけ，ガラスサポートを接着してウエハ裏面を研磨薄化する。薄化の厚さは標準的なものより薄く 20 μm としている。この研磨面を厚いアクティブウエハの回路面に BCB（Dow 社 Cyclotene）で接着し(b)，サポート

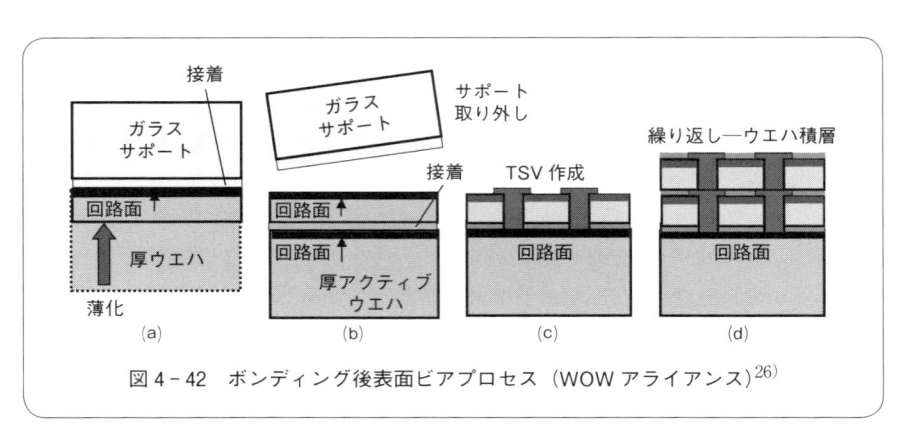

図 4-42　ボンディング後表面ビアプロセス（WOW アライアンス）[26]

をはずす．薄ウエハの回路面が表面に出ているので，表面からビアをあけ下面ウエハ電極と接続する．ビア径は 30 μm のためアスペクト比は 0.6 と小さい．ビア内絶縁膜として PECVD による SiN を使っているが，これはバリヤとして働いていると思われる．

　ビアは銅電解めっきで充填する(c)が，アスペクト比が小さく充填に問題は少ないと思われる．ビアの末端は下層の銅配線に直接接続されるので，バンプを介するよりも低抵抗接続になる．ビアの抵抗は実験によれば 0.6mΩ と測定されている．また銅めっきの表面の盛り上がりはバイト研削によって平坦化するので，接続歩留まりがよいと思われる．このプロセスを繰り返して積み重ねて行く(d)．このプロセスはウエハの薄化，ウエハのストレスレリーフ，表面研削などのウエハ取扱いの技術が多く使われている．このプロセスの問題は，すでに各社がほとんどあきらめている，ウエハ–ウエハ積層プロセスでのウエハ歩留まりの確保である．同アライアンスは数年内には半導体ウエハプロセスが微細加工一辺倒ではなく，歩留まり向上に技術の方向が向けられるだろうと期待している．この面ではこのプロセスは数年先を見越した将来構想と感じられる．

15　RTI の 2 層赤外線センサ

　RTI インターナショナルは米国の研究組織であり，3D-S2OC（3D System of System on a Chip）プロジェクトを進めている．シリコンチップ上に各種のチップを集積する構想である，そのひとつとして 2 層赤外線 3D センサを試作した[27]．このデバイスはイメージセンサではあるが積層構造を取っているので本章で取り上げる．プロセスはビアラストであるが，やや改良形ともいえる積層ボンディング後表面ビアプロセスである．まずファウンダリからの CMOS センサの 6 インチウエハの表側にサポートのシリコンウエハを接着し，厚さ 30 μm まで研磨し CMP を掛ける．実験では 12 μm まで薄化したが，センサの特性は良好であった．次にサポートウエハの付いたままでダイシングし，最下層となるデジタル IC ウエハに接着してサポートウエハを取り外す．この時サ

ポートは1回つけかえて表と裏を反転する必要がある。このデジタルウエハはダイシングしてチップと同じサイズにする場合もある。デジタル IC ウエハは表面に銅の再配線で電極を作っておく。

この積層された状態で上側チップの表面側からイオンエッチングで深さ30 μm，径4 μm のビアをあけ，ビア内壁に酸化膜を被覆してからビア底部の酸化膜を除去し銅めっきによる充填ビアを作成するが，この時デジタル IC の表面配線と接続する。この状態を図 4-43 に示す。CMOS センサチップは1 cm角で 256 × 256 の画素を持ち，ピクセルのサイズは 30 μm で，1 ピクセルごとに 1 本の TSV を作るので，TSV の数は 30 μm ピッチで 65,536 本にのぼる。

センサの回路構成上センサの表面にも銅配線が存在する。ビアの抵抗は 0.25Ω 以下，コンタクト部分の比抵抗は $10^{-8} \Omega cm$ とされている。以上は 2 層構造のプロセスであるが，センサとしての特殊な要求から表面に化合物半導体のHgCdTe の検出器をエポキシ樹脂で接着した 3 層構造も作られる。このようなデバイスをさらに他のデバイスとともにシリコン基板上に搭載した，3D-S2OC システムの動作と信頼性は確認されている。

このプロセスのようにウエハまたはチップを積層してからビアをあけることは従来の方法から見ると特殊である。まずウエハ積層ではそれぞれのウエハの歩留まりが重畳するので，多数枚の積層では難しいとされる。しかし本章 14節の東大の WOW アライアンスの場合は，歩留まりの向上を期待してこの手法をとっている。次にこの RTI のケースのようにチップを積層してからビア

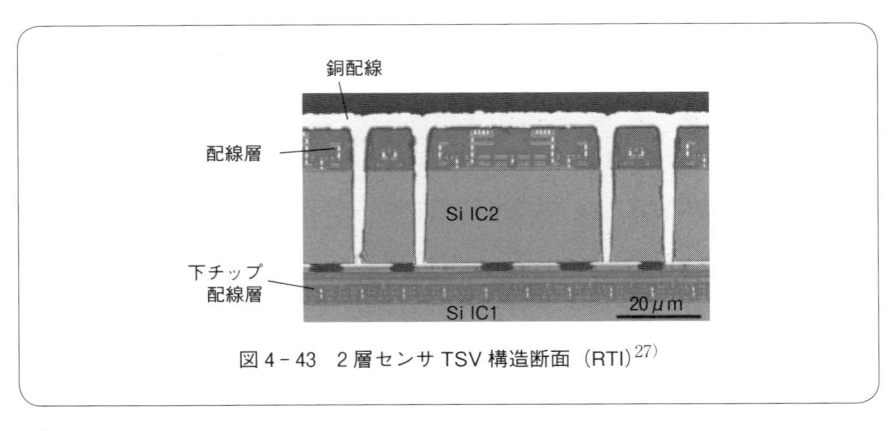

図 4-43　2 層センサ TSV 構造断面（RTI）[27]

をあけることは，チップの良品を確認してから行える（この場合はサポートがついているので難しいかもしれない）が，チップごとにビアをあけることは半導体プロセスの常識からは考えられない。おそらくこのデバイスはコストを無視して性能を求めた手法と思われる。

16 STマイクロのポリシリコンビア

スイスのST Microelectronicsはヨーロッパの代表的半導体メーカーであるが，ビアファーストプロセスでポリシリコンビアを使う標準的な方法を採用している。TSVがその後のCMOSウエハプロセスに影響を与えないことを重要なテーマとしている，と論文中で述べているのも保守的であるが堅実な思想と感じられる。その他目標としてはビアの抵抗が低いこと，ビア径は最大$100\,\mu m$とする，ボイドのない充填ビア作成，ビアのストレスを小さくする，隣接ビアとの間に欠陥が入らない，ビア挿入による追加工程を少なくする，などである。ビアの表面形状は多重リング（リング幅は$3\,\mu m$），3重リング（幅$4\sim 5\,\mu m$），4重リング（幅$4\sim 6\,\mu m$）を試みているが，大きいアスペクト比でもポリシリコンが完全に充填できるパターンを選択する。図4-44にビアの表面形状（イオンエッチング後）とビアの断面を示す[28]。

STマイクロのこれ以後のプロセスはほとんどビアファーストでのポリシリ

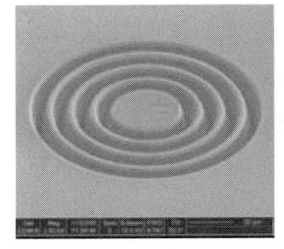

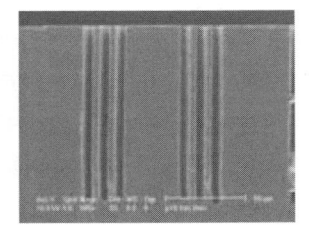

図4-44 多重リングビアの表面と断面（STマイクロエレクトロニクス）[28]

コンビアの標準プロセスであるので，第3章ですでに説明したものとほぼ同じである。ここではイオンエッチングについてだけ説明しよう。まずイオンエッチングはボッシュプロセスを採用し，マスクは $5\,\mu m$ 厚のポジレジストを使い，アスペクト比は 15～35 のビアを開孔した。ビアの形状はストレートすなわち角度 90 度のものと，89 度のものを作成した。続くポリシリコン工程でこの角度がボイドの発生に影響するからである。

ボッシュプロセスの詳細データは，装置は STS HRM を使い，エッチング時 SF_6 流量 400 sccm で 9 秒，圧力 24 mtorr，高周波電力 3 kW，パシベーション時は C_4F_8 流量 200 sccm で 5 秒，電力 1 kW とした。ビア角度 89 度の場合はバイアス電力を下げて調整した。ボッシュプロセスについては第 3 章を参照すること。エッチングマスクとして $1.4\,\mu m$ の TEOS 酸化膜も試みた。酸化膜をレジストで開孔してマスクとした。ビア形状の均一性は酸化膜の方がよいが，マスクとシリコンの境界にアンダーカットができる。なおこれ以後の工程は標準的なプロセスを開発中で，最終デバイスとしてはまだ未発表である。

もうひとつ ST マイクロの技術を紹介すると，ST マイクロはセンサ，MEMS の分野で優秀な技術を持っているが，TSV を使った 2 層の CMOS 背面照射センサを発表した[29]。多くの光センサが TSV を裏面電極取り出し用（シングル TSV）として設計しているが，これは積層用として使っている点が新しい。CMOS 光センサには図 4-45 のようにひとつのピクセル（画素）の中に受光エリアとトランスファーゲートを持つトランジスタからできている受光部と，光信号をスイッチングするトランジスタ 3 個の回路がある。このチップを図のように分割して 2 枚のチップとして積層する。

背面照射型を採用したので光は裏側から入射するため，センサ部を下層，トランジスタ部を上に置き，さらに通常センサの信号を処理するデジタル回路も上層チップにまとめた。センサチップのウエハに別ウエハを重ね，トランジスタ回路配線作成後 TSV で上下を連結する。このためチップ面積すなわちデバイス面積は 1 チップの場合より 30 ％減少し小型化できた。外部への接続は上層チップの表面から取る，つまり裏返して使うことになるが，プロセス的に言えばビアラスト，ボンディング後表面ビア作成といってもよいだろう。背面照射型のためセンサ部には特殊な構造，材料を使用するので，上側チップを高温

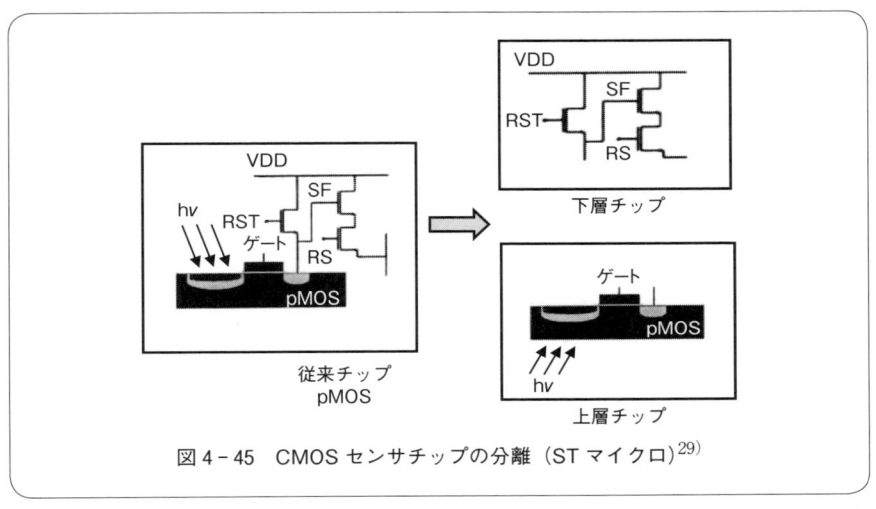

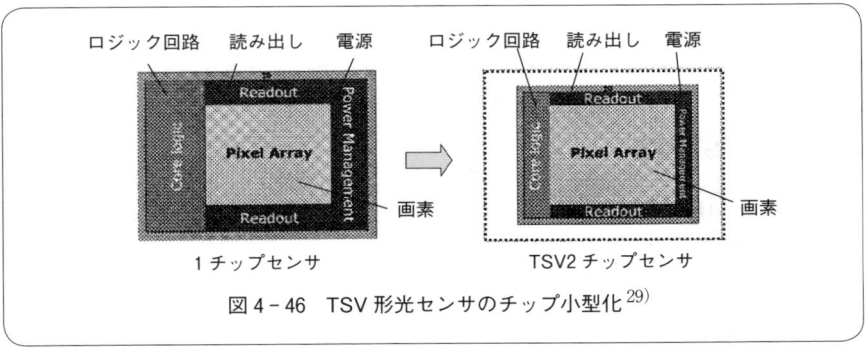

第4章　代表的な TSV 応用積層デバイス

図 4-45　CMOS センサチップの分離（ST マイクロ）[29]

図 4-46　TSV 形光センサのチップ小型化[29]

で加工できない。このため全プロセスを 700 ℃以下で行うことに成功した。チップ面積は**図 4-46** のように小型化した。またこのセンサのピクセルは 2 チップに分割することで，面積を 35 % 大きくできて撮像性能が向上する。ピクセルは 1.4 μm と小さいので，各ピクセルから 1 本の TSV が必要で，その密度は $10^8/cm^2$ にも達する。

17 CEA-Leti のシステムオンウエハ

　CEA（フランス原子力エネルギ庁，French Atomic Energy Commission）の Leti（電子情報技術研究所）は将来の電子システムとして SoW（システムオンウエハ）を提案し，基本技術を開発中である[30]。これはシリコンチップをサブストレートとし，その上に能動素子，受動素子を集積する。サブストレートは CMOS アクティブウエハとし，微細配線が可能で，部品である搭載シリコンチップと熱膨張のミスマッチはない。サブストレートはウエハレベルで作成し，冷却パイプも貫通させ，上下の接続は貫通ビアで行うが，このビアを STV（Silicon Through Via，以後 TSV）と呼んでいる。SoW の応用としては主として，

①従来 SOC, SiP で構成されていた複雑なシステム

②センサや電源を持つ独立したシステム

③ 100 μm 以下の薄型部品などを使ったカードへの応用

などを想定している。

　ここではサブストレート用に TSV を使うことによりシステムの高密度化，超小型化が可能になり高周波特性が向上し，MEMS として使う場合は完全なハーメティック性も与えられる。プロセスはビアラストで強度保持のため 500 μm 厚のウエハを使うが，裏側に 250 μm のキャビティを掘り，図 4-47 のようにここにもチップを付けられるようにした。したがって TSV のアスペクト比は 80 μm ビアの場合 7 となる。TSV は径 80 μm と 150 μm の 2 種類を作り，各種のチップに対応する。TSV 加工前にウエハ表面は 6 μm の BCB 膜の上に 4 μm の銅配線層と Au 薄膜を作成してある。裏面は TMAH（水酸化テトラメチルアンモニウム）で 250 μm のキャビティをエッチングしておく。

　ビアのイオンエッチングは AZ4562 レジストを使い，ウエハ裏側からエッチする。80 μm と 150 μm のビアを同時にエッチングするので，ノッチング（第 3 章 2 節参照）が起こらないように注意した。ビア内酸化膜は PECVD による

図4-47 システムオンウエハのサブストレート断面（CEA）[30]

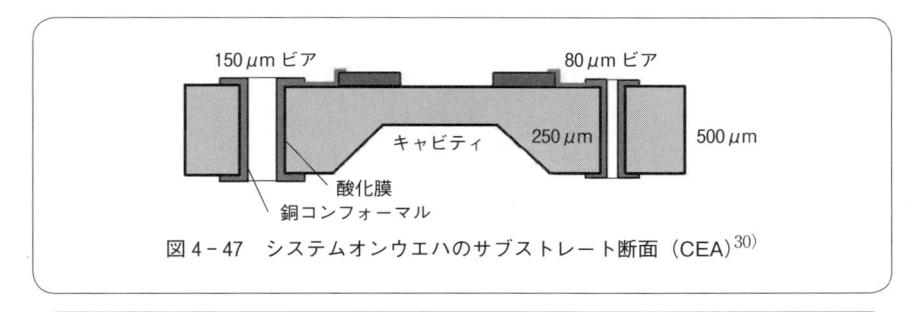

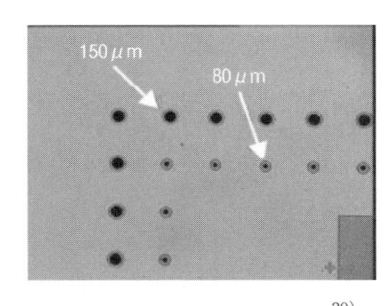

図4-48 2種類のビア開孔部[30]

TEOS膜を用いたが，酸化膜生成の詳細はデータが多いので第3章5節を参照されたい。次に裏面の酸化膜をドライフィルムでパターニングし，ドライエッチングを行う。2種類のビア開孔部を図4-48に示す。次にシード層をつけるが，プロセスはやや複雑で，スパッタリングでTiを$0.3\,\mu m$，同じくスパッタリングでCuを$0.2\,\mu m$，次に200℃の低温CVDでCuを$1\,\mu m$つける。CVDによるCuの厚さは均一で，$80\,\mu m$ビアも$150\,\mu m$ビアも一様に厚さ$1\,\mu m$の膜が生成する。

次の工程は銅めっきであるが，その前にシード膜をパターニングする。このときサブストレートの表面と裏面に同時にめっきするので，両面をフォトエッチングする。裏面にはキャビティの凹部があるが，ここも同時にパターンを付けるのに技術改良が必要だった。めっき装置ではパドル撹拌とフィルタシステムを開発した。めっき用の電流は正方向電流と逆方向パルスを流し，ROHM & Hass（めっき液メーカー）のST3100を使い$0.15\,\mu m/min$のめっき速度で

あった。めっき時には逆方向パルスも試みたがよい均一性が得られた。これについては第3章8節を参照のこと。15μm厚さのめっきを行うと150μmビアではビア表面と中央部の厚さは等しく、80μmビアでは中央部は1μmと薄くなった。ビアの抵抗については1,700個のビアを連結して測定し、ビア当たり数mΩの抵抗が得られた。システムのサブストレートとして充分使用可能と思われる。

18 ITRIのレーザビアとクランプTSV

　台湾の国立研究所ITRIでは活発なTSV関連研究を行っている。ここでは2つのテーマについて述べる。その1は低コストのレーザによるビア作成法である[31]。実験は回路なしのインターポーザ同等のウエハを用いたが、最終的には10チップ積層するアクティブチップを目標としている。ビアは有機基板技術の延長として、レーザドリルで直径100μmのビアを作成した。まず6インチウエハを薄化研磨して100μmとする。研磨には岡本のVG-401を使った。その後ウエハ強化用のストレスレリーフとしてAr, O_2, SF_6ガス混合のドライプラズマエッチングを行った。次に355μmの波長を持つUVレーザのエネルギー90マイクロジュールで100μm径の開孔をした。ビア入口の径は101μm、底部の径は96μmだった。

　絶縁層については酸化膜ではなく樹脂物質を封入した。ここでは流動性のよい樹脂としてABF（味の素のビルドアップフィルム）を使ったが、50μm径のサイズのビアでも封入可能だった。この封入方法には特長があり、厚さ100μmのウエハの両側に40μmのフィルムをはさんでラミネータに入れ、これを30秒真空に引き次に30秒加圧し、60秒間レベリングする。フィルムが流動化してビア穴に流れ込む。次に30分間150℃でベーク（硬化）する。この段階でフィルムの厚さは35μmになる。次に再びレーザで樹脂にビア穴をあけるが、前に作ったビアとの位置あわせは、フィルムが半透明なので、LED光をあてて光学的な方法で可能であり、レーザのエネルギー15ジュール

で径 70 μm の穴あけができ，ビア壁の厚さは 15 μm となる。この状態を図 4-49 に示す。

伝導体は銅めっきを使うが，有機基板の技術と同じにデスミアでビア内壁を荒らし無電解めっきで銅膜 1 μm をつけ，次に銅 20 μm と Sn 5 μm をめっきする。ウエハ両面の銅膜はレーザでパターニング（フォトプロセスを使わない）してバンプ部を残す。積層方法はチップ to チップ積層でフラックスを使った加熱，加圧ボンディングで 10 層までの積層を試みた。この場合のボンディングは Sn-Sn で Sn の融点 232 ℃ 以上で行うが，ここに高融点の Cu-Sn の金属間化合物が生成することが知られている。この ITRI のプロセスは大口径ビアでピン数があまり多くないチップに適した非イオンエッチング，非酸化膜のローコストプロセスであり，目的に応じて採用されるのではないか。

ITRI の TSV テーマその 2 はビアめっき工程と積層時の再配線工程を簡単化したものである[32]。プロセスとしてはビアラスト，裏面ビアと考えてよく，TSV が上下で留められた（clamp），というイメージでクランプ TSV（C-TSV）と呼ぶ。ここで比較のために標準的なビアラスト，表面ビアのめっきプロセスを考えると，ビアの状態はブラインドビアつまりビア先端の状況は見えず，手探りといってもよい。また裏面ビアの場合もビアの先端が配線に接触したかどうかはわからない。どちらもビア中にボイドの発生をコントロールしにくい状態である。もうひとつの問題は表面ビアの場合，裏面研磨してビアの先端を露出させるが，この時ビア形状は上下が対称でなく，シリコンと銅の膨張係数の

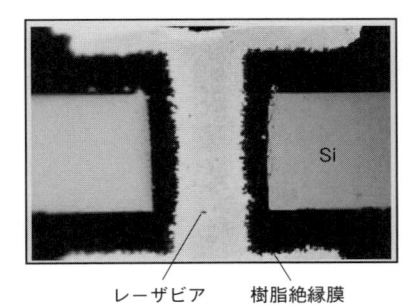

図 4-49 樹脂封入とレーザによるビア（ITRI）[31]

ミスマッチでウエハが反り,積層ボンディングの信頼性が悪くなる。

C-TSV によってこれらの問題を解決できる。図 4-50 にその構造を示すが,まずビアラストプロセスで IC の完成しているウエハの表面に,TSV をあけるべき位置に金属パッド(円型の電極膜)を付ける。このパッドは酸化膜にあけた孔に無電解 Ni めっきしても,さらに銅めっきをして膜をパターニングしてもよく,パッドは全部が電気的には接がっている。次にウエハ表面側をサポートに貼り裏面を必要な厚さまで研磨する。ウエハ裏面からレーザまたはイオンエッチングで表面のパッドまで開孔し,ビア内壁に上記と同じ方法絶縁膜を封入硬化する。

この後ビア底部の絶縁膜に孔をあけ,バリヤ層を作る。次に表面の金属パッドを電極として銅めっきをするが,このときパッドがビア底部に出ているのでシード層は不要である。めっきが裏面のビア入口まで進み,横方向に広がった時めっきを終了し,接続用バンプを作る場合は別の金属めっき液たとえばはんだ,金をめっきする。

次いでウエハをサポートから外し,回路側表面の配線(全部が連結している)をフォトエッチングでパッド部分だけを残す(ウエハが薄い場合は裏サポートが必要)。そしてウエハをダイシングしてチップ化する。以上のプロセスではビアのアスペクト比が大きくても確実なめっきが可能である。ビアの銅めっきをシードによらずに電極から成長させるアイデアは早稲田大学など(本章 21 節を参照)他にもある。またこの論文ではビアの形状がビアの両側でクランプされて対称形なので,熱的ストレスに対する安定性も有限要素法ソフトに

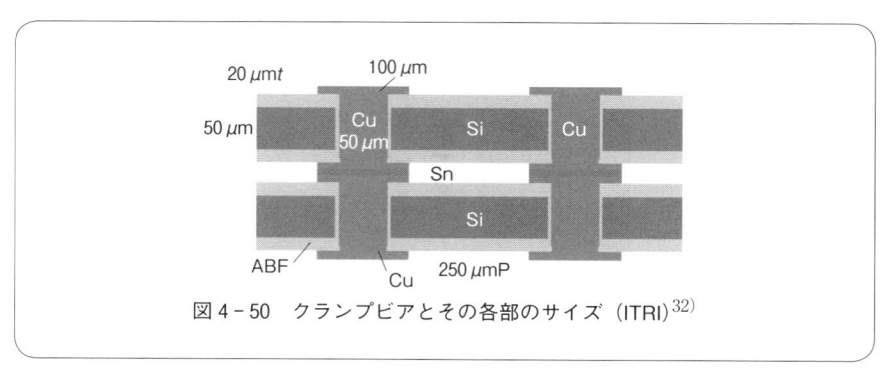

図 4-50　クランプビアとその各部のサイズ(ITRI)[32]

よる解析によって従来型のビアよりもよいと主張している。これについては第8章7節を参照のこと。

19 IMEのシステムパッケージング

　シンガポールには半導体メーカーは存在しないが研究開発には注力し，自由な発想からは優秀なアイデアが多い。その中心となる国立研究所のIME (Institute of Microelectronics) はTSVをインターポーザ（キャリアと呼ぶ）に適用した図4-51のようなSiPを提案している[33]。このパッケージは4チップの2段構成になっていて，モジュールの大きさは12 × 12 mm，厚さは1.3 mmでシリコンキャリアは12 × 12 mmで周辺に168個のビアがある。下側のキャリアには5 × 5 mmのRFフリップチップ，上側にはロジックのフリップチップ1個とメモリのワイヤボンドチップ2個を載せ，モールドする。
　このパッケージは複雑な構成で電力消費も大きく，熱によるストレス安定性を考慮する必要があり，ABAQUSソフトで解析したがシステムの最弱部は基板と接続するバンプのネックだった。これは従来のCSPパッケージと同じであり，バンプの位置はTSVにオフセット（TSVから離れた位置，通常外側）でもTSV直下でもストレスは同じだったので，再配線距離の短いTSV直下にバンプをつけた。またビア形状は薄膜付着が容易なテーパービア（第3章1

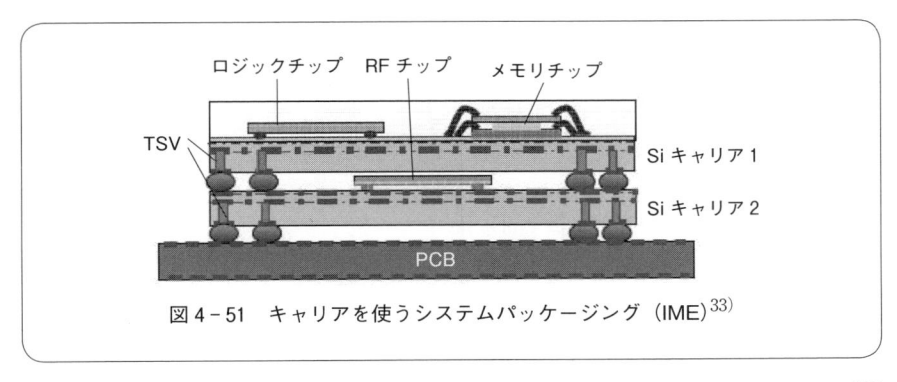

図4-51　キャリアを使うシステムパッケージング（IME）[33]

節参照）を採用した．キャリアには再配線回路をつけるので，ビアファーストとビアラスト（アクティブウエハの場合とは定義が違うが）が選択できる．ここではウエハ薄化をできるだけ後の工程にして厚いウエハを扱うのが有利なので，ビアファーストを採用した．

ウエハは 8 インチを使い，DRIE エッチングで $50\,\mu m$ 径，$200\,\mu m$ 深さにエッチングした．この状態では断面がストレートで，コンフォーマル膜生成に適していないので，SF_6，Ar，O_2 プラズマによる等方性エッチングでテーパービアとした．ビア底部の径は $50\,\mu m$，上部入口では $100\,\mu m$ とした．さらにウエハ全体を等方性エッチして入口付近の角を緩やかにした．次の PECVD で SiO_2 膜を厚さ $1\,\mu m$ に，Ti バリヤ膜と銅シード層をそれぞれ PVD で生成した．次に銅ダマシンめっきで充填めっきを行ったが，めっき液の組成は Atotech の製品名 Everplate Cu 200 で $CuSO_4$，H_2SO_4，Cl^-，促進剤，抑制剤，レベラーである．逆電圧パルス印加を用いた．$200\,\mu m$ の銅めっきのため，ウエハ表面にも $30\sim40\,\mu m$ の銅が付着するので，ウエハには $500\,\mu m$ 以上の反りが発生する．この銅膜を 2 段階の CMP で除去する．初めは $320\,g/cm^2$ の加圧で粗研磨し，次は $100\,g/cm^2$ で仕上げる．

次の工程で表面に銅配線をするため酸化膜を低温プラズマ CVD で作成し，シード，銅めっき，チップボンディングのための再配線パターニングをする．このあとで薄化工程に入る．粗研磨の #325 ホイールで $250\,\mu m$ まで研磨し，さらに $50\,\mu m$ をポリッシングで表面粗度が $0.45\,nm$ まで仕上げる．薄ウエハの状態で裏面に酸化膜生成，パターニング穴あけ，銅めっき，配線パターニングを行う．搭載チップのバンピング，フリップチップボンディング，基板へのボンディングについては省略するがモジュールとしての信頼性は確認されている．

20 KAIST の TSV 技術

韓国の半導体・実装技術を牽引する先端科学技術大学の KAIST では，チッ

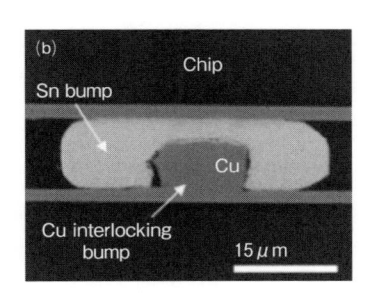

第4章　代表的なTSV応用積層デバイス

図4-52　インターロッキングバンプ（KAIST）[34]

プ積層3D SiPの基本構造を検討し高周波特性を測定している[34]。まず550 μm厚さで100 Ωcmのp型シリコンウエハに，DRIEで径4.2 〜 10 μm，深さ50 〜 70 μmのビアをあける。ビア内とウエハ表面に0.3 μmの熱酸化膜を形成する。バリヤ層はTaの270 nm，シードは1 μmの銅を順にIMP（イオン化金属プラズマ法）スパッタリングで付着する。その後，間歇逆パルス印加で銅を充填めっきする。正方向に8 ms−2mA/cm²，逆方向に2 ms−5.5 mA/cm²を流した。ビア充填後CMPで裏面を研磨しウエハ厚さを150 μmとする。

ふたたびTi-Cuのシード付着ののち，バンプはCu 8 μm-Sn 2 μmめっきを行いパターニングする。Snは25 μm角，高さは15 μmであるが銅はインターロッキング形（Snを銅より大きくして囲む形，図4-52）とプレナー形にして5，10，15，25 μm角として，有機基板とシリコンサブストレートにボンディングしてコンタクト抵抗を測定した。バンプ部を含む抵抗値は1本当たり6.7mΩ，ビア1本の抵抗は2.4mΩと測定された。チップ積層はふたつのバンプ形式で行った。銅とSnの間に金属間化合物（IMC）が生成されている。フラックスはクリーニングプロセスが必要なので使用しなかった。インターロッキングバンプは10mΩ，バンプ252個のチップでシェア強度は400gだった。プレナーバンプのインターポーザへの7チップ積層断面を図4-53に示す。

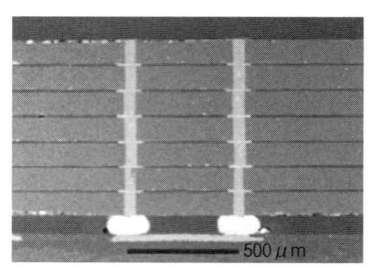

図4-53 積層チップ断面 [34]

21 早稲田大学の非ブラインドビアめっき

　TSVのビアめっきには通常電解用の電極がないので，シード金属をスパッタリングなどでつけてめっきを行う。有機基板では無電解めっき層をシードにするが，シリコンには付着しない．これらの方法はビアの先端が見えないイメージなのでブラインドめっきともいわれるが，ここで述べる方法ではビア穴を貫通させておいてめっき用電極を使うので，ビアフィリング技術が不要で確実なめっきが容易にできる。この非ブラインドめっきの類似技術は他にも発表例はあるが，同大学では新規なプロセスでTSV構造として完成させている[35]。

　プロセスを図4-54に示すが，まず75μm厚さのウエハからスタートする。サポート材は不要と思われる。ウエハの片面にフォトレジストを塗布，パターニングしてICP-RIEでSF_6，C_4H_8ガスを使いボッシュプロセスでウエハ裏面まで穴を貫通させる。その後ウエハ全面とビア内部に熱酸化膜を形成する。図(a)のように別にサブストレートとなるシリコンに，後にめっき用シードとして働くCr-Cu膜をつけたウエハを，フォトレジストを接着材として元のウエハに貼り付ける。ウエハを全面露光し現像するとビア底部のレジストが溶解しCu-Cr面が露出する。Cu-Crを電極として(b)のようにCu-Snをめっきする。レジストの厚さと同じCu-Snは鉛フリーバンプとして働く。その後もCu-Snめ

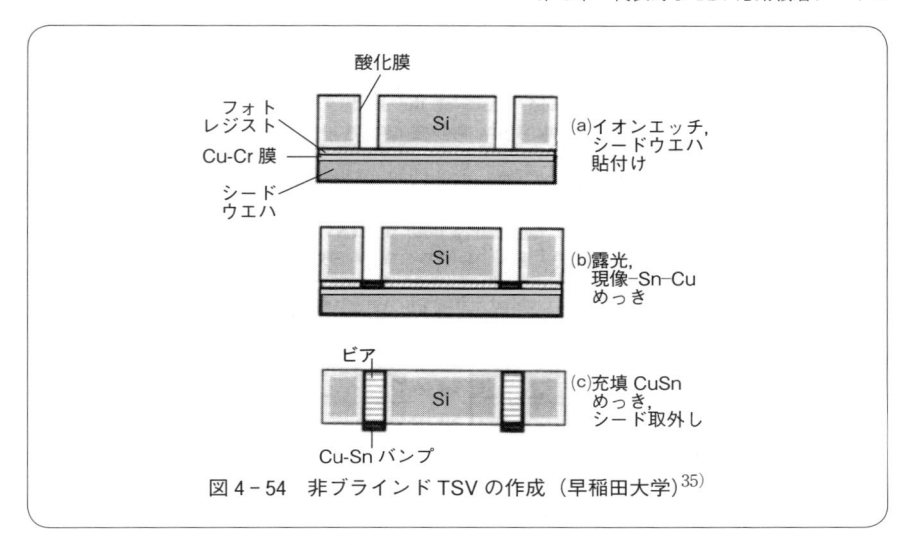

図4-54 非ブラインドTSVの作成（早稲田大学）[35]

っきかまたはNiめっきを続行しビアの表面まで埋める。表面のバンプはNiめっきによって作成し，この後サブストレートウエハを取り外すと(c)のようにTSV付チップが完成する。ビア径は10 μm，TSVピッチは10，20，50 μmを試みた。

　Cu-Snめっき液の組成は，
　$SnCl_2 \cdot 2H_2O$　　0.2 mol/dm^3
　$CuSO_4 \cdot 5H_2O$　0.004 mol/dm^3
　Brightner　　4 ml/dm^3
　pH　　　　　4.5

カソード回転速度100 ppm，カソード電流密度は直流で7.5 mA/cm^2，またNiめっき液の組成は，
　$Ni(SO_3NH_2)$　1 mol/dm^3
　H_3BO_3　　　0.65 mol/dm^3

カソード回転速度100 ppm，カソード電流密度は直流で100 mA/cm^{2}とした。

　このプロセスは当初はインターポーザとして試作したが，目標はチップ積層を想定しているので，ビアファースト，FEOL前プロセスを選べば酸化膜後FEOLを，ビアラストを選べば熱酸化膜の代わりにCVDによる酸化膜を作成

159

図4-55 非ブラインドめっきでのバンプ[35]

することになる。図4-55にウエハ裏面のビア列を示す。

以上本章で述べたTSV開発の十数例は技術の完成度が高く，実用化に近いと考えられているものであるが，この他にも世界的に数多くの研究発表がある。それぞれに特徴があり，将来本命に浮上するものもあるかもしれない。なおTSVを利用した技術としてイメージセンサ，シリコンインターポーザがあり，いわゆる半導体電子回路を持つアクティブなチップとはプロセスもかなり異なり，それぞれ独自の技術分野を持っていて，応用面ではむしろ先行しているものもある。これらは第5章，第6章で取り上げる。

■第4章参考文献

1) P.S.Andry, IBM Watson Research Center, "A CMOS-compatible Process for Fabricating Through-vias in Silicon" ECTC 2006, p.831.
2) Hiroaki Ikeda, "A 3D Packaging with 4Gb Chip-Stacked DRAM and 3Gbps High-Speed Logic", 3D-SIC 2007, p.9-1.
3) Yoichiro Kurita, NEC Electronics, "A 3D Stacked Memory Integrated on a Logic Device Using SMAFTY Technology", ECTC2007, p.821.
4) 三橋敏郎，沖電気工業，"貫通電極を用いたチップ積層DRAM技術の開発"，長野実装フォーラム2007，第2回 p.27, 6.29.
5) 田中直敬，日立製作所，"Si貫通電極を形成した積層チップ間の常温積層技術"，長野

実装フォーラム 2006, p.49.
6) 田中直敬, 日立製作所, "TSV を形成した積層チップ間の常温接続技術", 長野実装フォーラム 2007, p.69.
7) Shekhar Borker, Intel Corp., "3D Technology- A System Perspective", 3D-SIC 2008, p.3.
8) Michael W.Newman, Intel Corp., "Fabrication and Electrical Characterization of 3D Veretical Interconnects", ECTC 2006, p.394.
9) 間ケ部明, セイコーエプソン, "実装技術による高付加価値ソリューションの最新状況", 長野県工科短大半導体実装技術研究会, No.5, 2003.10.15.
10) 伊藤春樹, "ウエハレベルパッケージング技術が切り拓く高付加価値実装技術", 長野実装フォーラム 2007, 第2回軽井沢プリンスホテル, p.41, 2007.6.29.
11) ASET Report "The 2n Annual Meeting on Electronic SI Technologies", May 21, 2001, ASET-NEDO.
12) SeungJin On, Okayama University, "Copper Electroplating Applied to Fill High-Aspect-Ratio Vias for the Application of Three Dimensional Chip Stacking", ICEP 2003, p.244.
13) 島津製作所 Web Site, news/tec/tpcs0204
14) Koyanagai, Tohoku University, Proc. 8th Symposium on Future Electron Dervices, p.50-60, Oct.1989.
15) T.Fukushima, Tohoku University. "Ultimate Super-chip Integration on Chip-to-Wafer Three Dimensional Integration Technology", ICEP2006, p.220.
16) 田中徹, 東北大学, "チップ-ウエハ3D実装を用いたスーパーチップ積層技術", 長野実装フォーラム 2007, 第2回軽井沢プリンスホテル, p.71, 2007.6.29.
17) M.Jurgen Wolf, IZM, "Thru Silicon Via Technology, R&D at Fraunhofer IZM", EMC3D 2007 Asia, Jan.22-26, 2007.
18) M.Jurgen Wolf, IZM, "High Aspect Ratio TSV Copper Filling with Different Seed Layers", ECTC 2008. p.563.
19) Sitaram Arkalgud, SEMATECH, "SEMATECH 3-D TSV Technology Development", 3D SIC 2008, p.337.
20) Eric Beyne, IMEC, "Through-Si 3D Interconnect: Si-Foundry and Wafer Level Packaging Approaches", ENCASIT 2006, 2006.May 11.
21) Deniz Sabuncuoglu Tezcan, IMEC vzw, "Sloped Through Wafer Vias for 3D Wafer level Packaging", ECTC 2007, p.643.

22) Samsung/Press Center/Press Release 20060413, Nieeki Tech-on 2006.4.14.
23) Jaehoon Jang, Samsung Electronics, "3D Device Stacking Technology for Memory", 3D-SIC 2007, p.11-3, March 26-27.
24) Robert S.Patti, Trzzaron Semiconductor, "Implementing 3D Memory in a 3D-IC", 3D-SIC 2007, p.10-1, 2007,3.21.
25) 宮川宣明，ホンダリサーチ，"3次元実装技術と脳型処理"，SEAJ/SEMI Industry Strategy and Technology Forum 2008, 2008.9.16-17.
26) Nibuhide Maeda, The University of Tokyo, "Novel and Prodeuction-Worthy Wafer-on-a-Wafer（WOW）Technology Using Self-Aligned TSV（SALT）", ADMETA 2008 Session 2-1.
27) D.Temple, RTI International, "3-D Process Technologies for High Integrated Microelectronics", 3D SIC 2007, p.4-1.
28) D.Henry, CEA Leti and ST Microelectronics, "Via First Technology Development Based on High Aspect Ratio Trenches Filled with Doped Polysilicon", ECTC 2007, p.830.
29) Perceval Coudrain, St Microelectronics, "Three-Dimensional CMOS Image Sensors with Highly Miniaturized Pixels", 3D SIC 2008, p.57.
30) D.Henry, CAE Leti, "Low Electrical Resisitance Silicon Through Vias: Technology and Characyerization", ECTC 2006, p.1360.
31) Tzu-Ying Kuo, EOL/ITRI, "Reliability Tests foe a Three Dimensional Chip Stacking Structure with Through Silicon Via Connections and Low Cost", ECTC 2008, p.853.
32) Li-Cheng Shen, EOL-ITRI, "A Clamped Through Silicon Via（TSV）Interconnection for Stacked Chip Bonding Using Metal Cap on pad and metal Column Forming Via in Via", ECTC 2008. p.544.
33) Navas Khan, IME, "Development of 3D Silicon Midule with TSV for System in Packaging", ECTC 2008, p.550.
34) Dong Min Jang, KAIST, "Development and evaluation of 3D SiP with Vertically Interconnected Through Silicon Vias（TSV）", ECTC 2007, p.847.
35) Katsuyuki Sakuma, Waseda University, "A New Fine Pitch Vertical Interconnection Process for Through Silicon Vias and Microbumps"，技術情報協会セミナー 811405 Ⅱ，2008,11.19.

第5章
シングルTSVイメージセンサ

1 TSV 応用 CMOS センサ

第4章で述べたように TSV 技術の開発は世界的に活発である。しかし期待されながら応用製品が生産されているものはまだ少ない。現在もっとも実用化が進み生産が始まっている TSV 応用デバイスはイメージセンサである。イメージセンサチップには CCD と CMOS の2種類があり，CCD はセンサとして長い歴史を持つが，CMOS も最近はノイズ問題などを技術的に改良して，高画質のものが開発されている。ともにチップ表面に受光部があり，画素数も飛躍的に増えているので高精度な加工が要求され，また表面にはマイクロレンズが樹脂などで構成されていて，実装技術的にも興味のあるテーマが多く含まれているが，ここでは TSV 構造のみに絞って検討しよう。

TSV はチップ積層のためにビアの伝導体がチップの表と裏を貫通しているのが基本構造であるが，同じ構造に由来してチップの裏側から電極が出せるという特徴も備えている。そしてチップ表側は外界の光に向かって開かれている必要がある，という他の半導体にはない要求がイメージセンサにある。イメージセンサの受光領域はチップの表側にあり，信号の取出しと電源供給用のアルミ電極も半導体の基本構造からいって当然表側にあり，従来はワイヤボンディングを表側のアルミパッドに付け，大きく迂回して裏側のパッケージリードから取り出していた。

携帯電話機にカメラが付けられたのも TSV 構造を後押しした。TSV 電極の取出しでワイヤボンドの迂回分だけ小型化ができた。これは究極の部品小型化が必要な電話機の強い要求によるものである。さらに幸運なことは，センサが光入力のためガラスカバーを必要としたことで，このガラスはパッケージの一部としてウエハ状態で接着され，ウエハレベル加工をする間ウエハを塵埃などから保護するという役目も果たした。またイメージセンサのビア加工はビアラスト裏面ビアプロセスが最適であり，センサチップはそれほど薄化する必要はないとはいえ，ガラスは加工時のサポートとしての役目も果たしている。つま

りすべてのプロセスに無駄がないといえるだろう。これがセンサの幸運児たるゆえんである。しかし TSV は本来 3 次元の積層構造を目的としているのに，センサは 3 次元ではなく，チップ 1 枚だけで TSV をうまく利用している。そのためここではシングル TSV と呼んで本来の TSV 技術と分離して特別の位置付けとしておこう。

2　東芝の TSV センサ実用化

東芝は 2007 年に図 5-1 のような新しい TSV 採用小型カメラモジュール CSCM（Chip Scale Camera Module）を発表した[1]。200 万画素で 6.3 × 6.3 mm という大きさで，まさにチップサイズとほとんど同じである，これは日本では TSV 製品第 1 号といってもいい記念的デバイスである。図 5-2 にその TSV 構造（東芝では TCV–Through Chip Via と呼んでいる）を示すが[2]，当然ながらビアラスト，裏面ビアプロセスであり，この図(a)はビアにエポキシ樹脂を印刷法で充填した状態である。センサの場合チップは積層用ではないのでそれほど薄い必要はなく，100 μm 前後であるがやはりサポートは必要になる。ここで特徴的なことは基本ともいえるビアの穴あけはレーザ（YAG）で

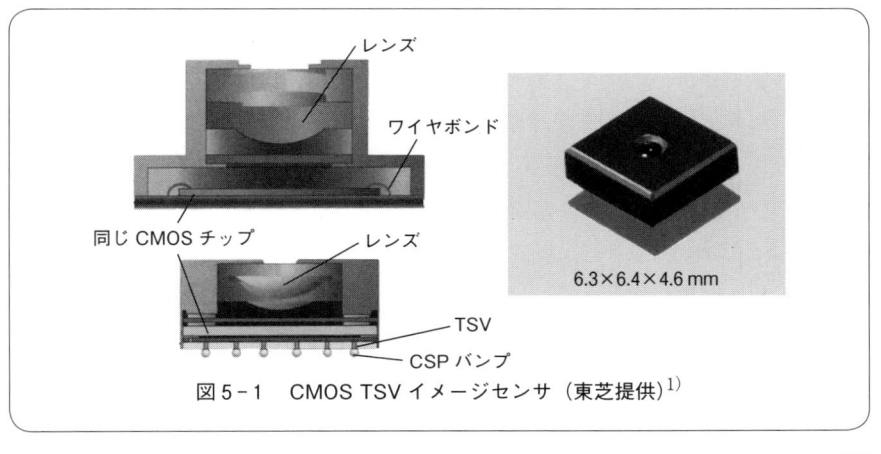

図 5-1　CMOS TSV イメージセンサ（東芝提供）[1]

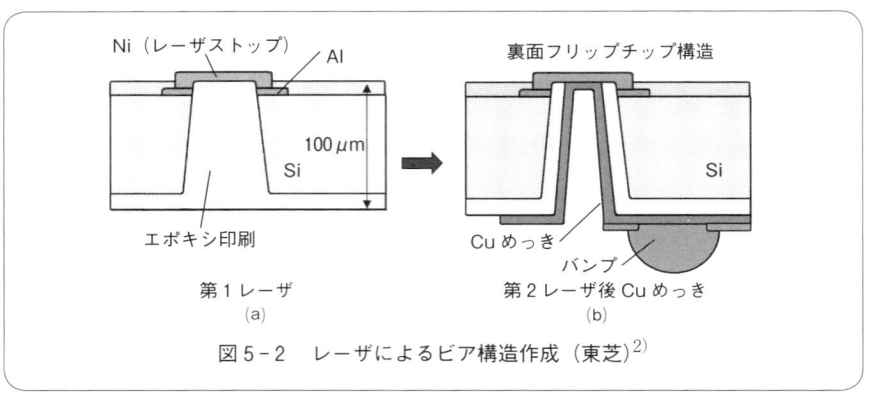

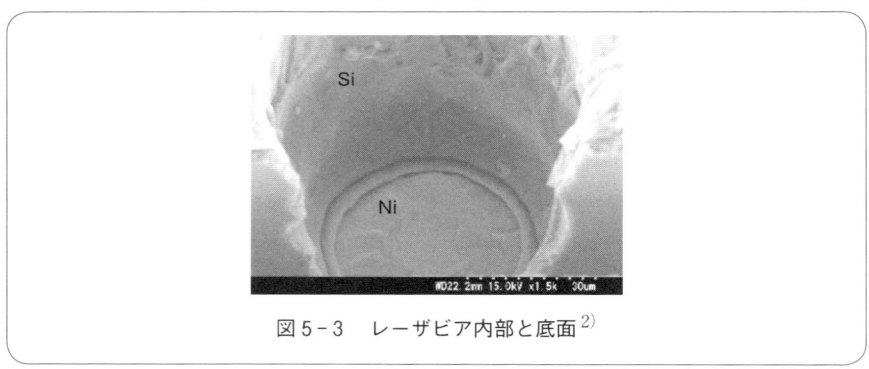

図 5-2　レーザによるビア構造作成（東芝）[2)]

図 5-3　レーザビア内部と底面[2)]

ある。レーザドリルは第 3 章で述べたが，デバイスのピン数が少ない場合はイオンエッチングより加工時間が早い，すなわちコストが安いとされている。

　しかしレーザはその加工メカニズムからいって，イオンエッチングのように裏面からの穴加工をアルミ配線膜でストップさせることはできない。そのためレーザのストップ用に Ni 膜をあらかじめ表面に付けておく。ビア径は 90 μm，深さは 100 μm である。次に充填して硬化させた樹脂をもう一度レーザを使って径 60 μm であけて再び Ni 層で止める。その後ビア内に銅膜を作り，Ni 層を介してアルミ配線に接続する。この時めっき用のシード層は無電解めっきかスパッタリングによると思われる。めっきは必ずしも銅を充填させる必要はなく膜として残す。この状態を図(b)に示す。レーザであけたビアの状態を図 5-3 に示すが，ビア底部に Ni の層が見られ，またビア上部にはやや荒れ面が見られ

第5章 シングル TSV イメージセンサ

図 5-4 イメージセンサ底面バンプ[2]

る。この写真はビア断面ではなくビアの一部を欠いた斜めから見たものである。

　このビアには通常必要な酸化膜のような絶縁膜は必要ではなく，樹脂が絶縁物となっている，コストダウンされた構成といえる。銅膜はチップ裏面まで付着するので，この膜を配線としてパターニングされ，さらに絶縁膜（たとえばソルダレジスト）を塗りバンプ用の穴をあけて，はんだバンプをその上に形成して CSP のような外観になる。このデバイス底面を図 5-4 に示す。この図はカメラ用の量産品とは異なり，6.7 × 8.3 mm の大きさである。以上は東芝の論文を参考にしているが，量産品のイメージセンサがレーザビアを使っているか，イオンエッチング方式にしているかは明確ではない。ウエハが大型化すれば RIE が有利になるかもしれない。

3　ザイキューブのイメージセンサ

　ザイキューブ（ZyCube）は ASET の TSV 研究を母体に発足したベンチャー企業である。TSV の特質を利用した CMOS イメージセンサに特化し，将来の積層 3 次元デバイスも指向している。同社は採用プロセスを ZyCSP と呼んでいるが，このプロセス開発には多くのメーカーの協力があったと思われる。

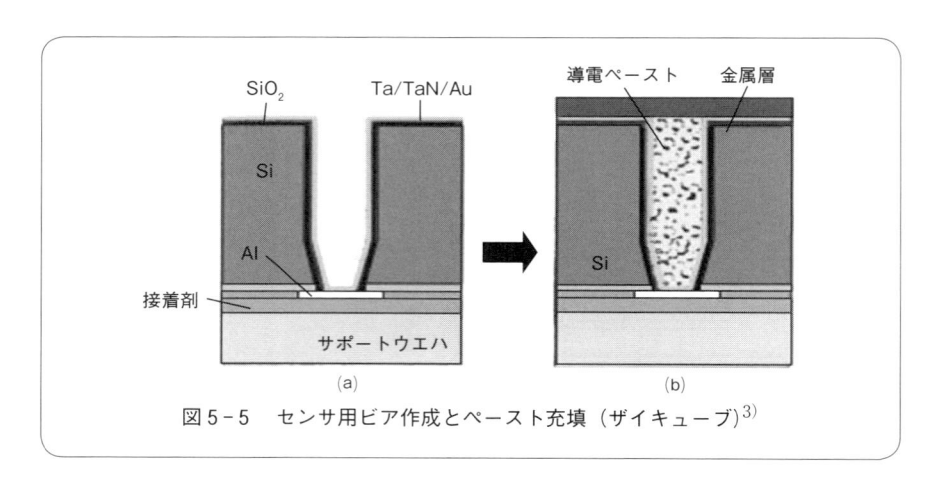

図 5-5　センサ用ビア作成とペースト充填（ザイキューブ）[3]

このプロセスは当然ビアラスト，裏面ビアプロセスであるが，工程の流れを説明すると[3),4)]，まずセンサが完成しているウエハの表側（受光面側）にサポートウエハを接着テープで貼り付ける。接着テープはその後の工程での高温でも変化しないことが必要だが，250℃までガス放出がほとんどないものを使った。

多くの接着テープは 150℃付近で脱ガスが増加する。ウエハテープ貼り付け後，研磨，ポリッシュしてウエハ厚さを 100 μm 前後とする。次にイオンエッチング用の厚膜フォトレジストを塗布し，一辺 80 μm の角型ビアパターンを作る。このウエハをイオンエッチングで CMOS センサのアルミ配線に到達するまで掘るが，エッチングの速度は 15 μm/分程度である。またレジストとシリコンのエッチング選択比は約 20 なので，レジストの厚さは 5 μm 以上が必要である。ビア底部で起こるノッチング（内むき，ノッチングについては第 3 章 2 節で取り上げた）は 0.5 μm 以内とした。ビア深さのばらつきは 3 ％程度である。

図 5-5(a)のようにサポートウエハをつけたままでビア内壁およびウエハ裏面に絶縁用の酸化膜を生成し，ビア底部の酸化膜をエッチングし，その上に Ta,TaN のバリヤメタルと金をスパッタリングする。金は伝導体との接触性改善と思われる。ZyCube は伝導体には 2 つの材料を試みているが，ひとつは図(b)のように導電性ペーストを印刷によって充填し，硬化後表面に銅をめっきす

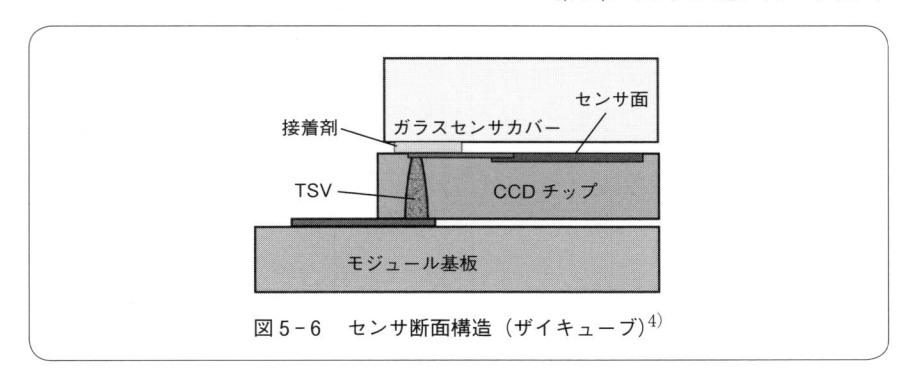

第5章　シングルTSVイメージセンサ

図5-6　センサ断面構造（ザイキューブ）[4]

る。もうひとつの方法はビア内に銅シード層をつけてから非充填コンフォーマル銅めっきを行う。この後どちらの方法でも裏面全面についている銅膜をパターニングしてTSVが完成する。導電性ペーストは銅めっきに比べてかなり低コストになることが想像されるが，通常エポキシは硬化時に収縮が起こる。あらかじめ収縮を予想して印刷する必要がある。同社の最終製品に導電性樹脂が使われているかどうか明確ではない。

次の工程でサポートウエハを取り外し，ガラスカバーと交換する。このカバーはサポートの役目も果たしているが，この交換時にはウエハをサポートなしには扱えないので，さらに裏側で一時的なウエハ支持方法も必要である。またこのガラスカバーはそのままパッケージになるので，ガラスを付けるときは塵埃などを防ぐため環境を超清浄にしなければならない。つまり高クラスのクリーンルーム（クラス1）内で作業する。ウエハレベルで切断後は低クラス（クラス1000）のクリーンルームでよい。従来のセンサはチップ切断後パッケージ段階で低クラスクリーンルームを使わざるを得ず，塵埃による歩留まり低下が避けられなかった。

ガラスカバーの付いたウエハの状態で裏面配線上にパシベーション膜を作り，はんだバンプを作成する。次いでウエハをダイシングし，個片化する。この状態での断面を図5-6に示す。従来CMOS光センサはワイヤボンディングでパッケージを組み立てていた。TSVを使うことにより劇的なパッケージの小型化が可能になった。従来形と比較すると一辺が50％に，厚さは30％に縮小した。ザイキューブは将来構想としてCMOSセンサをDSPなどのロジックチッ

プと TSV で積層してシステム化を進め，また高効率化をめざしてやはり TSV を使った背面照射構造のセンサを提案している。背面照射形は東北大学も研究しており，ザイキューブは東北大学とも深い関係にあるのでその将来性が期待されている。

4 三洋電機のセンサ用ウエハサポート剥離技術

　三洋電機は 2005 年前後に ASET の支援を受けて TSV 化 CCD センサを開発した。ASET の研究成果を実用製品に応用した第 1 号といってよいだろう[5]。2005 年以前には CMOS センサはあまり登場しておらず CCD（電荷結合素子）が中心であった。その後は CMOS 形の特性が改良され需要が増えている。センサへの TSV 応用の目標はやはり携帯電話機の小型化にあった。三洋は CCD への TSV 応用を開発したが，センサの構造からいってビアラスト，裏面ビアプロセスは当然の流れといってもよい。ビアのサイズは 40 μm 径，深さ 130 μm であるが，アルミ膜までのイオンエッチングののち，絶縁用の酸化膜は 2 回にわけて生成した。2 回目の膜はビアの入口付近の膜厚を確保するためと思われる。

　その後ビア底部の酸化膜をエッチングし，バリヤは TiN，シードは銅膜を付着させ，銅の電解めっきで非充填膜とした。このプロセスは当然サポートが必要で，ガラスサポートを用いたが，このサポートはウエハのダイシング直前まで使用していて，ダイシングはテープ貼付けで行った。このチップをパッケージに封入したものを図 5-7 に示す。パッケージは透明な樹脂を使用している。センサデバイスの表面と裏面を示すが，CSP 形の 2.5 × 3.6 mm の小型化に成功した。この CCD はフレームトランスファー型と呼ばれ，チップが矩形になっていて，受光部分は面積の約半分になっている。

　三洋はこのデバイスを開発するにあたり，サポートの重要性を強く認識した。サポート材の選択，その貼付け，剥離はデバイスのコストに大きく影響する。このため三洋はパートナーに東京応化工業（TOK）を選び，サポートシステ

第5章 シングル TSV イメージセンサ

ムを開発し 2005 年にこれを発表した[6]。まずサポートの接着剤はその後のイオンエッチング，酸化膜生成，バリヤ・シード層作成などのプロセス加工温度に耐えなければならない。代表的なエポキシ樹脂は 150 ℃前後で一部気化し物性が変化する。従来はサポート用には接着テープが用いられたが，TOK は図 5-8 のように 200 ℃以上でもガスが発生しない液状接着材を開発した。

そしてサポートガラス自体を工夫し，図 5-9 のようにウエハと同サイズ（150 mm 径，厚さ 0.7 mm）の耐熱性ガラスに径 0.2 mm の穴をあけたもの(b)をサポート材とした。液状接着剤でウエハを貼り付けると，断面は図(a)のように穴の部分に液が溜まる形になり，ウエハを保持する。図(c)はビアの断面であるが，これは銅が充填されている。

この状態でウエハを加工するが，各工程での温度を低く保つことも重要である。ビア内の膜生成では酸化膜生成が最も高温になる。従来の PECVD（プラ

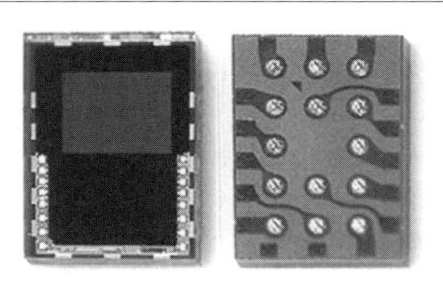

図 5-7 CSP CCD センサ素子外観（三洋電機）[5]

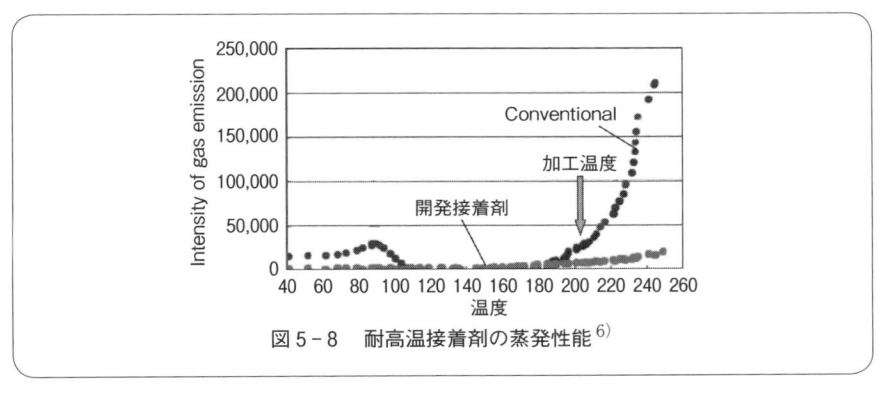

図 5-8 耐高温接着剤の蒸発性能[6]

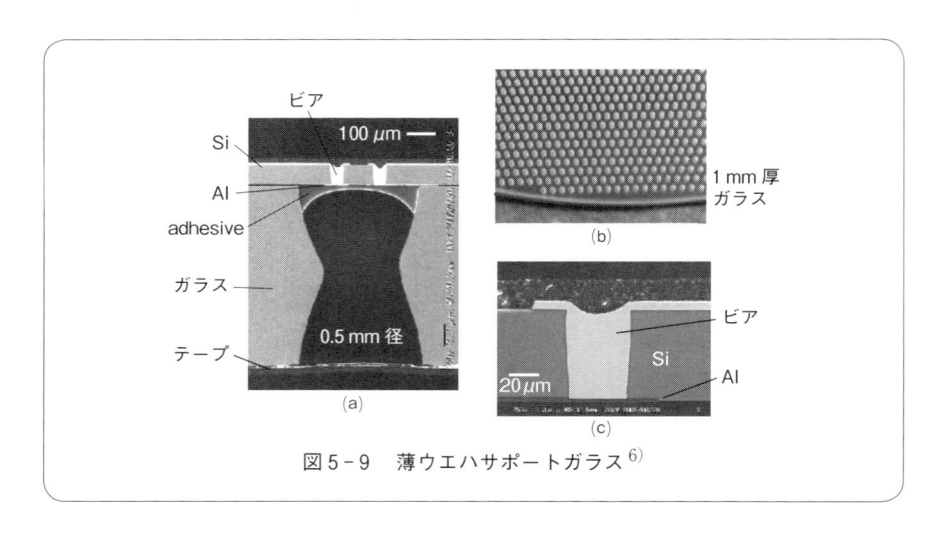

図5-9　薄ウエハサポートガラス[6]

ズマ強化CVD）工程では300～400℃が必要であった。これを200℃前後で完成させた。生成温度を下げると膜質は悪化するはずなので，充分検討が必要であろう。この加工温度の低下は裏面ビアプロセスでは絶対に必要なので，その後も各国で低温化が試みられている。現在，最低のものは100℃が報告されている。ビア加工の終わったウエハは剥離装置で剥離する。接着剤溶解用の有機溶剤は装置内を循環し，ガラスサポートの穴からウエハ裏面に入り接着剤をストレスなしに溶解する。

5　テセラのシェルケース側壁配線

　米国のテセラ社は半導体パッケージの特許（たとえばマイクロBGA）を保有して，パッケージ技術のライセンスをビジネスとしていることで有名であるが，同社は2005年イスラエルのシェルケース（Shellcase）社を買収した。シェルケースはフォトセンサでは長い歴史を持ち，そのデバイス構造はユニークで半貫通電極とでもいうべきであろう。概念図を図5-10に示すが。ワイヤボンドを使わず，V字形に沿って表面から裏面に配線し，最後にそのV部分を切

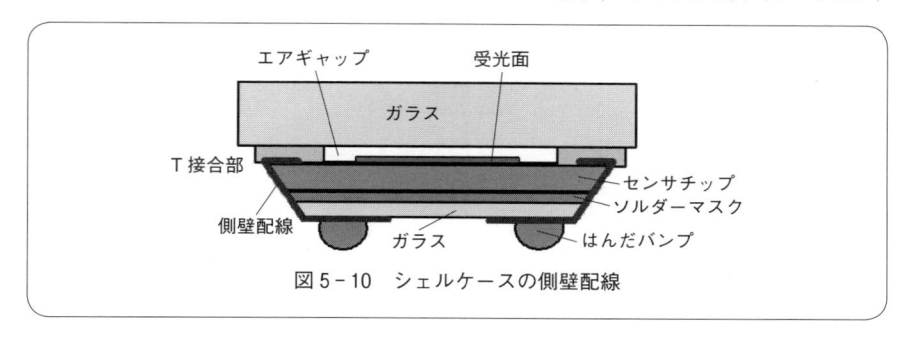

第5章 シングル TSV イメージセンサ

図5-10 シェルケースの側壁配線

（図中ラベル：エアギャップ、受光面、ガラス、T接合部、センサチップ、ソルダーマスク、側壁配線、ガラス、はんだバンプ）

断するという，ウエハレベルプロセスの概念も持ち，TSV に近い効果を発揮したといえる。このため小型光センサではある程度のシェアを持っていた。

テセラではこの原形に近い構造を Shellcase OC（パッケージ厚さ 900 μm）と呼んだ。さらに技術を加え OP という名称で CCD チップ上部の空隙を樹脂で埋めた構造を発表し，2008 年には Shellcase RT というガラスカバーを樹脂化したものを開発した。チップ上のパッドのサイズは 70 × 50 μm，パッドピッチは 180 μm，チップからバンプへの配線幅は配線がパッケージ外部にでるため，あまり細くはできないが 100 μm，パッケージの厚さは 500 μm となった。これらの改良はいずれも携帯などの市場要求コストに応じたものであろう。

2008 年になってテセラも貫通電極を採用し，Shellcase MVP と呼んでライセンス活動を開始した[8]。携帯電話機をはじめとして自動車，デジカメ，ファックス，スキャナ，医用など広範囲な分野を目標としている。MVP の細部はわかっていないが，ローコスト構造を追及した構造のようである。製作プロセスはシングル TSV の常道に従ってウエハをガラスでサポートしウエハを薄化し，裏面ビアプロセスの後銅充填ビアを作成し，ガラスで再パッケージのあと裏面配線，バンプ作成をし，ウエハレベルでダイシングする。

正確な構造は不明であるがシェルケース技術の流れで，チップはガラスでサンドイッチ的に保護されている。ビアはパッド内に作成するが，パッドは一辺 50 μm，パッドピッチは 110 μm，ビア径は 30〜50 μm，パッケージ厚さは 500 μm である。テセラは自社で製品を生産するよりもライセンス供与に充填をおいているので，ユーザーチップを搭載しやすく設計し，また使用時にも BGA でもまたバンプのない LGA（Land Grid Array，バンプなし電極）でも

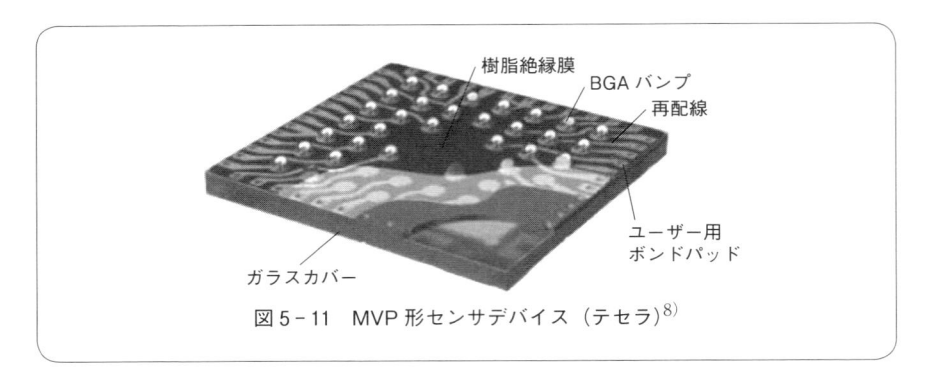

図 5-11 中の引出線: 樹脂絶縁膜、BGA バンプ、再配線、ユーザー用ボンドパッド、ガラスカバー

図 5-11　MVP 形センサデバイス（テセラ）[8]

使える構造としている。図 5-11 に最終デバイスの外観を示す。

6　CEA のイメージセンサ

　フランス原子エネルギー庁 CEA-Leti（第 4 章参照）では TSV による CMOS イメージセンサを開発し，TSV CIS と略称している。製法はビアラストのプロセスであるがその目標としては，

①光学的性能低下は従来の CSP 構造に較べて 12 % 少ない

②ビアの抵抗は 1 Ω以下

③ 200 ℃以下の低温プロセス

とした[9]。デバイスのサイズは 3.6 × 3.1 mm，ピン数は 24，ビアの最小ピッチは 150 μm，ビアの間隔は 40 μm，配線幅 30 μm，底面のビア周辺の金属パッドは幅 20 μm で直径 200 μm である。

　まず 200 mm 径のウエハは CMOS センサのプロセスを終わり，カラーフィルタ，マイクロレンズも付けられている。これに 200 mm 径のガラスウエハをボンディングし，ウエハを前研磨として 380 μm まで研磨する。ガラスは Planoptik の Borofloat を用いたが，このガラスの CTE は 3.2 ppm でシリコンの 2.6 ppm にきわめて近く CTE ミスマッチによるストレスは小さい。ガラスの厚さは 500 μm ± 5 μm で反りは 100 μm 以下である。ボンディングは ABLELUX の

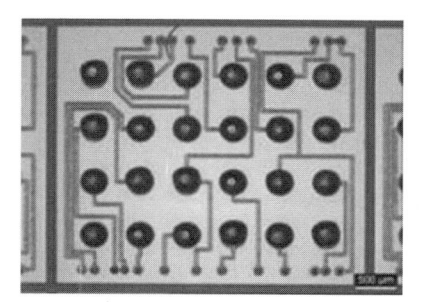

図 5-12　CMOS センサデバイス底面

　紫外線硬化形の OGR 150 THTG をスピンコートしたが接着厚さは 10 μm とした。この樹脂は 210 ℃まで安定で 260 ℃でも重量減少は 2.4 %だった。ガラスウエハはプロセスの最後まで残りさらにパッケージとなる。次の研磨工程ではまずウエハエッジの割れを防ぐためにエッジ研削を行い，次の粗研磨で 100 μm まで，さらにポリッシュで 80 μm まで，最後に CMP で 70 μm に薄化する。

　ビアのイオンエッチングマスクのフォトレジストは 5 μm 厚で，位置合わせはウエハの両面から行い（double side lithography），精度は ± 1 μm が得られた。ボッシュプロセスでビアを開孔し，最後にビア底の酸化膜をプラズマエッチングで除去した。次の酸化膜工程は低温 PECVD によって SiH_4 と N_2 ガスで 3 μm の酸化膜を生成させた。イオンエッチングと酸化膜のプロセスデータについては第 3 章 5 節を参照されたい。酸化膜付着後，バリヤ層をスパッタリングで Ti を 0.2 μm，銅のシード層 1 μm をスパッタリングで作り，ビア内にレジストが入らないようにドライフィルムでパターニングしてから，銅めっきを厚さ 7 μm を目標に行う。これは後でシードをエッチングする時の厚さの減少を考慮している。レジスト剥離後銅シードを Ar プラズマでエッチング，Ti を 1 % HF でエッチオフする。この後感光性の BCB 6 μm をスピンコートしてパシベーション膜とし，標準的な方法で 500 μm 径の鉛フリーはんだバンプを作成する。図 5-12 にバンプ作成後のデバイス裏面の状態を示す。

■第 5 章参考文献

1) CEATEC 2007 で発表.
2) 高橋健司,東芝セミコンダクター,"貫通電極技術と三次元実装",長野実装フォーラム 2006, p.19, 2006.6.30.
2) Masahiro Sekiguchi, Toshiba, "Novel Low Cost Integration of Through Chip Interconnection and Application to CMOS Image Sensor", ECTC 2006, p.1367.
3) Hirofumi Nakamura, Zycube, "The Advanced CSP (ZyCSP) based on 3-D LSI Technologies for Sensor Application", 3DSIC 2008, p.137, 2008, May 12-13.
4) 上林和利, Zycube, "TSV を用いた ZyCSP 技術の光センサへの応用", 長野実装フォーラム 1997 第 2 回, p.87, 2007.6.29.
5) ASET プレスリリース,2004.2.18.
6) 三洋―東京応化プレスリリース,2005.10.13.
7) Umemoto, Sanyo Electric "Novel Through Silicon-via Proceaa for Chip Level 3D Integration" 3S Electronics Technology, 2005.9.
8) Tessera Web site, 2008 Sept.
9) D.Henry, CEA-LETI, "Through Silicon Vias technology for CMOS Image Sensors Packaging", ECTC 2008, p.556.

第 6 章
シリコンTSVインターポーザ

1 インターポーザの重要性

　インターポーザは「中間に存在するもの」の意味であるが，実装の世界ではシリコンチップと接続電極の中間にあるものの意味になる．中間といってもインターポーザはむしろ新しい半導体のパッケージそのものと考えてもよい．BGA（Ball Grid Array）や CSP（Chip Size Package）ではデバイスの特性，信頼性に重要な役割を果たしている部品である．現在の BGA, CSP のインターポーザはエポキシ樹脂などの有機基板で，プリント基板と同じ材料ではあるが配線の精度がよく，配線層数が多いものが標準的でビルドアップ基板と呼ばれることが多い．基板の縦方向にはスルーホール（TH）と呼ばれる貫通電極があり，表面と裏面を接続している．シリコンインターポーザはこの基板をシリコン単結晶で置き換えたものである．

　有機基板は現在広く使われているが，最大の問題点は熱膨張係数で，シリコンの $3.5 \times 10^{-6}/℃$ に比べて基板の横方向の係数は $14 \times 10^{-6}/℃$（縦方向は不織布が入っているため小さい）で数倍大きく，BGA, CSP の信頼性に大きく影響している．BGA に載せるフリップチップは膨張係数のミスマッチのために，アンダーフィルで固めないとバンプが破壊して使えない．もうひとつの問題点は微細配線の可能性で，有機基板は平滑性と硬度に劣るので配線幅は $25\,\mu m$ 程度までしか微細化できず，高密度，多ピン，狭バンプピッチのチップを搭載するのが難しい．シリコンインターポーザではこの 2 つの問題点が解決できると期待されていて，熱膨張についてはチップと同じ物質であるからもちろん問題なく，また配線密度については，ウエハプロセスの加工技術が適用できるので，グローバル配線（チップ最上層の太い配線）と同程度の配線幅は容易で $5 \sim 10\,\mu m$ 幅は可能である．

　しかしシリコンインターポーザは有機基板のようなスルーホールはないので縦方向の接続ができないが，TSV を使えば可能になる，というより TSV がないとシリコンインターポーザは成立しない，といえる．シリコンインターポー

ザはシリコンを基板材料として使っている。そこにICチップのような電子回路はない。したがって加工時に高い温度に遭遇しても回路に影響しないので，加工プロセスの自由度が回路つきウエハよりはるかに大きい。シリコンは半導体なのでその比抵抗は不純物濃度で大きく変化する。IC，LSIではトランジスタの特性から数Ωcm前後の比抵抗が使われるが，この比抵抗ではビアから電流が流れてしまうのでビアを絶縁しなければならない。

　もしシリコンの比抵抗が10kΩcm程度だと絶縁物に近くなり，酸化膜のような絶縁物はいらなくなるはずで，製造コストも大幅に安くなる。近い将来この高抵抗インターポーザが使われると思われる。またTSVの作成に半導体工程では考えられないような技術も採用できる。シリコンインターポーザはその上に複数のLSI，ICチップを有機基板より密に載せられるし，外部への配線距離が短くできるので高周波特性を重視するデバイスにも適し，温度に敏感なセンサなどのMEMSチップも安定に載せられるので，今後広く用いられると考えられる。

2　大日本印刷のインターポーザ

　大日本印刷（DNP）のインターポーザは高周波LSI，MEMSなどを想定した汎用のインターポーザで，製作プロセスも基本に忠実な構造といってよいだろう[1),2)]。インターポーザにはビアファーストとビアラストの区別はないが，それでもトレンチ法とビア貫通法に分けられる。図6-1に示すが厚さ300〜600μmのシリコン単結晶ウエハからスタートし，レジストでパターニング後RIEでビアをあける。ビア径とビアの深さは用途に応じて変えるが，径10〜300μm，深さ60〜300μmと広い範囲が可能である。

　トレンチ法はここでIC用TSVと同じに酸化膜をつけるが，回路のないシリコンなので温度は1,000℃まで上げられるため，IC用とは違って熱酸化膜（水蒸気か酸素を流して加熱する）が使え緻密な膜が得られる。次にバリヤ膜としてTiNをCVDで10nm，シード層のCuをCVDで200nm生成する（バ

リヤ膜，シード層については第3章を参照のこと）。その後銅めっきでビアを充填する。用途によってはコンフォーマルにする場合もある。次にサポートを付けて裏面を研磨し，さらに CMP をかけて 50 〜 170 μm の厚さとする。最後に裏面に CVD で厚い酸化膜を付ける。

ビア貫通法の場合は図のように RIE で穴あけ後すぐに研磨して薄化するが，この場合は MEMS などの用途が多いため厚さを比較的厚く，170 〜 250 μm とするのでおそらくサポートは不要と思われる。この状態で熱酸化膜を作ると表面，ビア，裏面すべてに連続した膜が作れる。次にバリヤ，シードを付け銅の充填またはコンフォーマルめっきを行い，両面に CMP をかけて平滑にする。完成した TSV インターポーザの断面を図 6-2 に，径 10 μm の TSV の X 線写

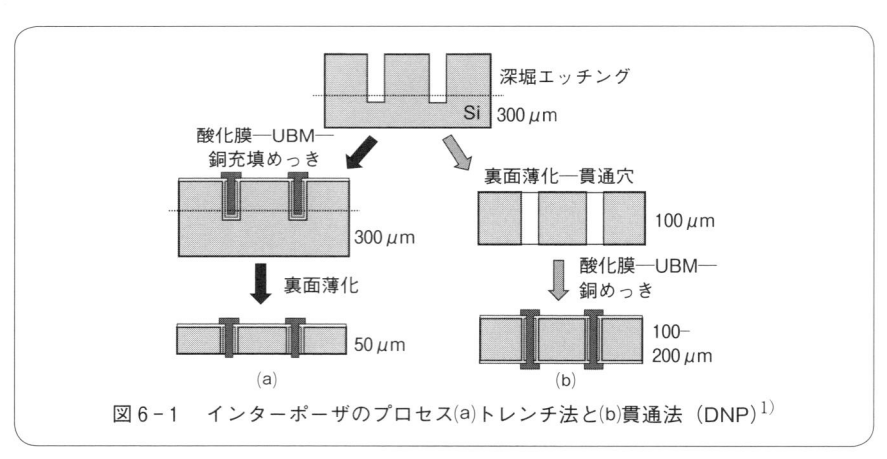

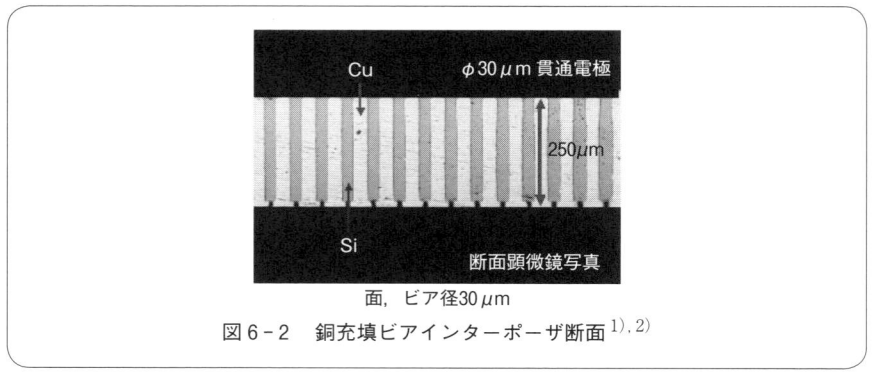

図 6-1　インターポーザのプロセス(a)トレンチ法と(b)貫通法（DNP）[1]

図 6-2　銅充填ビアインターポーザ断面[1),2)]

第6章 シリコンTSVインターポーザ

真を図6-3に示すが良好な銅の充填状態が見られる。

インターポーザは普通表面配線を持ち，搭載するデバイスによって異なる配線構造が必要であるが，DNPの標準構造として高密度実装のためにBCB配線が作られている。BCB（Benzocyclobutene）は誘電率2.7，誘電正接0.0008と高周波特性がよく，微細配線が可能であるが，加工は容易でない樹脂として知られている。ここではBCBを誘電体，銅を配線とする多層構造でビルドアップ基板と似た多層配線，ビアを充填するスタックドビア（ビアの直列接続）を可能にしている。配線パターンを作るプロセスは微細配線が可能なセミアデティブ方式としている。

まず感光性のBCBを使って配線間ビアを形成し，その上に銅シード層としてCr 30 nm，銅200 nmをスパッタリングする。セミアデティブ方式なのでこの上にフォトレジストで配線のパターニングし（配線部分を抜く），シード層を電極として銅の電解めっきののちレジストを剥離し，配線以外のシード膜を溶解する。BCB膜厚は8 μm，配線厚さ4 μmで配線のL/Sは5 μm/5 μm，ビア/ランドは30 μm/40 μmが可能となる。セミアデティブプロセスについての詳細はプリント基板技術の関連情報を参照されたい。

インターポーザの銅の表面配線にはボンディングパッド（配線より太い円形の領域）を設け，フリップチップをはんだバンプを介してボンディングする。DNPのシリコンインターポーザに，フリップチップLSIをボンディングした

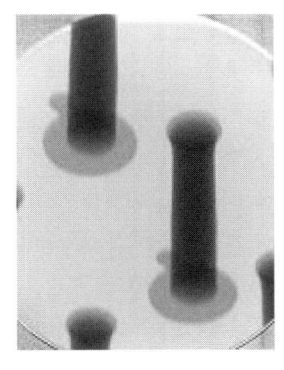

図6-3　銅充填ビアのX線写真[1),2)]

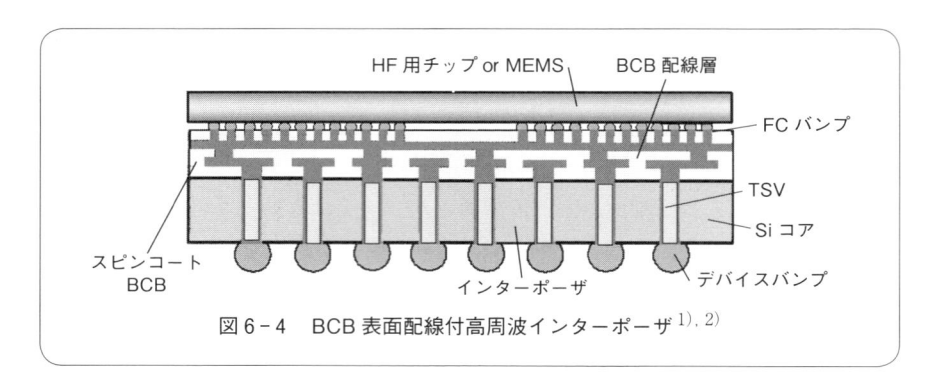

図6-4 BCB表面配線付高周波インターポーザ[1),2)]

デバイスを図6-4に示す。図ではシリコンチップとインターポーザが同じ大きさになっているが，これはウエハのままでデバイスを作ってから切断するWLP（ウエハレベルパッケージ）プロセスが適用されている例である。このインターポーザの高周波特性については第8章を参照されたい。LSIチップの代わりにシリコンのMEMSデバイスを搭載することも可能である。

3 フジクラの高速充填ビア

ビアに伝導体を充填する時間が長いことがTSV技術で問題になっていることはすでに述べたが，アクティブウエハ（IC回路のついたウエハ）では樹脂絶縁体の使用（第3章13節参照）以外には妙案がない。しかしインターポーザでは条件が異なるのでいくつかの充填方法のアイデアが提案されている。フジクラでは2003年に横浜国立大学とともに，MEMSデバイスへの応用を目的として溶融金属充填法を発表した[3)]。図6-5のように1 kΩcmで厚さ500 μmの単結晶シリコンウエハに径30 μm，深さ350 μmのビア穴をDRIEであけ，基板表面を厚さ1.2 μmの酸化膜で絶縁をする。このウエハを真空槽に入れ，その中に溶融したAu 80％-Sn 20％合金（融点は283℃）の容器を置き低真空（約50 Pa）に引く。

ウエハのビア内も当然真空状態になるがこれでウエハを溶融液体に浸漬し，

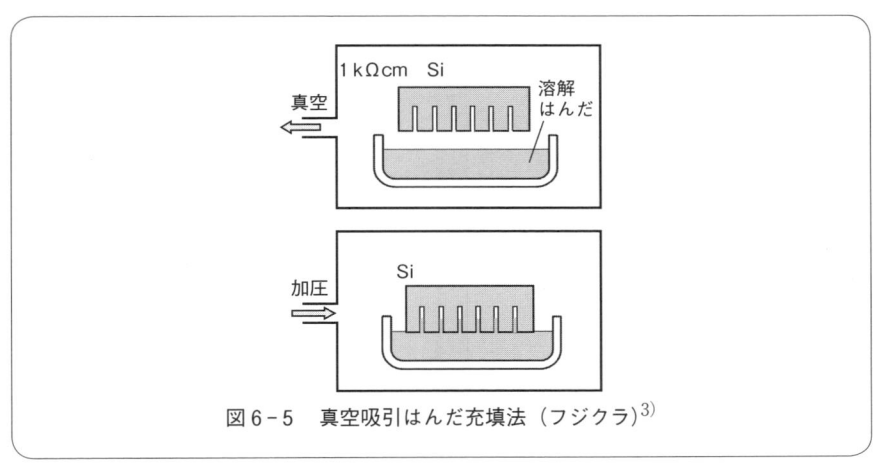

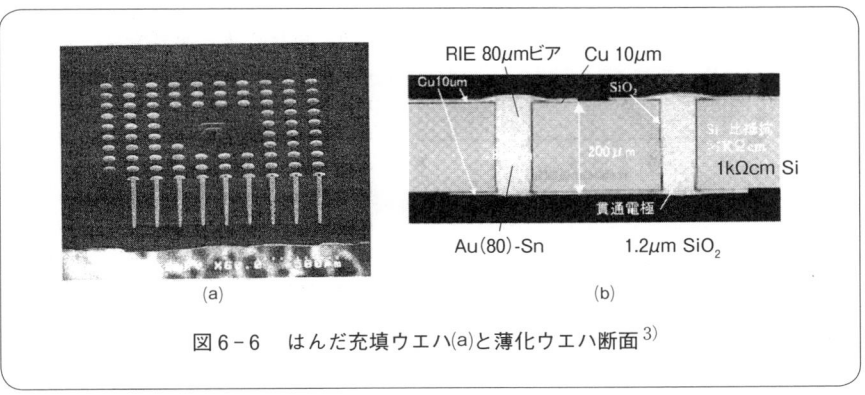

図6-5　真空吸引はんだ充填法（フジクラ）[3]

図6-6　はんだ充填ウエハ(a)と薄化ウエハ断面 [3]

次に N_2 ガスを導入して真空を大気圧に戻しさらに加圧すれば合金はビア内に吸引される。この状態のウエハを図6-6(a)に示す。次にウエハ両面を $200\,\mu m$ まで研磨し，両面に酸化膜をつけるが，合金の溶融しない温度 $200\,°C$ で，TEOSとPECVD（第3章参照）で $1\,\mu m$ を生成した。ビア表面の酸化膜を除き，図(b)のように両面に $10\,\mu m$ の銅配線膜を作成した。ビア84本の直列抵抗は $15.6\,\Omega$ であった。このインターポーザはMEMSデバイスなどの応用する場合に重要な気密性についても良好であると確認されている。

フジクラは非充填のコンフォーマルビアも開発している[4]。具体的なMEMSデバイスの構造を図6-7に示すが，これはインターポーザではなく，

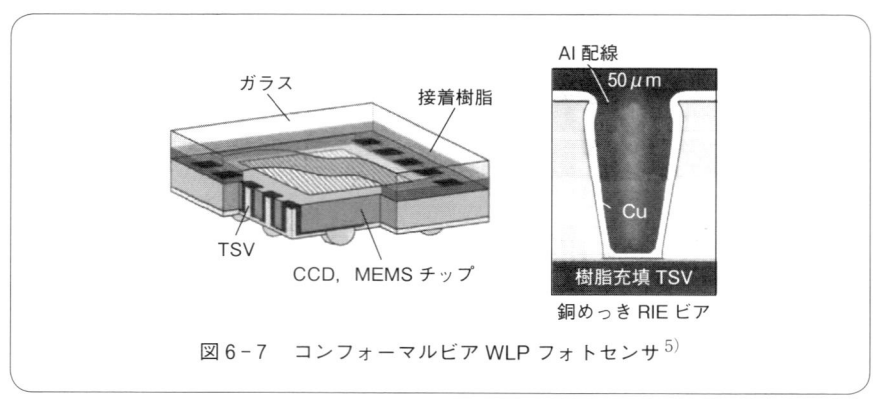

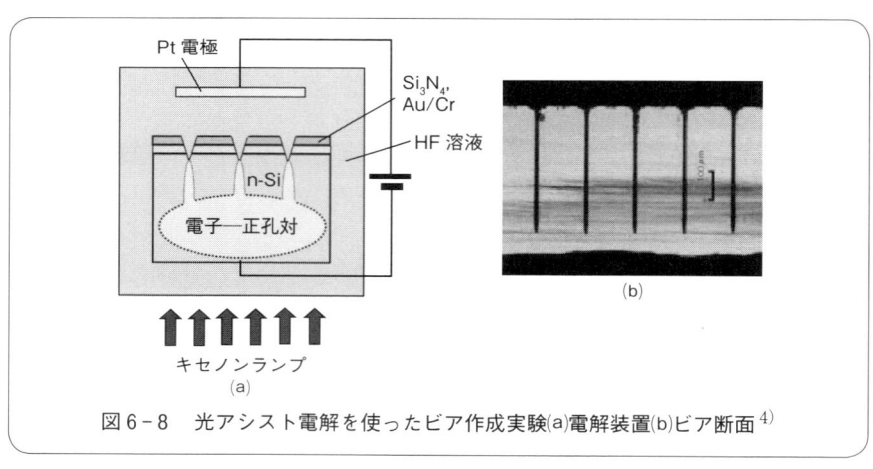

図6-7　コンフォーマルビア WLP フォトセンサ[5]

図6-8　光アシスト電解を使ったビア作成実験(a)電解装置(b)ビア断面[4]

ビアラスト裏面ビアプロセスそのものといってよいだろう。その製作工程は8インチウエハを用い，全工程をウエハレベルで行う。まずウエハ全面にカバーガラスを接合するが，デバイスの駆動部分として 50 μm のキャビティを確保した。このガラスカバーをサポートとして使い裏面を研磨と CMP で薄化し，DRIE で径 80 μm の裏面ビアを I/O パッドまで 200 μm あける。酸化膜を PECVD で成膜し，ビア底部の酸化膜を除去し，ウエハ全面にスパッタでシード層を作り銅めっきで 10 μm のビアの非充填と表面配線層を作る。これらのプロセスについては第3章を参照のこと。最後にビアは樹脂充填してからバンプを作成して WLP で分離する。ビアプロセスはすべて 150℃ 以下で行われる。

デバイスとビアの断面を図 6-7 に示す。バンプの径は 330 μm，高さは 170 μm，ピッチは 800 μm である。

もうひとつのビア作成アイデアは図 6-8 のように n 型シリコンウエハに表面金属膜と絶縁膜でパターンを作り，HF 溶液中でウエハ裏面からキセノンランプをあてて電気分解の方向に電圧印加すると，ランプの光でシリコン中に電子―正孔対が発生し，パターンの穴部に電流が集中してエッチングされビアがあけられる。実験では 15 μm 径で深さ 450 μm のビアがあけられた。奇抜ともいえるアイデアであるが，IC 構造のウエハでもこの方法が可能かどうかは不明である。

4 新光電気のファインピッチインターポーザ

新光電気工業は半導体メーカーではないが，種々の半導体パッケージング技術を積極的に提案している。2000 年ごろ開発された微細ビルドアップインターポーザ（有機基板）はインテルの CPU に採用され世界に広まった。2005 年に発表したシリコンインターポーザは MEMS や LSI SiP デバイスに向けて開発された[6]。このプロセスは厚いウエハをイオンエッチングするのではなく，はじめにウエハを 200 μm に薄化してから 60 μm 径の貫通穴をあけ，0.5 μm の熱酸化膜をビア内およびウエハ全面に形成し，銅めっきでビアを充填するので工程が簡略化できる。通常ビア内には酸化膜上にバリヤ，シード層をつけるが，ここではバリヤ層を省略している。銅の酸化膜内への拡散を調べるためにバイアス温度試験（BT test）を行ったがリーク電流は増加しなかった。ビア内のバリヤ層が必要かどうかは，結論がでないまま安全をみて使用しているが重要な結論と思われる。バリヤの必要性に関する新光の実験については第 3 章 6 節を参照のこと。

ビア充填後 Cr スパッタ，Cu スパッタの後 5 μm の銅めっきで表面，裏面に銅配線膜をつけ，配線パターニング（L/S　20/30 μm）する。このインターポーザを MEMS に使用する時はセンサなどを考えるとガラスキャップと接合す

る必要がある。これには一般に陽極接合が使われるがレッドチェックして気密性も確認されている。センサデバイスとしてフリップチップを搭載し，ガラスキャップをつけ，300 μm のはんだバンプを付けた断面構造を図 6-9(a)に示す。デバイスは 9.7 mm 角，高さ 600 μm，225 ピンの BGA の外観を図(b)に示す。

2008 年にシステムファブリケーションテクノロジーと新光電気は，長年の技術蓄積のあるビルドアップ基板技術を応用したファインピッチシリコン TSV インターポーザ（SiIP）を BGA 用に開発した[7]。2 つの LSI チップを載せた BGA の断面を図 6-10 に示す。チップとインターポーザの厚さは同じでともに 200 μm である。配線層は有機物誘電体（IDL）と銅配線の 2 層構成で，チップ上の再配線パターン（RDL）のピッチは 8 μm，L/S は 4 μm/4 μm，チップバンプのピッチは 40 μm と微細化した。チップ下にはバンプサイズと有機誘電体を考慮してアンダーフィルが入っている。11 × 11 mm のインターポーザは，60 μm 径の TSV をピッチ 800 μm で配置している。図 6-11 にチップ

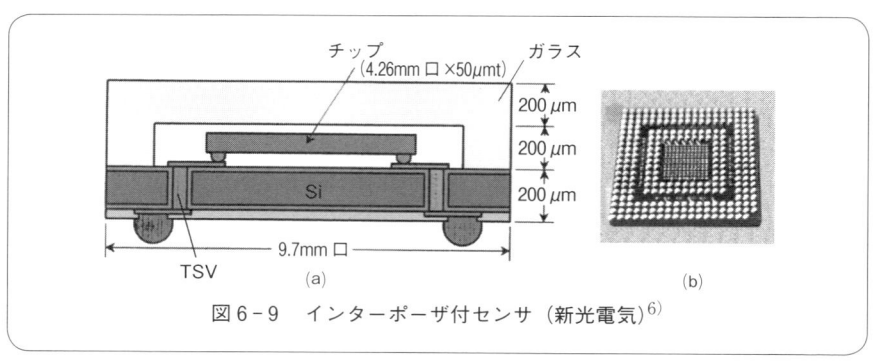

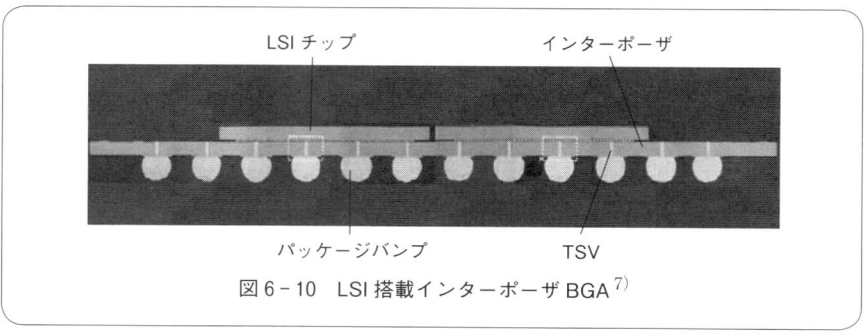

図 6-9　インターポーザ付センサ（新光電気）[6]

図 6-10　LSI 搭載インターポーザ BGA [7]

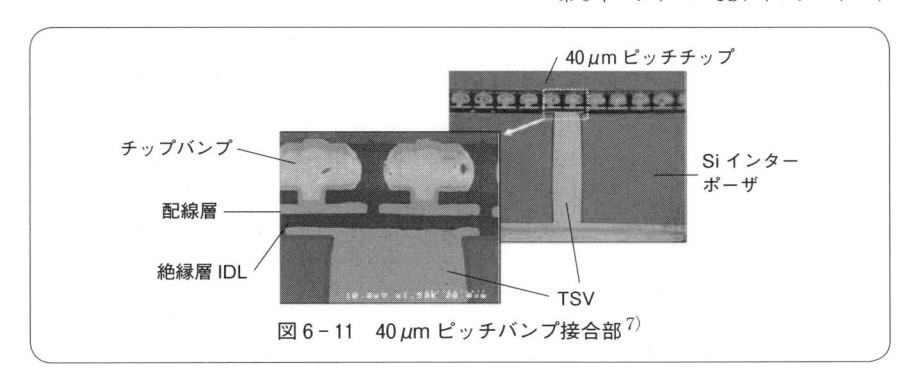

第6章　シリコンTSVインターポーザ

図6-11　40μmピッチバンプ接合部[7]

バンプとインターポーザの接合部を示す。このデザインによってチップバンプからBGAバンプまでの距離は250μm以下になり，従来の有機基板に較べて重量は1/2に軽量化した。このBGA有機材料の利用で低コストで，また小型軽量化でモバイル用途や，マルチチップの面積縮小による高周波用途に適用できる。

5　三菱電機のはんだ球滴下充填ビア

　三菱電機でははんだの微粒子の応用を研究しているが，RF MEMS（Radio Frequency MEMS）向けに，高周波用TSVビアの伝導体充填法として滴下法を考案した[8]。図6-12(a)のように250μmのシリコンウエハにDRIEで100μmのビア穴あけしたものを，加熱ステージ上ではんだ粒をインクジェットと同じ原理でパルス的にビアに滴下して充填する方法である。ビア穴は100μm，はんだ粒の組成はSn-3.5Agで直径45μm，270℃に熱したヘッドからピエゾポンプで吐出・滴下される。はんだの酸化を防ぐためにヘッド付近は不活性ガスで覆う。吐出速度は200滴/秒と早い。はんだ粒の大きさはポンプの圧力調整によって13μmまで小さくできる。はんだ量は正確に制御できるので，はんだは表面に突出することなく平坦化できるので充填後の表面研磨などは不要である。

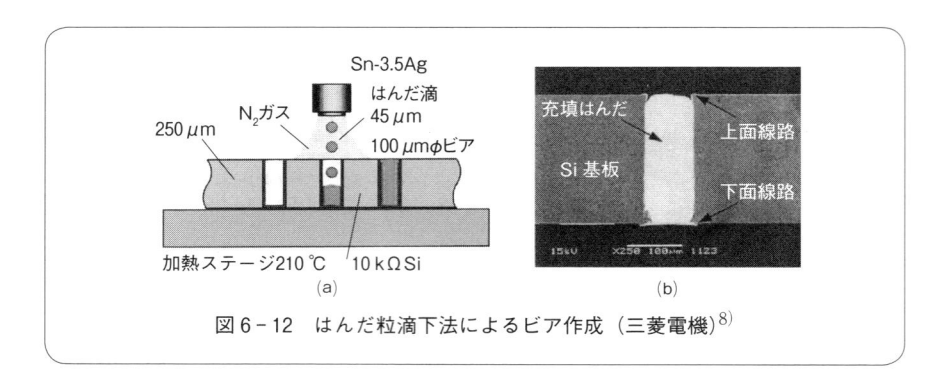

図6-12　はんだ粒滴下法によるビア作成（三菱電機）[8]

　この場合使用したウエハは10kΩcmの比抵抗であるが，高周波領域ではインダクタンスが支配的でビアの容量の効果は少なく，伝送損失に影響を与えないため，絶縁用酸化膜は使わない。酸化膜がないと酸化膜生成，フォトエッチングなどが不要になり工程が相当に簡略化できる。図(b)に充填後のビアの断面を示す。ビアの形状はすり鉢形（内側ノッチング）になっている。はんだ充填後表面と裏面にスパッタリングで厚さ1μmの銅配線膜を形成した。はんだとシリコンの密着度はよく，ヘリウムリークテストでも漏れは検出されなかった。この方法で1個のビアの充填は短時間であるが，1個ずつの充填では時間がかかると思われるので，多ピンで細孔のデバイス向きではないが，目標とした高周波デバイスの線路用として特性測定も行っている。100GHzまでの測定ではモデル通りの特性が得られている（第8章参照）。同社の守備範囲であるパワー半導体にも適していると思われる。

■第6章参考文献

1）　倉持悟，大日本印刷，"薄膜受動部品を内蔵したSi貫通電極付パッケージの開発"，JIEP学会誌，vol.10-5, p.399（2007）．
2）　福岡義孝，ウエイステイ，"シリコンスルーホール技術"，長野実装フォーラム2006, p.61.
3）　渋谷忠弘，フジクラ，"高密度貫通配線を有するシリコン基板"，フジクラ技報105号, p.37, 2003.10.
4）　猿田正暢，フジクラ，"ウエハレベルMEMSパッケージ"，JIEP講演大会2008, p.61

5） S.Yamamoto, Fujikura, "Through-Hole Interconnection technologies in Si Substrate for Wafer Level Package", ICEP 2006, p.259.
6） 小泉直幸，新光電気，"シリコンインターポーザの基礎評価"，MES 2005, p.197.
7） Kouichi Kumagai, System Fabrication Technologies, "A Siicon Interposer BGA Package with Cu-Filled TSV and Multi-layer Cu-Plating Interconnect", ECTC 2008, p.571, 2008.
8） 藤井善夫，三菱電機，"溶融はんだ吐出法により形成した高周波貫通配線"，JIEP 講演大会 2005, p.113.

第7章
TSVウエハとチップの積層

1 ウエハ積層は可能か

　TSVが作られたウエハまたはチップを積層しないと3次元デバイスは完成しないが，積層工程にもいくつか考慮すべき問題と技術がある。まずウエハ積層とチップ積層について考えよう。半導体プロセスには基本的な考え方として，ウエハのままで可能なことはできる限りやる，という原則がある。チップに分割した後の工程では，ワイヤボンディングなどに見られるようにウエハ1枚に対して数百倍，チップの大きさによっては数千倍の時間，したがってコストがかかるからである。

　TSVウエハの積層プロセスも基本的には同じ原則があるので，ウエハのままで積層，バンプ接続，ウエハ間接着などを行い，最後にチップに切断する。このウエハ積層プロセスをWafer to Wafer（W to W）と呼ぶことがある。最近注目されているWLP（ウエハレベルパッケージ，ウエハのままのパッケージ）もこの流れに沿っていて，この場合はパッケージそのものをウエハのままで作ってしまおうというアイデアである。ウエハ積層の原理は図7-1に示すが，TSV関連の技術者は理想論として常にウエハ積層の可能性を探っているはずである。

　しかしウエハ積層を妨げるものはウエハの歩留まりである。半導体製造は歩留まりとの戦いであるともいわれるが，慎重にプロセスの管理をしても半導体の歩留まりが100％になることはまずない。シリコンの結晶中に最初からある

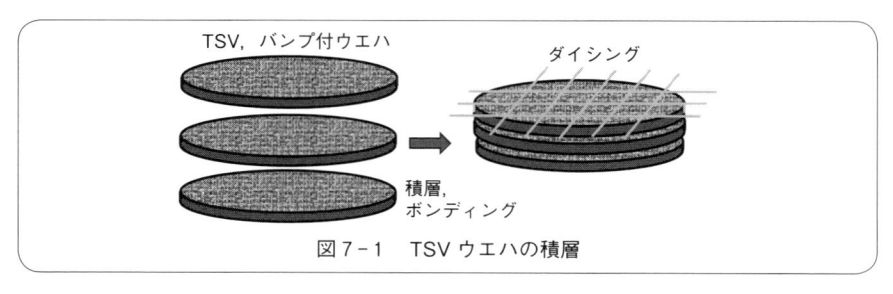

図7-1　TSVウエハの積層

結晶欠陥，作業場や装置内部の塵埃，作業者からの発塵，液体中の微粒子，など数々の問題から不良チップが発生する。特に新しく設計したウエハでは最初は歩留まりが低いが，生産管理部門の技術者や作業者が工程や作業方法を改良して歩留まりを上げてゆくのが普通である。当初は歩留まり40～50％ぐらいからスタートし，数カ月たつと80％くらいまで上がり，よい設計のチップは85～90％になる。よい歩留まりを維持できるチップは「枯れた」チップともいわれ，半導体メーカーの収益源となっている。また一般に小型のチップほど歩留まりは高く，大きいサイズのLSIの歩留まりはなかなか上がらない，という原理がある。

TSV構造を採用するチップは大きめのLSIに近いチップが多いと考えられるが，その複雑さからいって最高85％程度の歩留まりに安定すると予想するのが妥当である。不良チップはウエハ上にランダムに分布しているので，ウエハを重ねるごとに不良チップが介在するチャンスが増え，積層したウエハの歩留まりは0.85の冪数（2枚では$0.85^2 = 0.722$）で減少してゆく。歩留まりは計算上2枚で72％，3枚で61％，4枚では52％になるので3枚程度が実用の限界になるだろう。ただチップサイズが小さいときは各ウエハの歩留まりもよくなるので，この積層歩留まりはもっとよくなる。

IMECがこの問題について検討し，歩留まりではなくチップサイズを変えたとき（歩留まりがチップサイズで変化すると想定して）ウエハ3枚を積層した

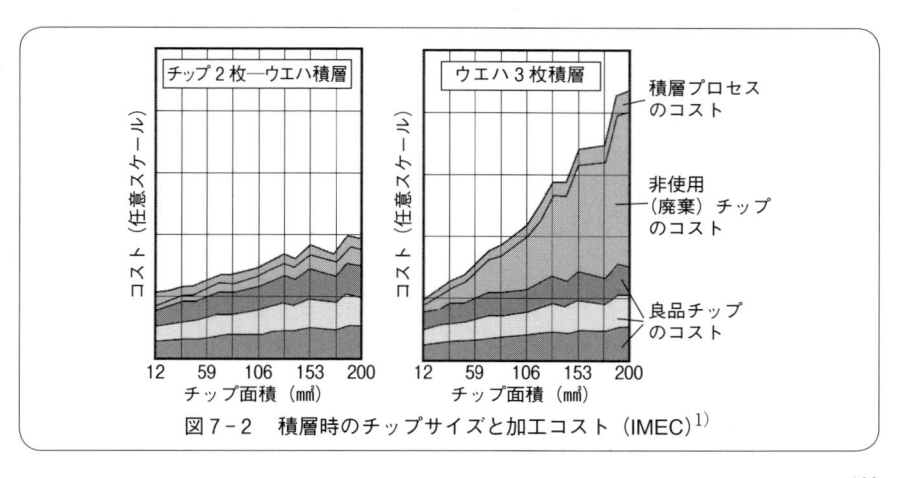

図7-2　積層時のチップサイズと加工コスト（IMEC）[1]

場合と，良品チップ2個を1枚のウエハに乗せた場合のコストを比較したものを図7-2に示す[1]。この図の計算データはチップサイズ1×1cmのとき80％と仮定，さらに積層工程の歩留まりを90％，ウエハ生産3万枚/月として計算したものである。ウエハ歩留まりによる損失と積層工程の歩留まりによる損失の合計がチップサイズ100 mm^{2}以上では良品チップのコストより大きくなっている。

2 異種ウエハの3枚積層

　ウエハ積層の場合の条件として，積層するウエハのチップが全く同一のものならば上のように歩留まりだけの問題になるが，これはメモリチップの場合のように高容量化する場合には適用できる。しかしTSVの応用としてはSiPデバイスの場合のように，異種チップを組み合わせる要求の方が多いはずであり，この場合は簡単ではない。すでに存在するワイヤボンドチップのウエハを使うことは，当然であるがチップサイズを合致させるのは不可能である。異種チップが同じチップサイズでTSVのピッチも同一なら積層は可能であるが，この場合は新しくチップを設計しなければならないので，実験が簡単にはできない。発表されている論文の多くは，回路のないシリコンウエハにTSVだけを作成して積層実験を行っている。

　実際に新設計の異種チップを重ねて，歩留まりを測定した例としていくつかの例はあるが，第4章13節で述べたホンダリサーチでは3枚積層を行って話題を呼んだ[2]。この報告では異種チップの3枚の200 mm径のウエハ積層で，チップのサイズは8.44×4.69 mm^2，ウエハプロセスは0.18 μm CMOSでそれぞれ新設計のチップである。各チップの表面パターンを図7-3に示すが，上から第1層はSH$_4$プロセッサでTSV数は1,056/チップ，第2層はADコンバータとカスタム回路でTSV数287/チップ，第3層（最下層）は64 Mb SDRAM（TSVはなし）であるが，SDRAMにはTSVがないことからパッケージングの時は逆転して最上層になると思われる。TSVの位置はチップ周辺らしいが

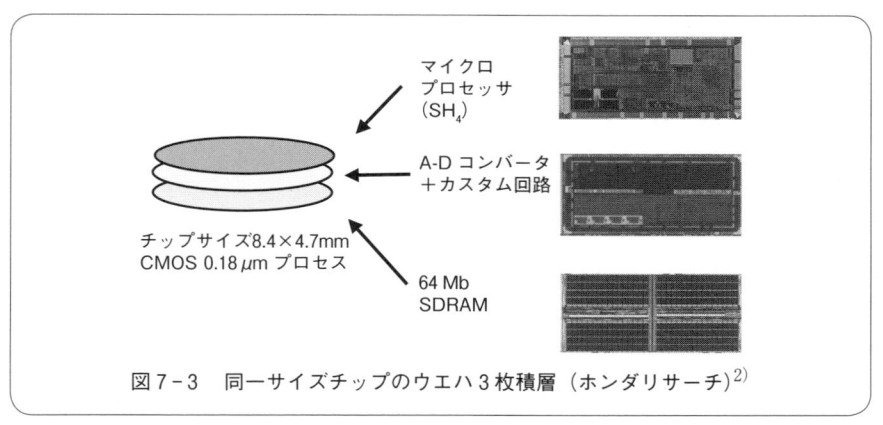

図7-3 同一サイズチップのウエハ3枚積層（ホンダリサーチ)[2]

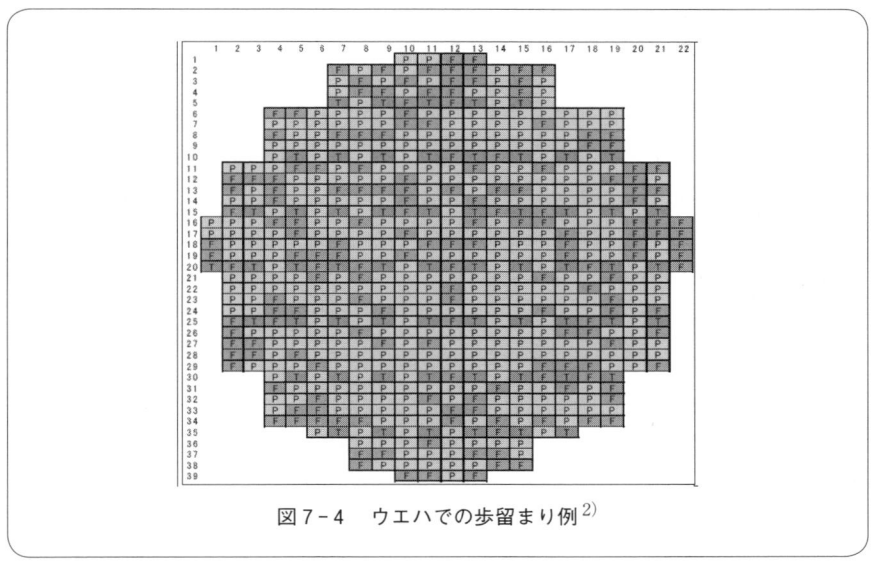

図7-4 ウエハでの歩留まり例[2]

明瞭ではない。積層後は平均60〜68%の歩留まりが得られている。図7-4に積層チップのテスト後の不良チップの分布状況の一例を示す。濃い色は不良チップである。

上の例のようにウエハ積層は60%程度の歩留まりで許容するならば，1cm角チップでは3枚，もっと小さい5mm角ならば5枚程度が実用限度と考えられる。しかし，すべてのチップを新設計することを考えるとかなり難しい選択

であろう。最も TSV に適しているメモリはシステム構成上3枚では不足で，メモリの常道である8枚積層が望ましい。このためメモリにはウエハ積層は使えないという結論になる。そのため以下に述べるようにウエハをダイシング後良品チップを選び，チップ積層をすることになる。

3 確実な良品チップ積層

上述のようにウエハ積層は理想形ではあるが問題を残している。それならば多少コストはかかっても，従来からの技術を延長して確実に製品を製造できる方法は，というとウエハを検査し，良品チップ（これを KGD, Known Good Die という）だけを積層するチップ積層である。メモリのように最低でも8枚のチップを積層しないと製品として意味がない場合は現時点ではこのチップ積層しか選択肢がない。第4章で述べたエルピーダ，三星もチップ8枚積層を進めているし（12枚の情報もある），IBM もより高集積のデバイスを目標にチップ積層に取り組んでいる。

チップ積層にはふたつの選択肢がある。ひとつは上記のようにウエハを薄化（約 50 μm），検査してからダイシングしてチップを分離し良品チップをピックアップして順次積層するが，これを Chip to Chip（C to C）と呼ぶ。または未切断のウエハ（サブストレートウエハ）上に積層してから分離するがこれを Chip to Wafer（C to W）と呼ぶ。もうひとつは**図 7-5** のようにウエハを薄化せず厚い（300 ～ 400 μm）ウエハをダイシングし，厚いチップのまま未切断のサブストレートウエハにボンディングする。その後樹脂でチップの間隙を埋

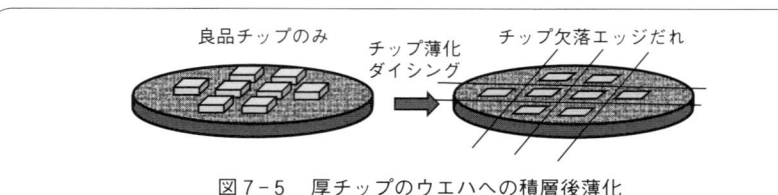

図 7-5 厚チップのウエハへの積層後薄化

第 7 章　TSV ウエハとチップの積層

めてからウエハ全体を研磨してチップ厚を約 50 μm とし，TSV ビアがチップ裏面に露出したら酸化膜とバンプを付け，その上に次の厚いチップを重ねこれを繰り返してから最後にダイシングする。これも Chip to Wafer（C to W）と呼んでいる。この方法は東北大学，IZM 研究所が採用している。Chip to Wafer ではサブストレートウエハの検査を事前に行い，良品チップのみにチップを載せることも可能で，こうすれば理論的には 100 ％の歩留まりが得られる。実際には積層の加工歩留まりが残る。第 4 章の図 4-31 に IZM のウエハ上の研磨後の薄チップの状況を示す。厚いチップを比較のために載せている。

　また Chip to Wafer 積層としては図 7-6 のような NEC エレクトロニクス（エルピーダのパッケージ開発）の例がある[3]。TEG ウエハでの実装試験であるが 50 μm に薄化，ダイシングで分離したメモリチップを Si インターポーザの上に積み上げる。インターポーザはウエハ状態で TSV 加工もしてあるが，回路は存在しない。外観的には Chip to Wafer と同じにも見えるが，インターポーザでは歩留まりはほとんど考えなくてもよいので，本質的には Chip to Chip と考えた方がいい。

　このパッケージは SMAFTY と呼ばれる薄型の構造と同じであるが，第 4 章で述べたようにチップの裏側バンプは Ag-Sn/Cu，表側バンプは Au/Ni なのでまず Sn 表面の酸化物の還元処理を行い，アルゴンプラズマで Au クリーニングを行う。インターポーザを加熱ステージに載せて，窒素ガスフローのなかでフラックスを使わずに加圧，加熱ボンディングする。接着時の加熱は当然 Sn の融点 230 ℃以上が必要になる。加圧については，圧力が低い（バンプ当

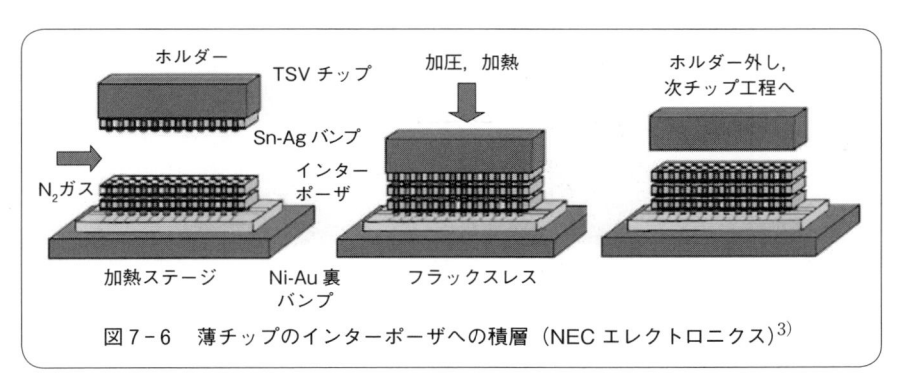

図 7-6　薄チップのインターポーザへの積層（NEC エレクトロニクス）[3]

たり 9.8 Nm）と Sn の酸化物に起因するボイドが残り，高い圧力（19.6 Nm）では良好な接続になることが実験でわかっている。

　チップ積層は 1 枚ずつ行うが，上下のチップの TSV 位置合わせを正確に行う必要がある。TSV のピッチとサイズが大きい時はチップのエッジで機械的に合わせられるが，細径の TSV では光学的でないと難しい。赤外線を使う可能性もあるが，精密で高速な装置の開発が必要であろう。発表された写真では各チップは正確に揃っていて高い位置合わせ精度が見られる。

　チップをインターポーザに搭載後インターポーザをダイシングして個別積層チップとし，第 4 章の図 4-9 に示したようにパッケージを構成する。チップ表面には放熱用のシリコンまたは金属をつける場合もある。各チップの間隙にアンダーフィルまたは充填樹脂を入れる場合もある。チップは SMAFTY 基板にボンディングし，裏側からはインタフェースのロジック LSI をフリップチップで取り付け，さらに大きいデバイスバンプで BGA タイプとしてから樹脂モールドで固める。ウエハ全体にバンプをつけ，モールドしてから切断するウエハレベル工法も選択できると思われる。

　次に IBM のチップ積層を見てみよう。第 3 章，第 4 章で説明したようにビアファースト，タングステンリングビア構造であるが，特定のデバイスではなく LSI を中心とした汎用の 3 次元構造を目標にしていると思われる。この方法もエルピーダと同様に Chip to Wafer に分類される。図 7-7 に同社の積層原理を示す[4]。真空で Si サブストレート（TSV 付インターポーザと思われる）

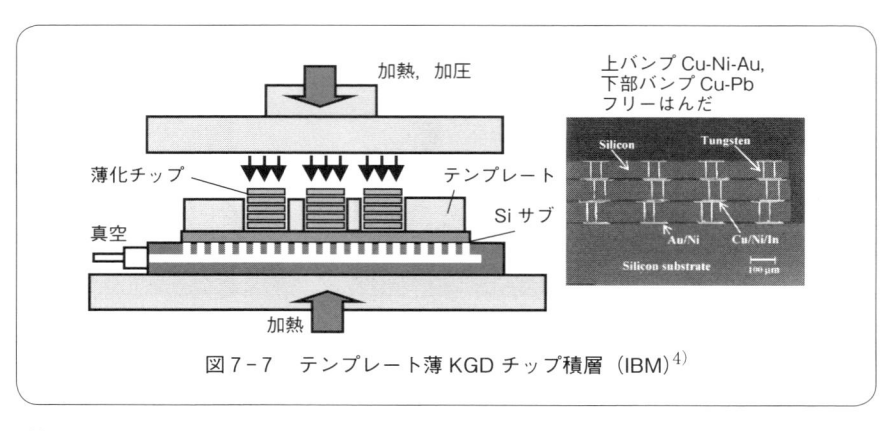

図 7-7　テンプレート薄 KGD チップ積層（IBM）[4]

を吸着し、テンプレートと呼ぶ金属板にダイキャビテイの穴をあけ、それに KGD（良品検査済みチップ）を入れる。バンプの金属は In と Au なので比較的低温（150℃付近）での接着性はよいと思われる。高価な In を使うのは確実な接着を期待しているのであろう。テンプレートを使うのはチップエッジによる機械的位置合わせを前提にしていると思われるが、積層チップと断面写真を見るとやや位置合わせの精度不足にも感じられる。IBM のパッケージ構造の詳細についてはまだ発表されていない。

4 アクティブウエハへの KGD チップ積層

　上述のエルピーダ、IBM はウエハへ薄型の良品チップを積層している。Chip to Chip ともいえるので歩留まり的には最も安全といえる。上記のウエハは回路なしのサブストレートで、インターポーザと呼んだほうがいい。Chip to Wafer は本来アクティブウエハ（回路付ウエハ）を使うのが正解なので、そうすれば一歩 Wafer to Wafer の理想形に近づいているといえる。アクティブウエハに薄型 KGD チップを載せることは、特に大きい障害がないと思えるが現時点では明確な発表がない。歩留まり以外のひとつの理由は最下層ウエハを強度的に厚いウエハにしたいので、TSV が作りにくいということかもしれない。

　Chip to Wafer で報告されているのはテザロン、IZM、東北大学などがある。これらは厚い TSV チップ（薄化前なのでビアは埋め込まれている）をウエハにボンディングし、樹脂で固定してから研磨してチップを薄化して次工程に進む。この工程でもふたつの選択肢があり、最下層ウエハを検査し良品チップ（未切断）の上だけに次段のチップを載せる（選択搭載）か、またはウエハ全面に次段のチップを載せる（全面搭載）かである。

　選択搭載の場合は良品チップの分布によっては次段チップは広い範囲で付ける場所がなくなって空き地になってしまい、樹脂で充填しても平面が維持できなくなる恐れがあり、研磨時に平坦面が得られなくなる。全面搭載ではこの心

配はないが，当然最下層ウエハの歩留まりが直接最終歩留まりになってしまう。またこの厚チップ研磨法では追加工程として薄化後研磨面にバンプを作るための酸化膜作成，スパッタリング，フォトエッチなどの工程が必要になり，接着樹脂を含むために低温工程が要求される問題もある。

5　TSVの配置とチップレイアウトの新設計

　TSVのチップ積層ではチップにいくつかの制限が発生する。まず全く同一のチップ積層ではTSVを配置するためチップのレイアウト（配線パターン）は新しく設計すれば問題はないが，従来のままでもワイヤボンドパッド領域を使うか，またはその付近にそのままTSVを配置すればおそらくレイアウト変更はしなくてもよいだろう。第4章のエルピーダのメモリの場合は図7-8のようにTSVはボンディングパッドと電源配線エリアに配置されているように見える[3]。DRAMメモリは従来から信号速度の要求によってボンディングパッドを中央部に配置していたので，レイアウト変更は少なかったと思われる。メモリ以外のLSIチップでは条件はやや異なり，普通ボンディングパッドはチップ周辺に配置するので，もしTSV領域を中央部やその付近に作ればパターンレイアウトを変更する必要がある。LSIの大型チップでは設計にかかるコストも相当に大きいので変更はそれほど容易ではない。

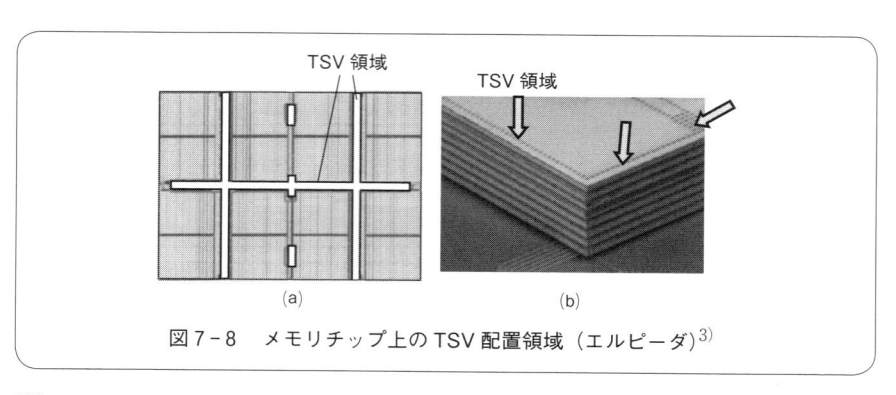

図7-8　メモリチップ上のTSV配置領域（エルピーダ）[3]

第7章　TSVウエハとチップの積層

　TSV技術が大きな目標としているシステムインパッケージでは異なる種類のチップの集積が必要になるが，この場合できればチップサイズは同じものがベターなので，理想的には各チップはTSV位置を揃えて新しく設計することになる。ただし最上層チップはTSVでなく表面バンプのみになるかもしれない。これは本章2節のホンダリサーチのケースであり，その他にもインテルやIMECでも新設計の同一サイズチップを発表している。この場合チップサイズを無理に揃えることで，チップ設計に面積のロスが生ずる可能性があり，面積イコールコストを標榜する半導体にとっては苦しい選択になるかもしれない。またシステムインパッケージは市場要求から大量生産しにくい品種になる場合もあり，生産量によっては新設計が難しいこともあり得る。

　次に異種サイズチップ（当然異なる種類のチップ）の積層は，SiPの必要性から今後最も必要になると考えられる。たとえば東北大学では異チップサイズのチップ積層を発表（第4章の図4-28）している。この場合はやはりTSV位置を揃える必要から図7-9のように3つの選択がある。まず(a)のように各チップのレイアウト設計を変更してTSVを揃える。この場合すべてのチップを最小チップのTSV位置に揃えることになり，パッド位置にTSVを配置するのは難しくなるし，レイアウトの新設計になるという問題が発生する。

　第2は(b)のように既存のチップ表面にフリップチップで行う再配線を行い，TSVバンプの位置を揃えることになる。これは追加の配線，バンプ工程が必要になりコストアップにつながり，TSVのメリットを減殺しかねないが，バンプの製作過程で表面に銅配線のある場合，これを再配線膜として利用することは可能であり，コストアップは低く押さえられよう。再配線の考え方を図

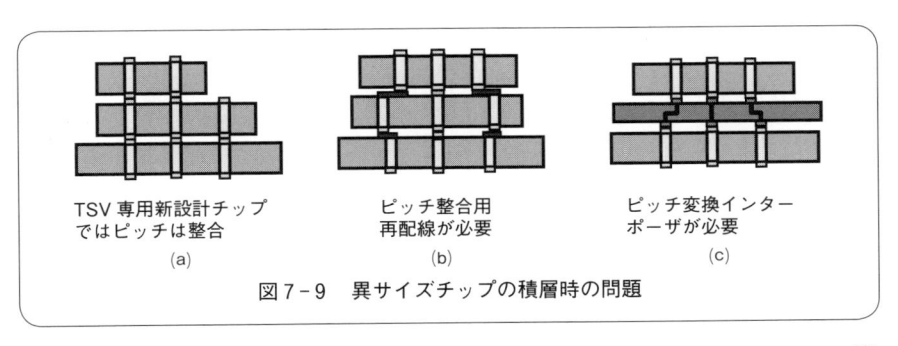

TSV専用新設計チップ　　　ピッチ整合用　　　　　ピッチ変換インター
ではピッチは整合　　　　　再配線が必要　　　　　ポーザが必要
　　(a)　　　　　　　　　　　(b)　　　　　　　　　　(c)

図7-9　異サイズチップの積層時の問題

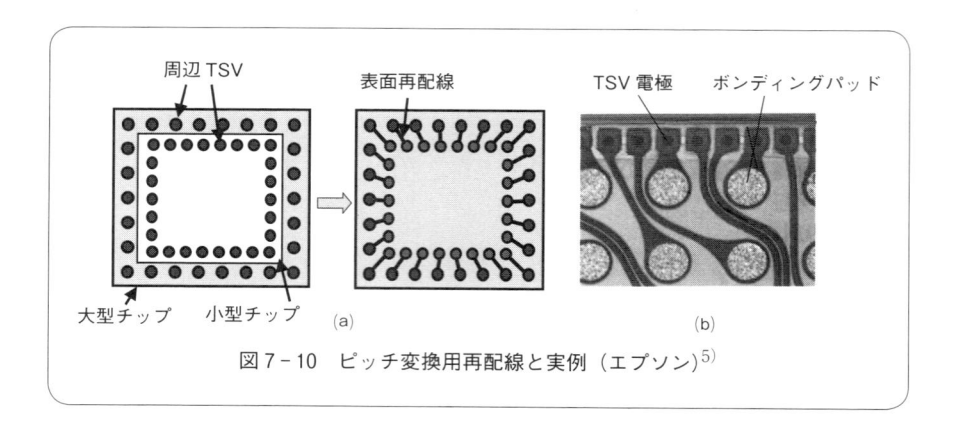

図7-10　ピッチ変換用再配線と実例（エプソン）[5]

7-10(a)に，実行した例を(b)に示す[5]。ボンディングパッド（TSV作成後）から再配線で中央部のバンプ下部電極（この場合ははんだバンプ電極）へ接続している。この再配線法は現存チップの積層には最も現実的な解と思われる。シンガポール，台湾などの論文にこの再配線を前提として考えているものがいくつかある。

第3の方法は図7-9(c)のように別のチップとなるピッチ変換インターポーザを使う方法で原理的には第2の方法と同じであるが，第4章3節で述べた日立の構造である。すなわち現行チップのボンディングパッド位置だけにTSVを作成し，別にインターポーザを作成する。これだと現行のどんなチップでも使用可能で，既存チップに最も負担をかけない現実的な解といえるが，TSVを作成したシリコンインターポーザの高コストとさらにこのインターポーザにもピッチ変換用再配線は必要になるのでさらなるコストアップになるだろう。

チップ積層には以上のような問題が存在するが，チップの新設計は非常に負担が大きく，簡単には踏み切れない。TSV積層がシステムインパッケージの本命と期待されながら，なかなか実用化が進まないのもこれらの理由によるものと思われる。

6 液体を使った自動位置合わせ

　チップを積層する時，TSV チップの位置合わせは基本的にはチップの外周で機械的に合わせる．赤外線顕微鏡を使ってチップの裏側から合わせる方法もある．東北大学ではチップの軽さと液体の表面張力を利用した自己組織化と呼ぶ位置合わせ法を提案している[6]．図 7-11 のように実験としてハンドリング（シリコン）基板上に積層チップと同じピッチの台形（プラトー）を作り，その表面を処理して親水性とする．その外側は撥水性となる処理をする．台形部に HF1％の水溶液を 1 滴（数マイクロリットル）載せ，この上に親水性の表面を持ったチップを裏返して載せる．水の表面張力によって 30 秒程度でチップは ±1 μm で位置を自動的に台形に合わせる．

　しばらく放置して水を蒸発させ，加熱してボンディング後，チップ裏面にマイクロバンプを形成しこれに LSI ウエハ（裏向き）を載せ，積層工程に入る．実験では 30 チップの位置合わせ積層に成功している．その後の発表ではハンドリング基板は使わずに，直接シリコンサブストレートの表面に酸化膜を作って，チップを載せる部分に親水性パターンを作成しても同様な結果が得られている．この技術は電極形状のデータなどはまだ未発表であるが，多数チップの

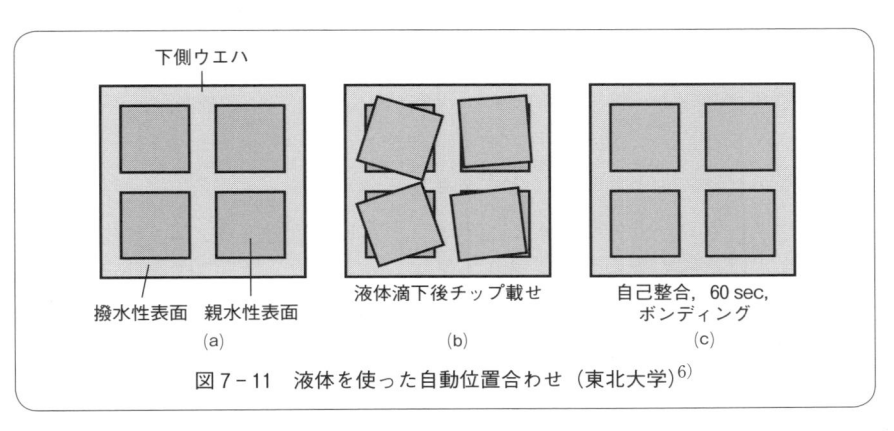

図 7-11　液体を使った自動位置合わせ（東北大学）[6]

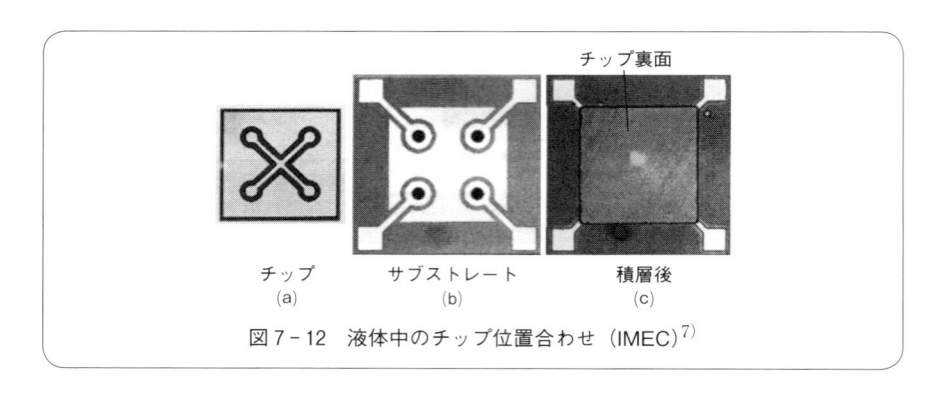

図7-12 液体中のチップ位置合わせ（IMEC）[7]

チップ (a)　サブストレート (b)　積層後 (c)　チップ裏面

同時搭載も可能で積層工程のスループットを向上させるであろう。

　これと類似の方法がIMECからも発表されている[8]。図7-12に示すようにまず回路のないウエハに250μmの酸化膜を作り，この上にTi/Ni/Auの金属層を蒸着し，フォトリソで(a)のようなボンディングパッドをパターニングし，ウエハを研磨して200μmまで薄化したあと，位置合わせの実験には小型チップがよいので1mm角にダイシングする。次にダイシングしないウエハの金属層をフォトリソで図(b)のようにバンプ下地金属として作り，その上に7μmのInバンプをめっきする。このウエハはサブストレートとして適当な大きさにダイスしておく。チップとサブストレートにドデカネチオール（SAM, Self Assembling Monolayerと呼ぶ）の溶液を塗布するとAuとIn表面が親水性になり，酸化膜部分は撥水性になる。

　チップはエタノール中に保存する。ボンディング時にはチップとサブストレートをヘキサデカンに漬けるとチップは自動的にパターン位置に付着する。この状態でサブストレートを95℃5分，200℃5分加熱するとInが溶解してボンディングされる。このボンディングを多数のチップで同時に実行するには，チップをエタノール中に入れ，ガラスキャピラリでチップを吸い上げ，水中に置いたサブストレートに載せると，チップが水中で配列する。このボンディング法はチップが回転することを考えるとボンディングパターンに制約があり，ピン数が制限される可能性があるが，これは搭載の精度によるだろう。複数枚のチップ積層については今後の研究を期待したい。

■第 7 章参考文献

1) Eric Beyne, IMEC, "Requirement for Cost Effective 3D System Integration", 3D-SIC 2008. Last Min Info. p.1, 2008.5.12.
2) 宮川宣明, ホンダリサーチ, "3次元実装技術と脳型処理", SEAJ/SEMI Industry Strategy and Technology Forum 2008, 2008.9.16-17.
3) Yoichiro Kurita, NEC Electronics, "A 3D Stacked Memory Integrated on a Logic Device Using SMAFTY Technology", ECTC 2007, p.821.
4) K.Sakuma, IBM Tokyo Research Lab., "Characterization of Stacked Die Using Die-to-Wafer Integration for High Uield and Throughput", ECTC 2008, p.18.
5) 橋元伸晃, セイコーエプソン, "Si貫通電極を応用した三次元パッケージ", 長野実装フォーラム 2006, p.31.
6) T.Fukushima, Tohoku University, "Chip Self Assembly Technique for 3D LSI Fabrication", 3DSIC 2008, p.205.
7) Massimo Mastrangeli, IMEC, "Establishing Solder Interconnections in Capillart Die to Substrate Self Assembly", 3DSIC 2008, p.47.

第 8 章
TSVの電気的特性と熱特性

前章までTSVの作成技術と半導体積層デバイスの諸問題について検討したが，本章ではTSVの電気的（直流抵抗，高周波），物理的（機械的，内部応力），熱的（熱発生，発熱回避，冷却構造）の問題につき報告されているものを調べよう。これらの特性はビアの構造で大きく変化し，現時点では標準的な結論はかならずしも明確ではない。

1 ポリシリコンビアの直流抵抗

　ビアには数mA以下の信号系の小電流から電源系の1A近い大電流まで流れる。とくに高速のマイクロプロセッサでは電流は数Aにも達することもあるので，直流抵抗は当然低い方がいい。また同じ理由からビアは太い方がよいが，TSVパターン設計の制限と，すでに第3章で説明したように，めっきでもCVDでも生成速度があまり速くないことから，逆にビアは細いことが要求される，という矛盾がある。

　ビアの伝導体は銅（充填またはコンフォーマル），タングステン，ポリシリコンが使われるが，これらの物質のバルクの比抵抗値と，ビアに堆積した状態の比抵抗値はかならずしも同じではない。単純にいえば原子または結晶が緻密に詰め込まれていない状態になっている可能性がある。そのためビアを作ったら実際に抵抗値を測定してみる必要がある。しかし1本のビアの抵抗値は相当に小さく，測定誤差の可能性があるので通常ビアを数本〜数十本，ビアチェーンとして直列につないで測定する。

　エルピーダのポリシリコンビア（第4章2節参照）でビア4本を直列接続し，VI特性を測定するとビア1本の抵抗は5Ωであった[1]。このビアは推定20μm角で16本のシリコンポスト（柱）が存在している。ビア内のポスト数を変えた時の測定値を図8-1に示す。ポストの大きさは一定なのでポスト数を増やした方が断面積は増加し，抵抗値は小さくなり，64本のポストでは1.3Ωになった。ポリシリコンの比抵抗は銅よりはるかに大きいが，不純物のドーピングである程度低くなる。このDRAMの場合は電流値が小さいのでこの数Ωでも動

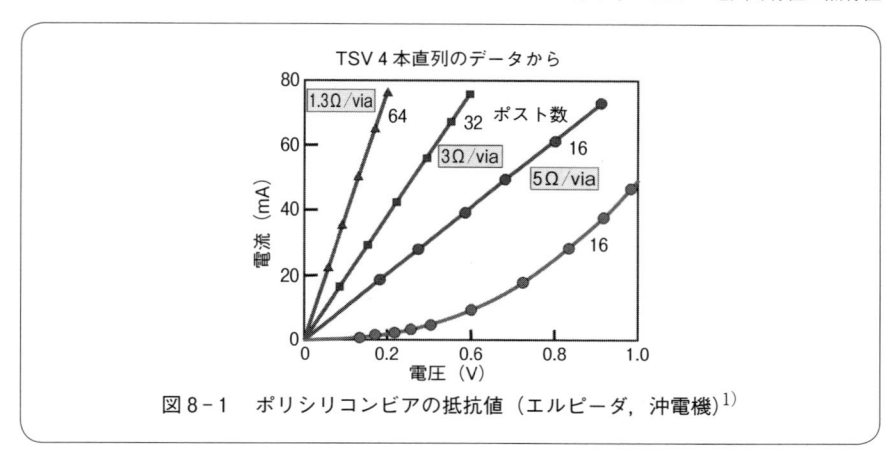

図8-1 ポリシリコンビアの抵抗値（エルピーダ，沖電機）[1]

作には差し支えないとされている。なお図中16ポストで高抵抗の曲線のデータがあるが，これはポリシリコンのエッチングの状態に影響を受けて半導体としての整流性があらわれたためであり，ポリシリコンビアの場合はバンプ形成前の処理に注意の必要があることを示している。ポリシリコンビアを積極的に採用しているのはエルピーダだけで，他にはIBMやSTマイクロがビアファースト構造の一部に，また東北大学がタングステンとの併用で使っているが，抵抗が高いことから採用できる構造は制限されるようで，結局メモリへの応用が中心になるかもしれない。

2 タングステンと銅のリングビア抵抗

　IBMはビアの抵抗を詳しく調べている[2]。第4章1節で述べているようにタングステンリングビアが中心ではあるが，他に銅の2種類の構造の抵抗値を測定している。まずタングステンの場合はビアの直径が50 μm，リングの幅が4 μmである。同じリングに銅めっきで充填したものと，ビアラスト構造でコアと呼んでいるコンフォーマルの銅の抵抗と3種類のVI特性を図8-2に示す。このビアの直径は28 μm，銅めっきの厚さは5〜8 μmである。コンフォーマ

図 8-2　タングステンと銅のリングビアの抵抗値（IBM）[2]

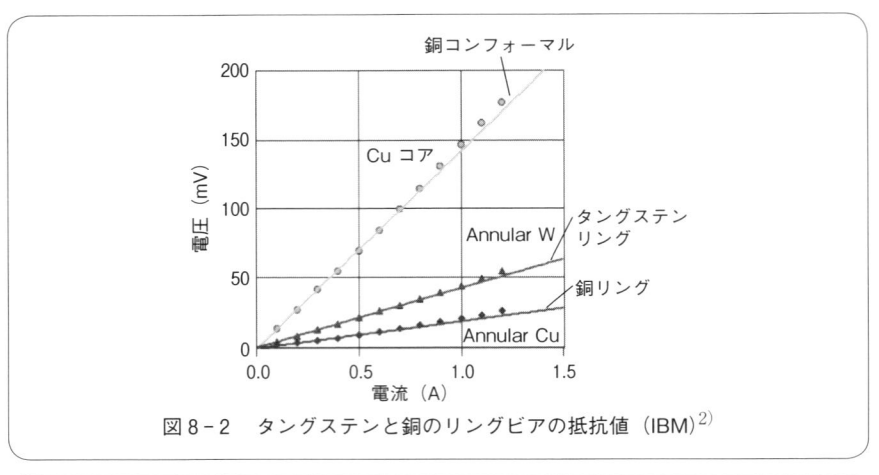

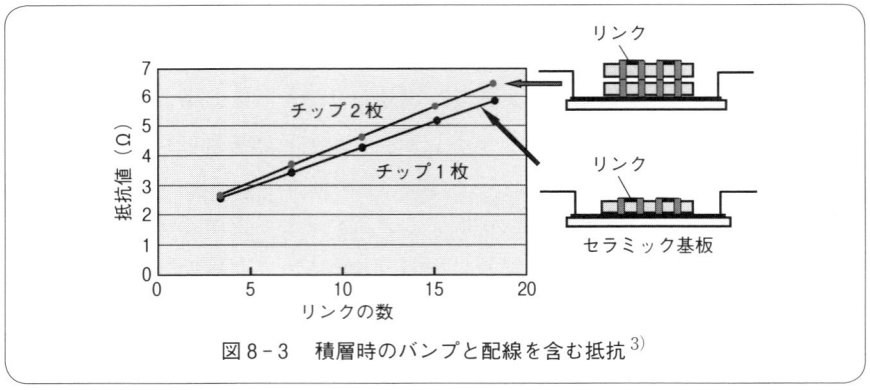

図 8-3　積層時のバンプと配線を含む抵抗[3]

ルの理由は 28 μm のビアを充填すると時間がかかり過ぎるためである。図を見るとコアの銅が 69 mΩ，リングタングステンが 16.3 mΩ，リング銅が 9.3 mΩ となる。タングステンは同じ構造の場合，銅の約 2 倍の抵抗を持つことがわかる。

さらにタングステンビア抵抗の測定用の TSV チップを作り，図 8-3 のように基板に 1 チップまたは 2 チップをボンディングして，表面でビア間をショートして直列抵抗を測定した[3]。横軸のリンクとは表面でのショート配線の数である。つまり 20 リンクとは 40 本の TSV と 40 個のバンプを含んでいる。この図から抵抗はリンク数に比例するが，TSV 本数が 2 倍になっても抵抗は 2

倍にはならない。すなわちリンク配線部の抵抗が大きいことを示している。この図からTSV1個とバンプ（Cu-Ni-In）1個の抵抗は25mΩと計算される。バンプの抵抗も無視できないことを示している。配線抵抗の大きさはセラミック基板の構造によるものと思われる。

3 スパッタリング膜の抵抗値

　ビアの伝導体として銅の充填が最も適しているのは明らかであるが，めっき時間に問題があるので，めっきによるコンフォーマル構造もビアラスト裏面ビアには多用される。さらにスパッタリングだけ（いい換えればシード層だけ）で伝導体になればコスト的にきわめて有利である。シンガポールIMEではパワー用インターポーザ（第4章19節参照）に銅スパッタのみのビアを発表した。酸化膜上にバリヤないしシードメタルとしてTi-Cu-Ni-Auをスパッタした。Auは銅の酸化防止膜と思われる。

　各層の厚さはTi 0.1μm，Cu 2μm，Ni 0.5μm，Au 0.1μmであり，特に銅は厚くするためウエハの両側からスパッタした。スパッタ膜の抵抗値はビアの深さ400μmでビア径を変えた場合，100μmでは6.75kΩと大きく，125μmで4kΩ，150μmで0.49Ω，200μmで0.41Ωとなっているので150μmが採用された。この構造は標準的なビアのサイズではなく，特殊用途ではあるが，スパッタ膜の可能性についての重要なデータである。銅スパッタの厚さは2μm程度とされている。ビアが深いためでもあるが，細いビアでは厚さが不充分になることが考えられる。またスパッタ膜の密度が緻密でなく，バルク金属に較べて比抵抗が大きいのではないかとも想像される。

4 酸化膜厚が高周波特性に影響

次にビアの高周波特性について調べてみる。半導体チップ内の信号の動作周波数は年々上昇し,配線間の高速信号伝達が要求されている。ビアにも同じ信号が流れるので高周波特性はますます重要になるだろう。ビアの伝導体は酸化膜を介してグランド電位にあるシリコンと接しているので,その間には静電容量が発生し,高周波信号をグランド電位に流す。またビア自身も抵抗を持っているので図8-4のように,静電容量とともに分布定数回路を形成し,信号伝達特性(または信号減衰特性)を示す。この特性はSパラメータ(散乱パラメータ)のうちのS21で表される。Sパラメータはネットワークアナライザで測定できるが,入力インピーダンスと出力インピーダンスを50Ωに合わせなければならず,そのための測定サンプルが必要になる。その一例を図8-5に示す[4]。これは信号線の横にコープレナーと呼ばれる2本のグランド配線を置いてインピーダンス整合をしている。

S21パラメータは信号の減衰度を示していて,入力信号に対して出力信号が-1dB程度になる周波数までは使用可能とされている。図8-6は酸化膜の厚

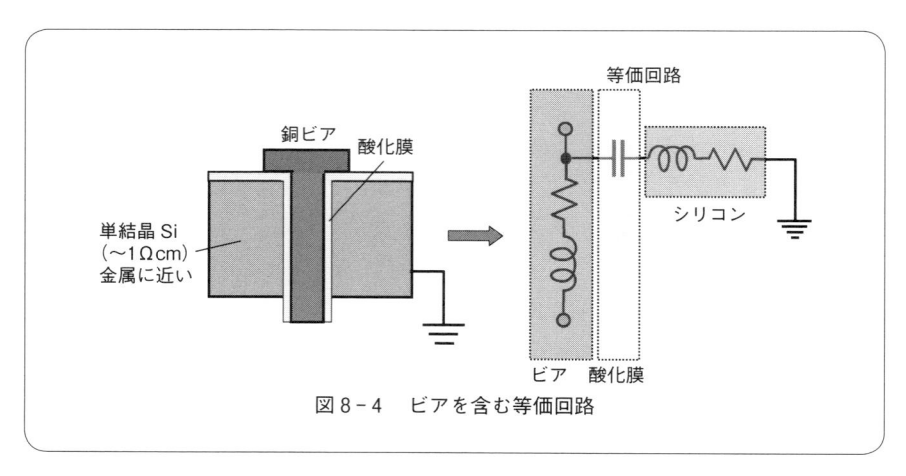

図8-4 ビアを含む等価回路

さを変化させた場合のS21の変化[4]で，厚さ1.2μmの時は数GHzまで使えるが，厚さ0.2μmになると100kHz程度になってしまう。このときシリコンの比抵抗は10Ωcmである。また別の実験でシリコンの比抵抗が4kΩcmと大きいとシリコン結晶内の空間電荷層がひろがり容量は小さくなるので，図8-7のようにS21は数GHzまで落ちないが，1.5Ωcmでは容量は大きくなり信号が減衰してしまう。この時酸化膜厚は800nm，4kΩcmのS21のデータはシミュレーションである[5]。

さらにシリコンの比抵抗が10kΩ以上になると，ビアとグランド間の直列抵抗が大きくなり容量は影響しなくなるので，酸化膜はあってもなくてもS21

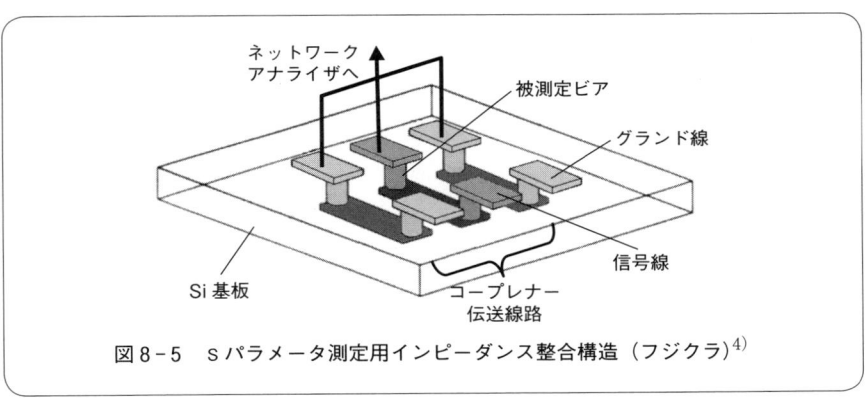

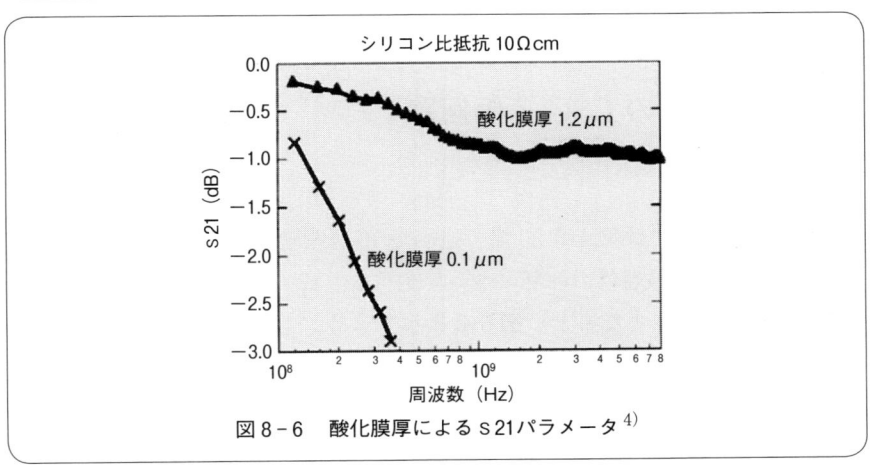

図8-5 Sパラメータ測定用インピーダンス整合構造（フジクラ）[4]

図8-6 酸化膜厚によるS21パラメータ[4]

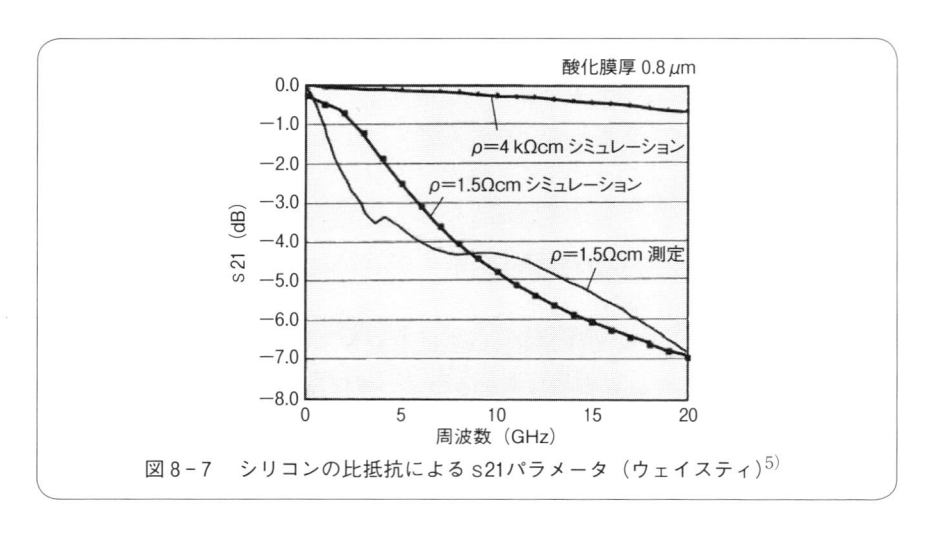

図 8-7　シリコンの比抵抗による s21 パラメータ（ウェイスティ）[5]

は変わらなくなってしまう。ただしこの場合シリコンウエハはインターポーザとして使うので回路はなく，シリコンの比抵抗は自由に選べる。回路のあるアクティブ TSV の場合は使用するシリコンは，ウエハプロセスから決められるので自由には選べない。一般には 1 Ωcm 以下に低くなるので高周波特性をよくするには酸化膜を厚くすることが必要である。第 4 章 4 節で説明したインテルのテーパービアは酸化膜を厚くつけるために考えられたのであろう。インテルの CPU は高速の動作が必要なためである。

5　TSV の GSG 等価回路

　韓国の KAIST では第 4 章 20 節で述べた 10 層積層の構造を発表しているが，ここではその高周波特性の評価について述べる。ビアサイズ，構造については第 4 章 20 節を参照すること。図 8-8 に示すように 3 本の TSV をグランド 2 本と信号線 1 本の伝送線路（GSG）として等価回路を想定した。中央のビアがシグナルビアである。図中 L_{via} はビアのインダクタンス，R_{via} はビアの抵抗，C_{viaox} はビア周辺の酸化膜の容量，C_{ox} はシリコン表面の酸化膜とビア周辺領域

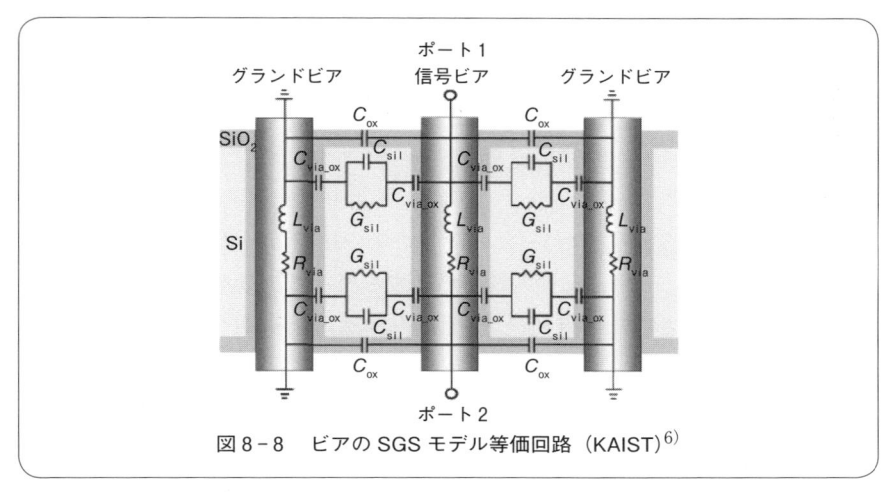

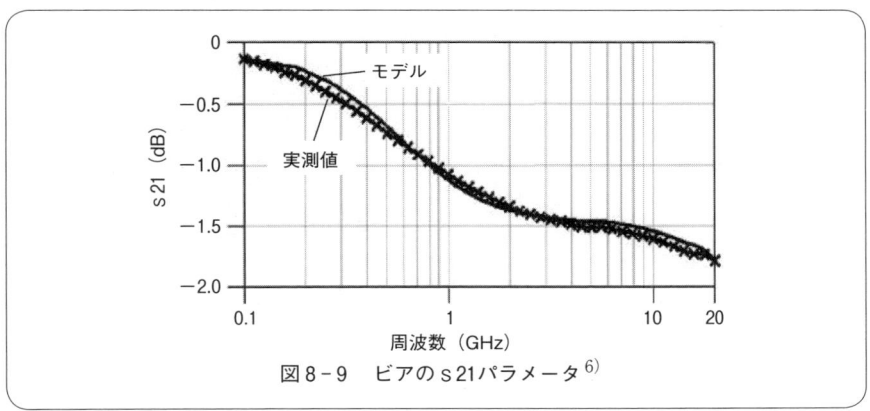

図 8-8　ビアの SGS モデル等価回路（KAIST）[6]

図 8-9　ビアの s 21 パラメータ[6]

間の容量，C_{sil} はシリコンサブストレートにの容量，G_{sil} は信号ビアとグランドビア間の損失を示す．C_{oxvia} は 910fF，G_{sil} は 1.69mΩ，C_{sil} は 9fF，C_{ox} は 3fF，L_{via0} は 35 pH，R_{via0} は表皮効果を考えて周波数 0.1 GHz で 12 mΩ とし，S パラメータ伝達係数 s 21 の実測値とモデルによる計算値を示すと図 8-9 のように 20 GHz までよく一致する．この他 TDR 測定，アイパターン測定もよい一致を見た．

6 同軸構造ビアの高周波特性

　上述したように TSV を埋め込んだシリコンの比抵抗が低いときはビア周辺の静電容量が大きくなり，伝達特性が悪化するがビアの周囲を導体で囲み，その中に誘電体をはさむと同軸ケーブルと同じ構造になって，高周波特性が大きく改善されることは想像できる。シンガポールの IME では同軸 TSV を提案した[7]。図 8-10 のようにビアを同軸構造にする。この製作法はかなり複雑になるが，ビアを RIE であけ中に誘電体を埋め，その中に再び細いビアをあけ

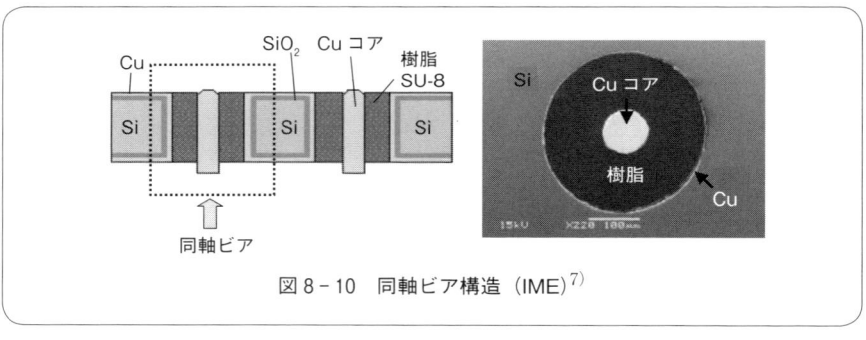

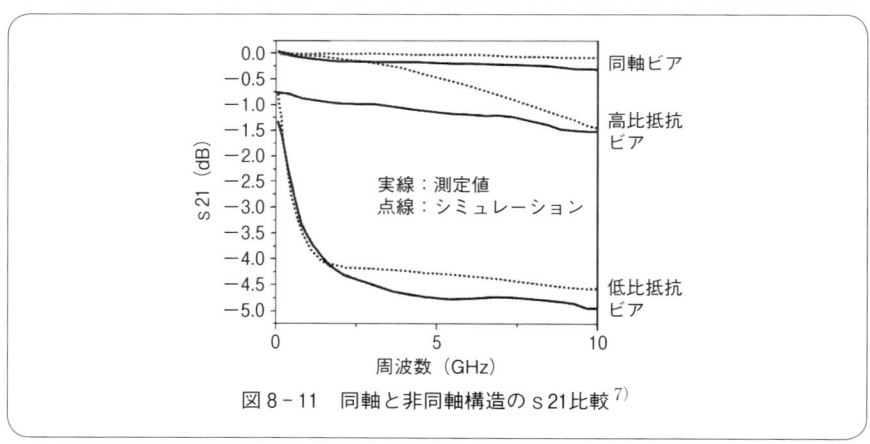

図 8-10　同軸ビア構造（IME）[7]

図 8-11　同軸と非同軸構造の s21 比較[7]

第 8 章　TSV の電気的特性と熱特性

銅めっきで充填する。

　図 8-11 に S21 周波数特性を低比抵抗シリコンのビア，高比抵抗シリコンビア，同軸ビアについて比較する。低比抵抗ビアは減衰が大きい。同軸ビアは 10 GHz までほとんど減衰がない。同軸ビアと SGS ビア（信号線の両側にグランド線を配置したインピーダンス整合ライン）の電界強度分布を比較すると，同軸ビアからは当然であるが電界が漏れていないことがわかった。この同軸構造ビアの特性は優れているが，断面積が大きくなること，加工コストが高くなることが問題と思われる。特に超高周波特性の必要な用途には適しているであろう。

7　TSV ウエハ内のストレス

　次に TSV が作りこまれたウエハ，チップに発生する内部応力（ストレス）について考えよう。普通 50 〜 100 μm に薄く研磨された，回路の作られているシリコンウエハは回路面を内側に湾曲する。これは回路の配線層を構成している酸化シリコンの熱膨張係数（8 〜 12 ppm/℃）が，シリコンの熱膨張係数（3.5 ppm/℃）より大きいことに起因する。つまり高温で平坦状態で作成された酸化膜が室温でより収縮するためである。この湾曲したがっているシリコンチップを平面にしてボンディングするので，シリコンチップ中には常に表面が縮まろうとする内部応力がある。

　このシリコンウエハ中に銅が充填されている TSV が作られるとどうなるだろうか。銅は 18 ppm/℃ の熱膨張係数を持っていて，銅めっきは通常室温で行われるので室温では周囲のシリコンと平衡状態になっているが，温度が上昇すると銅がより膨張し，ビアを押し広げるような応力が発生するだろう。酸化膜の作用と相乗すると，ウエハをさらに上方に湾曲させるだろう。ビア単体をとってもビアを押し広げてシリコンにクラックが入るかもしれない。これらの現象については有限要素法によるソフトウェアを使った解析がいくつか行われている。

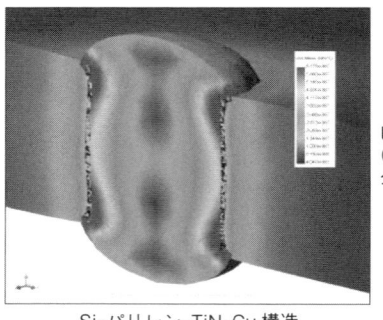

ビアに 10 mA
(500 nW)
ダイ温度 50 ℃

Si-パリレン-TiN-Cu 構造

図 8-12　ビアの熱による変形（ボイジャー大学）[9]

　米国のボイジャー大学の解析から熱による変形とひずみの状態を**図8-12**に示す[9]。条件として各物質のCTE（ppm/℃）はシリコン3.0，銅は17.0，TiNは9.4，パリレンは35.0とした。シリコンチップは300 × 300 mm，厚さ75 μm，ビアの直径は50 μmで，ビアは1 μmのパリレンでコートし，バリヤとして600 nmをつけCuシードの後めっきで充填し表面をCMPで平坦化した。銅めっきでビアが作られた時の温度が室温とすると，室温ではストレスは存在しないはずであるが，チップの温度が全体に上がったときは銅が膨張するのでひずみが入る。またビアに電流が流れてジュール熱が発生してもひずみが発生する。そこで計算する条件としては，チップ全体が50℃のときで，ビアに10 mAが流れて500 nWの発熱があったときとする。図を見るとビアの中央が膨らんでいる。これは銅が膨張して上下に延び，17 nm長くなったことを示す。スケールは拡大してある。ストレスはビアとシリコンの角部で大きくなっている。この解析ではTSVが破壊する限度を計算するのは難しいようである。

　シンガポールのIMEではシリコンインターポーザのTSVの熱ストレスについて解析した[10]。モデルとしてシリコンにビアあけ後1 μmの酸化膜で被覆し，バリヤとして1,000 ÅのTaの上にCuめっきで充填する。解析のための仮定としては銅のCTEは2.8 ppm/℃，銅は18 ppm，酸化膜は0.6 ppmとした。Taは薄いのでひずみへの影響は無視する。温度は125℃と−40℃に設定し，ビア径は25 μm，50 μm，75 μmとし，アスペクト比は変化させた。**図8-13**は

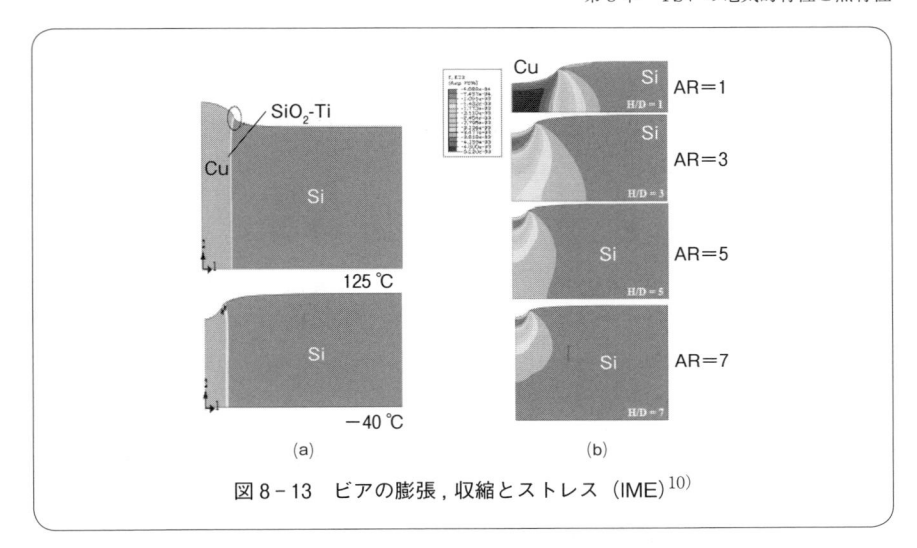

第 8 章　TSV の電気的特性と熱特性

図 8-13　ビアの膨張，収縮とストレス（IME）[10]

ビア付近の形状変化を示す。この図では変化率は 100 倍で表示している。

図(a)の 125 ℃ではビアの銅が膨張しているが，(b)は −40 ℃で逆に銅が収縮しているのがわかる。銅の膨張はシリコンが銅や酸化膜に較べて硬いためにシリコンにはあまり伝達されず，変形は接合部付近に集中する。構造内部のストレスは図(b)に示すように低温の場合銅に集中するが，図ではアスペクト比 1，3，5，7 の場合を示している。アスペクト比の大きいほどビアエッジのストレスが小さいことを示している。ビアが充填されていなくて非充填（コンフォーマル）の場合，銅の厚さが薄いので銅のストレスは 1/1.8 〜 1/4.4 に，酸化膜のストレスは 1/1.8 〜 1/2.4 に減少する。

台湾の ITRI ではクランプ TSV（第 4 章 18 節参照）と称して，ビアの上下両端に平面のパッドがついている構造を提案しているが，熱ストレスから見るとこの構造は上下で均等にストレスを分散しているようである[11]。ストレス解析によると図 8-14 のようにクランプ構造でない，上面だけにバンプがある通常形 TSV と比較してストレスが少なく，125 ℃の場合，最大ストレスが通常ビアの 367 MPa に対して 290 MPa と小さくなっている。また低温の −40 ℃でも 221 MPa が 206 MPa と減少している。クランプ TSV はビアの上下を枠で押さえていてバランスが取れている状態と考えられる。この他にもビアの形

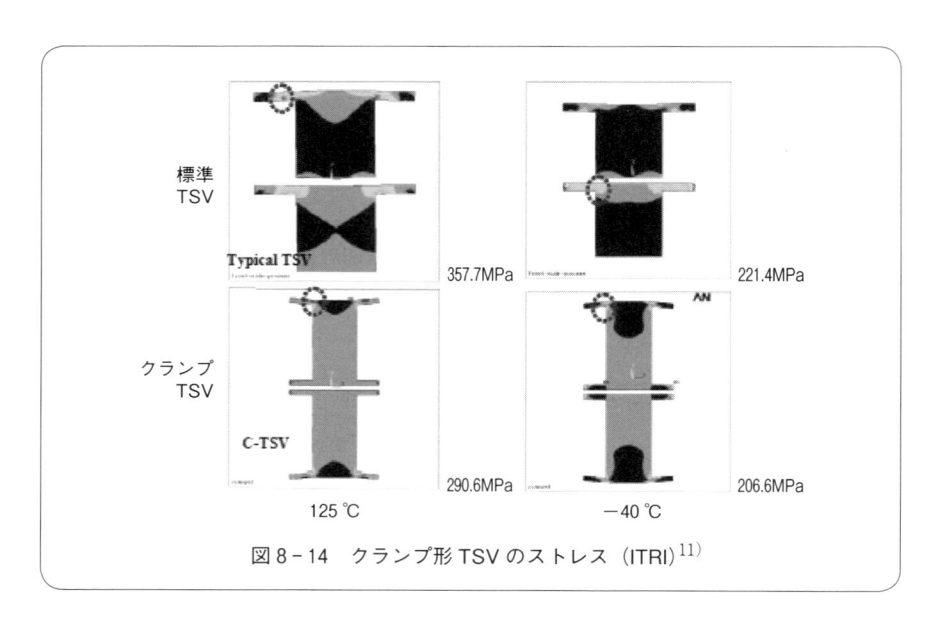

図 8-14　クランプ形 TSV のストレス（ITRI）[11]

状を変えたときのストレスの変化についていくつかの報告がある。この解析方法はさらにビアと再配線との接続部分やバンプの熱変形などの解析に応用される。TSV デバイスの構造設計には今後重要な検討手法になるだろう。

8 積層構造の熱の発生と放散

　半導体チップは動作のために電力を消費するが，その電力損失で必ず熱を発生する。高速のデジタル回路もスイッチングロスを発生する。高密度に集積された高速動作の CPU は大型の放熱器や送風扇をつけないと破壊してしまう。小電力の半導体チップはパッケージ表面から外部に，またバンプを通して基板に放熱して動作温度を保っている。ロジック LSI の多くはヒートスプレッダと呼ぶ熱放散用の金属板をパッケージ上部に付けることが多い。またフリップチップや CSP パッケージでは樹脂のアンダーフィルをチップ裏面に充填し，これも熱放散に役立っている。

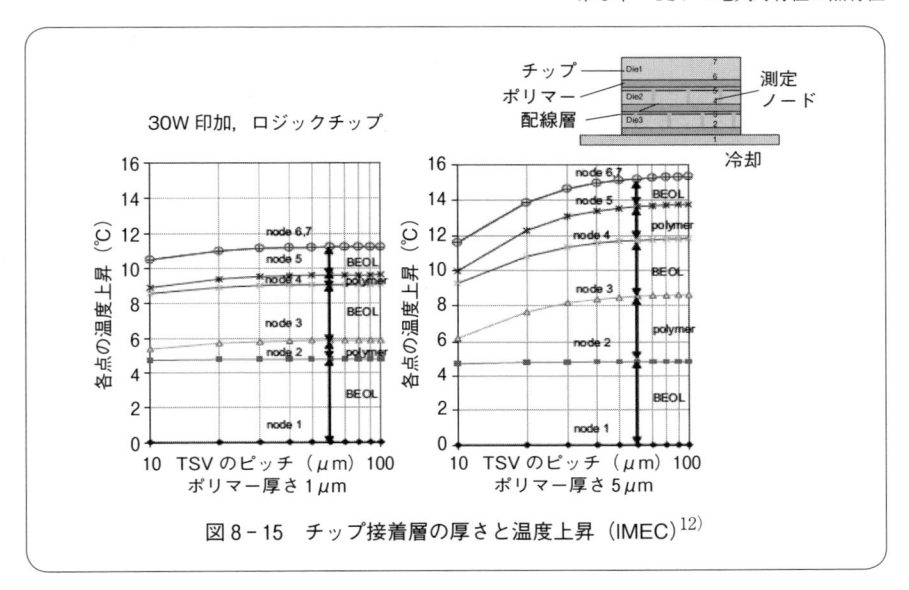

図8-15 チップ接着層の厚さと温度上昇（IMEC）[12]

　ではTSV付きのチップを積層した場合どうなるのか。まずチップ1枚当たりの発熱量は多少減少する。それはチップ間の配線長が3次元実装によって必ず短くなり，特に高周波の場合など電力消費を低減させる。一例では積層メモリチップの消費電力は1枚のチップごとの合計に較べて30％低下するというデータもある。しかし逆の効果としてチップ間にはほとんど接着用樹脂を充填する。この樹脂は熱抵抗が大きくチップ間の熱の伝達を妨げ，結果として積層チップ全体の熱抵抗を増加させる。3枚のチップを積層した場合，TSVのピッチと温度上昇の関係を，接着樹脂の厚さを1μmと5μmに変えて各チップでの温度上昇を測定したものを図8-15に示す[12]。

　この図はTSVのピッチが大きいほど（離れているほど）熱抵抗が大きいことを示している。TSVの銅ビアは電気だけでなく熱も通過させるので放熱に役立つということを意味している。このようにTSV積層は熱的にはプラスとマイナスがあるが，トータルとしては発熱は増加する方向なので，熱放散に関する検討は重要であると考えられ，対策もいくつか発表されている。

　次に実際にメモリチップを積層したNECエレクトロニクス[19]（チップはエルピーダ）の熱抵抗と温度上昇を見てみよう。メモリチップはそれ自体は電力

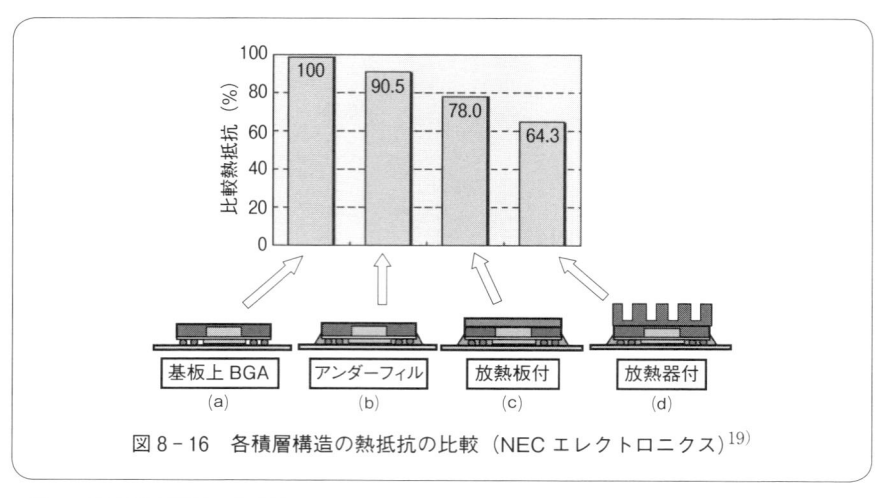

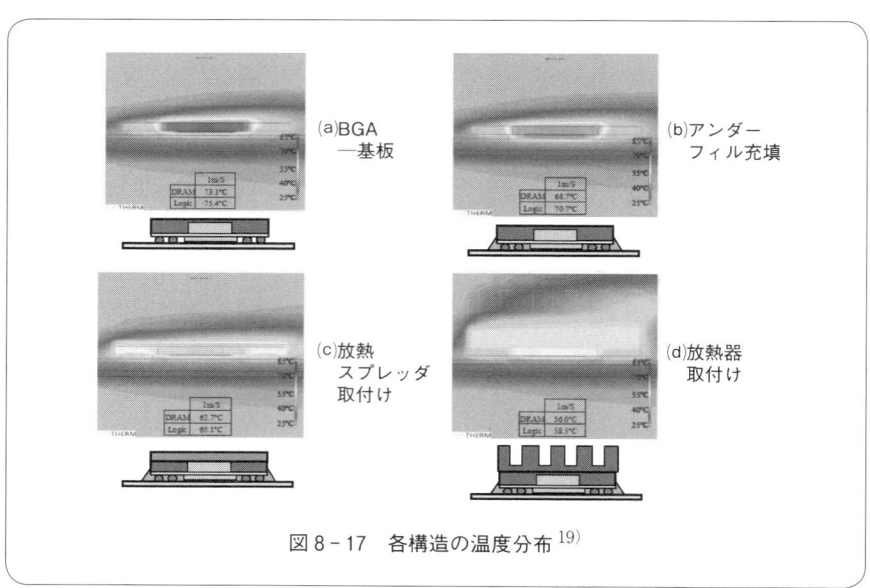

図8-16 各積層構造の熱抵抗の比較（NEC エレクトロニクス）[19]

図8-17 各構造の温度分布[19]

をあまり消費しないが，入出力のロジック LSI が電力を消費する．ここではメモリ/ロジックの電力比を 1/9 とした．図 8-16 は 8 枚積層でパッケージまで行った BGA を(a)基板にボンディング，(b)アンダーフィル注入，(c)パッケージ上部に放熱板（heat spreader，パッケージの一部）をつけたもの，(d)パッケ

ージ上に放熱器を取り付けた場合の比較熱抵抗を示す。測定は風速1m/sで行った。ここで100%は23℃/Wの熱抵抗である。実際の温度をサーモグラフで観測すると，図8-17のような温度分布がわかる。メモリチップは85℃を超えると動作不良を起こす可能性があり，図中チップがやや黒く見えるところは85℃を超えているので，放熱板または放熱器が必要なことを示している。

9 インテルのサーマル TSV 提案

インテルのCPUの熱的問題点は第4章4節ですでに述べたが，インテルはやはり熱問題に留意しているようである。正式発表ではないが情報としてチップ積層構造への熱伝導ビアを予定しているらしい[13]。情報によれば，図8-18のような構造が予想されている。TSVを持つチップを積層するのは当然であるが，その他に太い約100μmのビアを貫通して作成し，発熱を上下に分散させる。おそらくビアには銅を充填する。デバイス上部には放熱板を付ける。熱伝導用のビアをTTSV（Thermal TSV）と呼んでいる。TTSVは長く太いのでめっきで作成するとすれば，長時間が必要になるだろう。またチップの面積をかなり占有することになり，設計も容易ではなさそうに思える。今後の展開を注視したい。

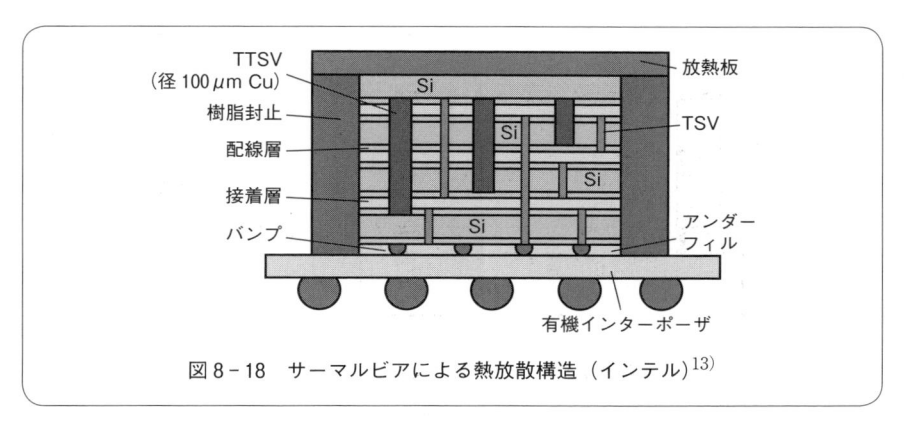

図8-18 サーマルビアによる熱放散構造（インテル）[13]

10 IBM-GIT のチップ内液体冷却構造

　発熱の大きいチップの冷却については放熱器の使用だけでなく，より効率的な方法が考えられてきた。IBM では 2005 年ごろより液体による冷却が検討され，液体の流れる溝をつけた放熱板を直接チップに接着し液体を流すことが試みられ，この構造は 300 W/cm² までの電力消費デバイスに使用可能とされた。その後この方法をさらに 3 次元構造にまで応用することが試みられている。図 8-19 にジョージア工科大学（GIT）とともに 2008 年に発表された液体冷却構造を示すが，この構造は特に発熱の大きい CPU に対して開発された[14]。液体を流すパイプをチップに貫通して作り，TSFV（Through Silicon Fluidic Via）と呼んでいる。それとともに，シリコンチップ裏面にもチャネル（溝）を掘り冷却液を流す。

　この研究は GIT と IBM の共同研究であるが，GIT の 2006 ～ 2007 年の研究に端を発していると思われる。この研究によるチップ間のパイプとチャネルの製作法原理を図 8-20 に示す[15]。まずチップにビアラスト，裏面ビアプロセスで銅の充填 TSV を作った後，裏面のフォトエッチングと RIE でチップ表面まで液体用のビア（径 50 μm）をあけ，さらにフォトエッチングと RIE で幅

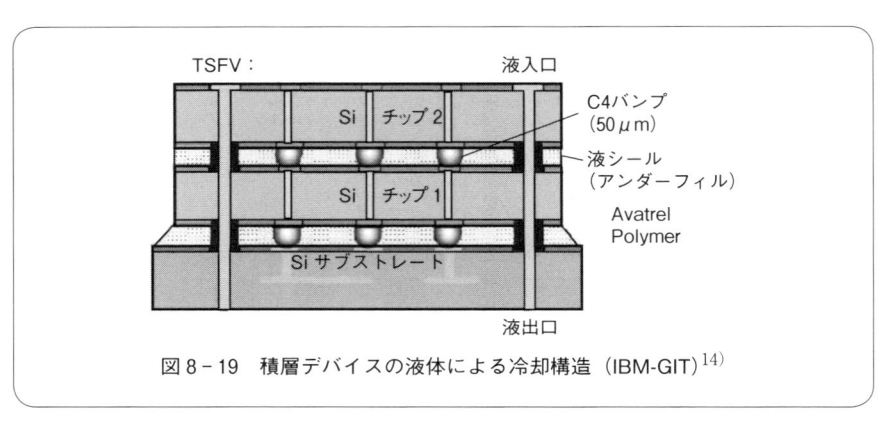

図 8-19　積層デバイスの液体による冷却構造（IBM-GIT）[14]

第 8 章　TSV の電気的特性と熱特性

100 μm，深さ 200 μm のチャネルを作り，このビアとチャネルにスピンコートで犠牲用ポリマー（200 ℃で分解しガス化する，Promerus 社製）を充填する。次に表面を機械的に研磨して平滑にして，高温ポリマー（Avatrel, Promerus 社）を 15 μm の厚さにスピンコートする。（これらのポリマーは MEMS デバイスの加工に用いられる）。チップを加熱して高温ポリマーを硬化すると，その温度で犠牲用ポリマーだけ蒸気化してなくなり後にビアとチャネルが残る。この状態を図 8-21 に示す。

液体用ビアの上部には図 8-22(a)の径 100 μm のソケットと，ビア下部には

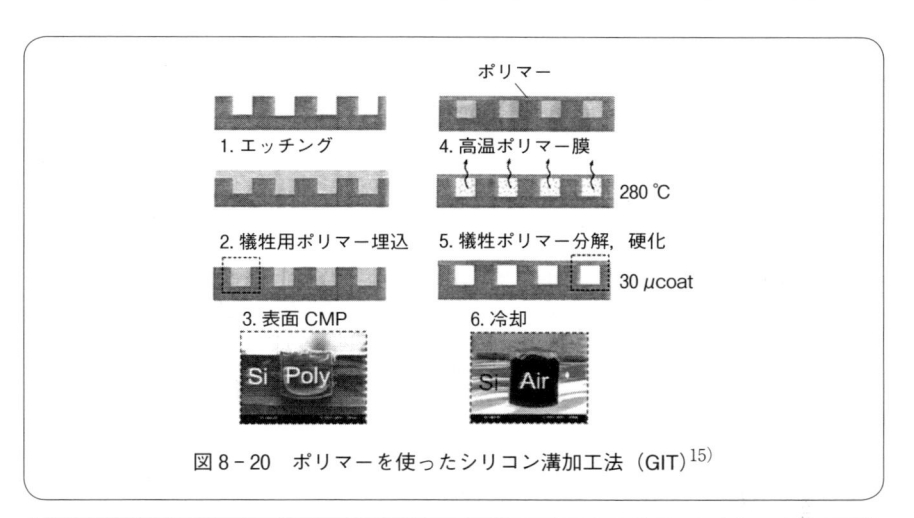

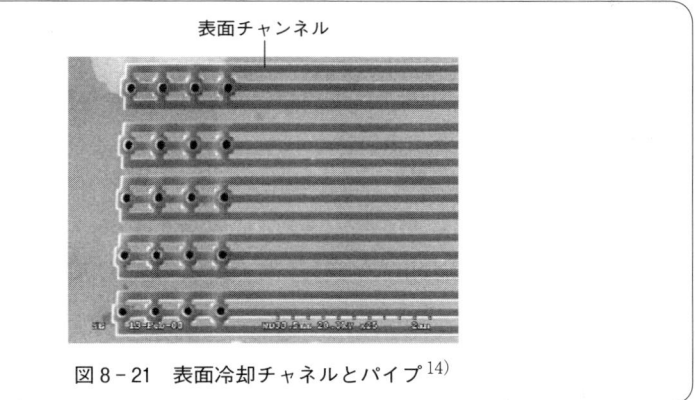

図 8-20　ポリマーを使ったシリコン溝加工法（GIT）[15]

図 8-21　表面冷却チャネルとパイプ[14]

225

図8-22 液体接続用ソケットとプラグ[14]

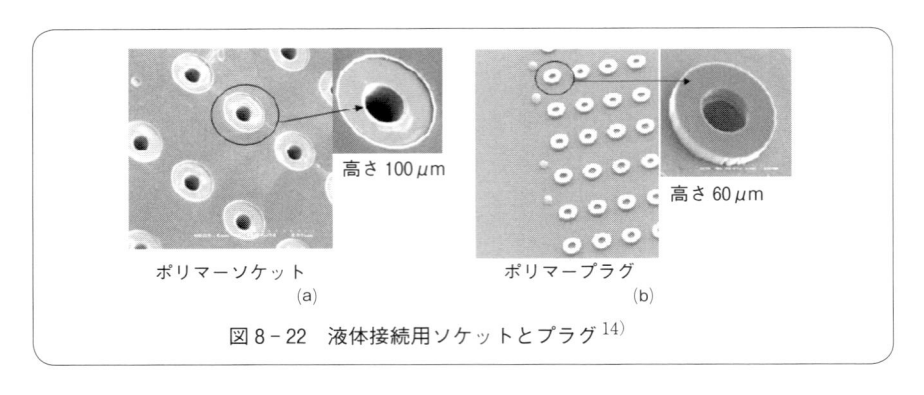

図(b)の高さ60μmのプラグをポリマーのコートとフォトエッチングで作り，チップ積層後200g，235℃で加熱，加圧してポリマーを硬化させる。図のようにチップに80個のソケットとプラグが作られる。C4バンプによってチップ積層後アンダーフィルでチップ間を埋め，液のシールを兼ねる。液体用ビアとチャネルを接続して冷却液を循環させる。チップの一部に白金ヒータを薄膜で作り，液の加熱用と温度センサ用として使う。この構造の製作は実際にはウエハレベルで行うことになる。動作実験は液入口，出口にプラスチックパイプを接続して行ったが実製品の構造はまだ未確定である。

11 デバイス冷却用シリコンインターポーザ

シリコンインターポーザの特徴については第5章で取り上げたが，冷却用としてもシリコンが低い熱抵抗を持っているので有用と思われる。シンガポールの国立研究所，IMEがたとえば軍事用などの$100W/cm^2$以上の電力消費を持つパワーデバイスの冷却用に設計したシリコンインターポーザを発表した[16]。インターポーザ中に電流用のTSVと液体チャネルを持つ構造で，シリコンキャリアと呼んでいる。図8-23はこのキャリアを使ったデバイスの一例で，冷却液をポンプで熱交換器を通して循環させ，アクティブチップはフリップチップなどの方法でキャリアにボンディングし，キャリアを複数個チャネルをシー

図 8-23 パワーデバイス用冷却インターポーザ (IME)[16]

図 8-24 インターポーザの冷却構造[16]

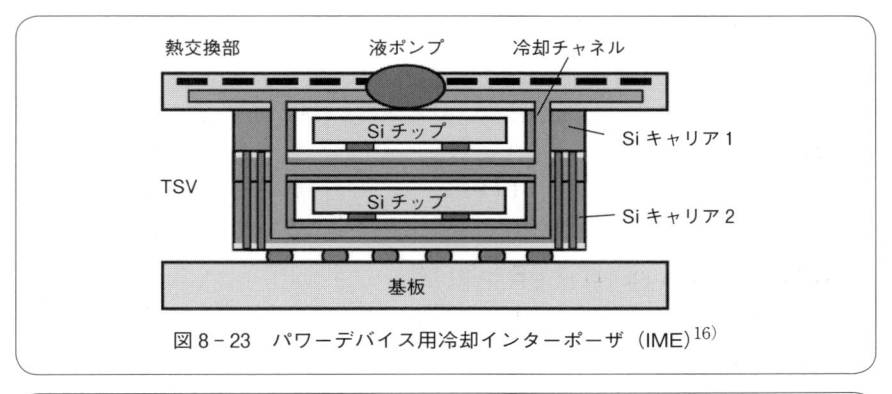

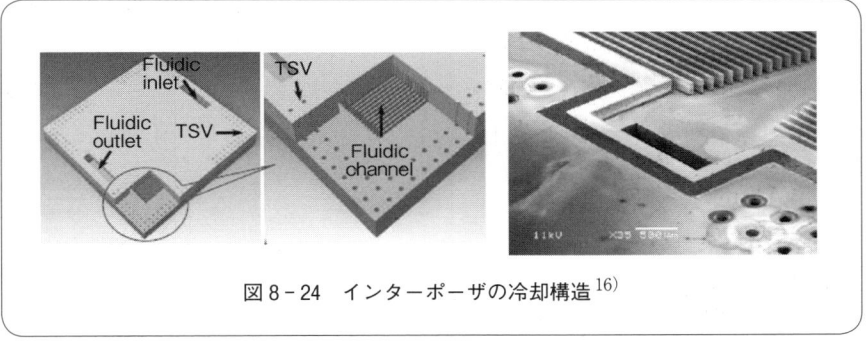

ルしながら接続して積層したものを，デバイスバンプを介して基板に搭載することを想定している．

　キャリアの構造を図 8-24 に示すが，2 枚のシリコンチップを貼り合わせた形で，電流用の TSV は直径 150 μm で深さは 400 μm でチップ周辺にピッチ 0.5 mm で 144 個を配置してある．また図のように液体の入口，出口をチップの両サイドに作り，キャリア内の深さ 300 μm，幅 350 μm の液チャネルを通過する．チャネルは図のように多数の溝からできている．以下キャリアの製作について説明すると，ウエハレベルで作るので，8 インチウエハの両面に 3 μm の酸化膜を PECVD で作り，酸化膜とフォトレジストを併用して 2 回のイオンエッチングを行う．最初に 100 μm の TSV のビアをあけ，次に液チャネル部分と一緒にプラス 300 μm をエッチングしてから，ウエハを 400 μm 厚まで裏面研磨すると，TSV ビアはウエハを貫通する．

ウエハの両面に 1 μm の酸化膜をつけ，TSV ビア内とビア周辺にスパッタリングで UBM（バリヤメタル）と導電膜を付ける。Cu スパッタはめっきより抵抗は高いが，コストははるかに安いのでめっきは行わず，この膜だけで導電性を持たせる。ビアが細くて深いときは膜が薄くなり抵抗が高くなる。ビアの抵抗については本章 3 節で取り上げたが，150 μm 径 × 400 μm の場合は 0.5 Ω の抵抗となり設計を満足する。各金属のエッチング液は，Au はヨウ素系，Ni は AC100，Cu は A95，Ti は HF を用いた。

　冷却液の出入口はレーザドリルで開口した。ウエハ同士をボンディングする接合材の Au-Sn は Au（0.2 μm）と Sn（0.24 μm）をそれぞれ 8 層蒸着し，ドライフィルムを使ってリフトオフ法でパターニングした。このウエハ 2 枚を上下を逆向きにして Au-Sn を溶接してボンディングするが，温度 350 ℃，圧力 4.7 Mpa で 15 分加熱した。この時 TSV バンプも接続される。ボンディング後ウエハをダイシングして 15.1 × 15.1 mm，厚さ 0.8 mm のキャリアチップに分割する。

12　新光電気のインターポーザレスパッケージ

　新光電気は各種の半導体パッケージを開発しているが，熱に関連する独特なインターポーザをふたつ発表した[17]。ひとつは冷却チャネルを持つもので，

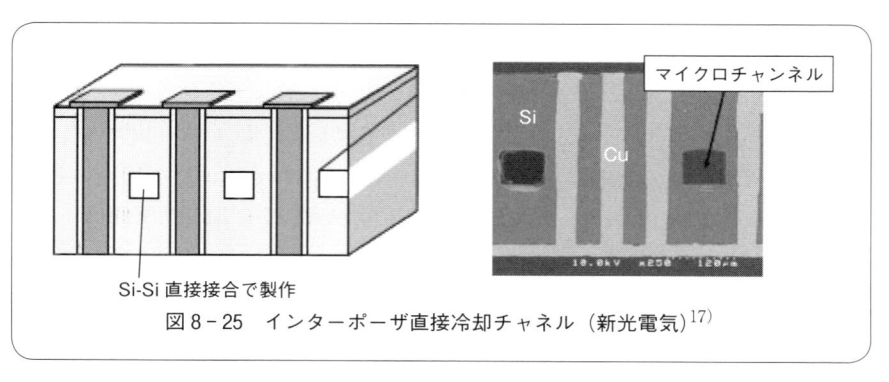

図 8-25　インターポーザ直接冷却チャネル（新光電気）[17]

第 8 章　TSV の電気的特性と熱特性

図 8-26　インターポーザ空洞構造[17]

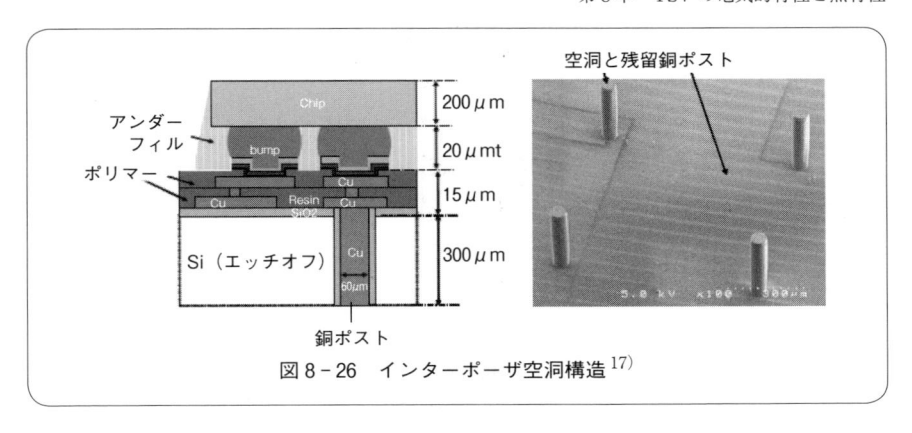

図 8-25 のように縦の TSV の間に横方向に走る冷却チャネルを作成した。銅めっきを充填した TSV は $40\,\mu m$ 角で深さ $300\,\mu m$（インターポーザのため，積層用の厚さではない），TSV のピッチは $150\,\mu m$ である。図のように液冷用のマイクロチャネルは $80\,\mu m$ 角でシリコン同士の直接接合で作成した。すなわち 2 枚のウエハの溝を切り込み接合させてチャネルとした。外部にパイプとポンプを接続して水冷の実験を行った。

もうひとつの TSV 構造は図 8-26 のようにシリコンインターポーザに TSV を作成し，有機ビルドアップ配線層の上にチップをボンディングしアンダーフィル注入の後，インターポーザのシリコンをイオンエッチングで除去したものである。デバイス裏側に図のように $60\,\mu m$ 径で，長さ $300\,\mu m$ の酸化膜で囲まれた銅のポストが残り空洞構造となる。このポスト先端をバンプとして使用するか，別の積層構造に使用することができる。有機基板はチップも固定されていて機械的にも強固である。この構造は熱的なひずみを低減できることと，別の冷却法を採用できる可能性を持っている。

13　チップ回転によるホットスポット回避

　チップを積層したときの発熱状態を検討する場合，各々のチップはチップ面

内で均一な温度になっているのだろうか．答えはノーでチップのパターン設計によってチップの一部が他の部分より温度が上昇するのは常に起こっている．この熱い場所をホットスポットという．ロジックチップでトランジスタが激しくスイッチングを繰り返す部分で，またアナログチップでもパワートランジスタが置いてある部分で温度が上昇する．メモリチップたとえばDRAMでもホットスポットがあるといわれるが，積層チップのホットスポットが重なると温度上昇はより大きな問題にある．インテル（インド）ではメモリチップを積層した時のホットスポットの扱いについて検討した[18]．

仮定としてチップの大きさは図8-27(a)のように1cm角の正方形，厚さ$100\mu m$で，さらに厚さ$15\mu m$の接着剤で6チップを積層することを想定する．チップは1mm角の100個のエレメントに分割して考え，図のように角の1エレメントだけがホットスポットで0.2Wの電力を消費し，他の99エレメントはそれぞれ0.0005Wを消費し，チップ全体では0.25Wの電力消費とする．チップは正方形なので90度回転しても重ねられる．ホットスポットを重ねると温度は上昇するので，2枚目のチップは回転してから重ねる．90度回転ごとに(a)のように1，2，3，4と番号をつける．

もしチップを回転せずに1，1，1，1，1，1とホットスポットを6枚重ねる（ケース1）と，当然チップ最上部は熱くなり，計算上図(b)に示すように127℃になる．次に安全をとって各チップを回転しながら1，3，4，3，1，2と重

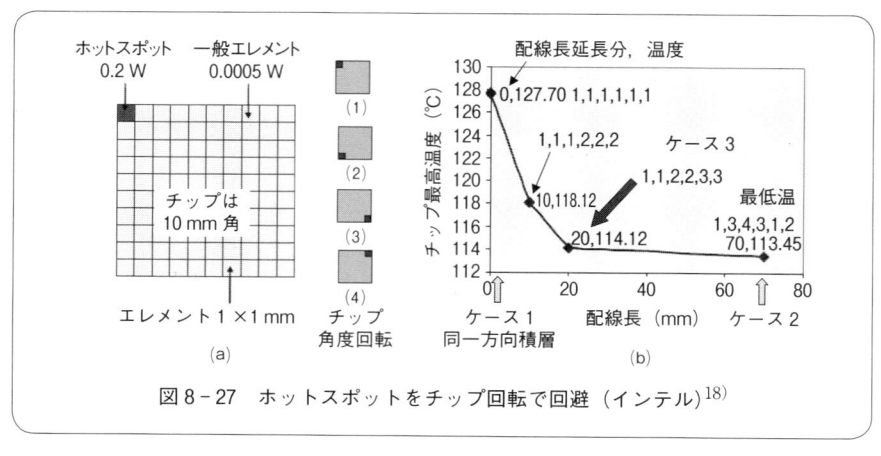

図8-27 ホットスポットをチップ回転で回避（インテル）[18]

ねる(ケース2)と,温度は113℃に下がる。この時チップ上の配線は変更せねばならず,チップの配線は4種類を作る必要があり,配線が長くなるので動作速度は劣化する。配線長の長さ(増加分)はケース2では計70 mmにもなる。つまり温度と配線長は図(b)のように関係する。温度を押さえて配線長を短くするにはケース3のように1, 1, 2, 2, 3, 3配置で温度は112℃,配線長は20 mmという最適値が存在する。チップは3種類の配線パターンでよいことになる。この計算はパレート図と呼ぶ品質管理工学から数学的に行える。将来のDRAMメモリの積層はこのような問題も考慮しなければならないのだろう。

■第8章参考文献

1) 三橋敏郎,沖電気工業,"貫通電極を用いたチップ積層DRAM技術の開発",長野実装フォーラム2007,第2回,p.27.
2) P.S.Andry, IBM Watson Research Center, "A CMOS-compatible Process for Fabricating Through-vias in Silicon", ECTC 2006, p.831.
3) K.Sakuma, IBM, "3D Chip Stacking Technology with Low Volume Lead Free Interconnections", ECTC 2007, p.627
4) 松丸幸平,フジクラ,"貫通電極基板の伝送特性",MES 2005. p.193.
5) 福岡義孝,ウエイステイ,"Si-Interposer 高周波パッケージ",長野実装フォーラム2006, p.61.
6) Dong Min Jang, KAIST, "Development and Evaluation of 3D SiP with Vertically Interconnected Through Silicon Vias (TSV)", ECTC 2007, 847.
7) Vaidyanathan Kripesh, IME, "Silicon Substrate Technology for SiP Modules", EMC3D 2007.
8) Soon Wee Ho, IME, "High RF Performance TSV Silicon Carrier for High Frequency Aplication", ECTC 2008, p.1946.
9) Peter A. Miranda, Boise University, "Thermo-Mechanical Characterization of Copper through-Wafer Interconnects", ECTC 2006, p.844.
10) Cheryl S.Selvanayagam, IME ASTAR, "Nonlinear Thermal Stress/Strain Analyses of Copper Filled TSV and their Flip-Chip Microbumps", ECTC 2008, p.1073.
11) Li-Cheng Shen, ITRI, "A Clamped Through Silicon Via (TSV) Interconnection for

Stacked Chip Bonding Using Metal Cap on Pad and Metal Column Forming in Via", ECTC 2008, p.544.
12) B.Swanson, IMEC, "Introduction to IMEC's research program on 3D-technology", "3D-Design/3D-WLP/3D-SIC" 2007, p.101.
13) A.Braun, IT Media News, semiconductor net, 3D TSV need Standard and Thermal Solutions to Advance, 2008.11.19.
14) Calvin R.King, Jr., IBM Watson Research Center, "3D Stacking of Chips with Electrical and Microfludic I/O Interconnections", ECTC 2008, p.1. June 2008.
15) Muhannand S.Bakir, Georgia Institute of Technology, "Fully Compatible Low Cost Electrical, Optical, and Fluidic I/O Interconnect Networks for Ultimate Performance 3D Gigascales Systems", 3DSIC 2008, p.13-1, 2008.
16) Aibin Yu, IME, ASTAR, "Fabrication of Silicon Carriers with TSV Electrical Interconnections and Embedded Thermal Solutions for High Power 3-D Package", ECTC 2008, p.24.
17) Masahiro Sunohara, Shinko Electric, "Silicon Interposer with TSVs (through Silicon Via) and Fine Multilayer Wiring", ECTC 2008, p.847.
18) Anand Deshpande, Intel Technology India, "Pareto-Optimal Die Orientations for 3-D Stacking of Identical Dies", EPTC 2008, p.193.
19) Yoichiro Kurita, NEC Electronics, "A 3D Stacked Memory Integrated on a Logic Device Using SMAFTY Technology", ECTC 2007, p.821.

あとがき

　3次元実装用のシリコン貫通電極（TSV）は，半導体の未来を担うといわれ半導体技術に大きなインパクトを与えている．本書では，2009年時点でのTSVの技術動向を説明したが，この技術はまだまだ進歩の途中であり，驚くほど多くの構造，関連技術が発表されているが，量産されているデバイスはまだほとんどなく，その方向性はまだ充分には確立していない．大きく期待されながら実用化が遅れているのは，プロセスが複雑で工程も多くコストがどうしても上昇してしまうのが原因といわれるので，加工コストを下げるための技術開発も活発である．毎年の学会で次々と新技術，新アイデアが発表されるので目が離せない．一方，TSV製作プロセスがきわめて広範囲にわたり，全体像が見えにくくなっている．

　半導体技術者たちは微細加工という平面的加工技術のプレッシャーに，50年以上も追い詰められていたが，3次元実装という新天地の出現によりあらゆる自由な発想が可能になった．そのために新しいアイデアの情報が氾濫し，また論文でも多数取り上げられやや混乱を来しているように著者には見受けられる．

　安定なTSVを実現するための細部のつめ，とくに実装技術が積み上げてきた配線加工，電極まわりなどに充分配慮がされていない論文も散見される．問題とされている製作コストについても必ずしも適切な議論がなされていないようである．第7章で取り上げた，SiPに最も必要な構成である異種，異サイズチップの積層に関する分析が少ないのも同様である．

　今後エレクトロニクス分野，半導体デバイス分野でもっとも効果的なTSV構造はどれかについて，もっと実際的，具体的な議論が始まるはずである．本書がこれらの問題解決のために少しでも役立てば望外の幸いである．

　なお本書では多くの論文，資料から使用許諾をいただいて図面を引用しているが，同じ図面が複数の論文に発表されることもあり，万一オリジナルの図面製作者にご連絡が届いていない場合があればご寛恕をいただきたい．

索 引

数字・英文

2次元構造 ………………………………12
3次元デバイス …………………………192
3次元構造 ………………………………12
AD コンバータ …………………………194
ALD ………………………………………66
ASET ……………………………19, 128
ASI ………………………………………126
BCB ……………………………………144
BEOL …………………………………28, 133
BGA ………………………………………35
BGA パッケージ ………………………126
Bi-Star …………………………………140
C4 ………………………………………110
CCD ……………………………………164
CEAC メカニズム ………………………72
CMOS …………………………………164
CMOS センサ ……………………………17
CMOS トランジスタ ……………………30
CMP ……………………………………29, 81
CoO ………………………………102, 135
CSCM …………………………………165
C to C …………………………………196
C to W …………………………………196
C-TSV …………………………………153
Cu-ネイル ………………………………135
CVD ……………………………………29, 60
DRAM ………………………………114, 120
DRAM メモリ ……………………………17
DRIE ……………………………………38
e-Brain …………………………………134
e-Cube …………………………………134
ECTC ……………………………………20
FEOL …………………………………28, 111
footprint …………………………………14
ICEP ……………………………………21
ICP ………………………………………40
IDL ……………………………………95, 186
IMAPS ……………………………………20
In …………………………………………84

ITRS ……………………………………10
Jisso ……………………………………22
KGD ……………………………………131
LGA ……………………………………173
LPCVD …………………………………60, 80
MEMS ……………………………………11
More than Moore ………………………11
NEDO ……………………………………21
PECVD ……………………………………60
PoP ……………………………………13, 15
RDL ……………………………………186
S21 パラメータ ………………………212
SiP ……………………………………13, 155
SLE ………………………………………67
SLID ……………………………………133
SoW ……………………………………150
STV ……………………………………150
TaN ………………………………………63
TEG ウエハ ……………………………197
TEOS ……………………………………60
TiN ………………………………………63
TLB ………………………………………89
TSFV …………………………………224
WLP …………………………………126, 184
WOW ……………………………………144
WSP ……………………………………138
WSS ………………………………………97
W to W …………………………………192
ZyCSP …………………………………167

■あ

アクティブウエハ …………150, 182, 199
アスペクト比 ………………44, 145, 219
アナログチップ …………………………34
アブレーション …………………………56
アルミニウム配線 ………………………54
アルミ配線膜 …………………………166
アンカー効果 ……………………………64
アンダーフィル ……………………115, 198
イオン ……………………………………39
イオンシース ……………………………39

異種サイズチップ	201	グランド電位	212
異種チップ	194	クランプ構造	219
異方性エッチング	40	研磨薄化	92
イメージセンサ	164	高温ポリマー	225
インターポーザ	35, 115, 159	高温放置試験	63
インターロッキング	157	高周波特性	181, 212
ウエハプロセス	23	高密度実装	181
ウエハレベルパッケージ	182	コンタミネーション	59, 79
ウエハレベルプロセス	173	コンフォーマル	32, 78, 113, 180
ウエハ研磨	88	コンフォーマルビア	183
ウエハ積層	192		
ウエハ薄化	97	■さ	
裏面バンプ	87	再スパッタリング	69
裏面ビア	124, 126, 137, 170	再配線	36, 126, 156, 201
液エッチング	88	再配線	156
液状接着材	171	再配線膜	201
液体チャネル	226	サポート	31, 115, 145
液体用ビア	226	サポートウエハ	168
エッチサイクル	48	酸化防止膜	211
エッチングマスク	49	シード金属	158
エッチング速度	46	シード層	30, 64
エピタキシャル単結晶層	139	シーム	129
エポキシ系	61	時間変調法	82
エポキシ樹脂	93, 100, 171	自然酸化膜	68
オーミックコンタクト	85	実装技術	22
応力緩和層	126	充填時間	77
温度勾配	90	ジュール熱	218
温度上昇	221	信号伝達	212
温度制限	35	シリコンウエハ	29, 194
温度分布	223	シリコンコア	111
		シリコンサブストレート	112
■か		シリコンポスト	208
加工ビジネス	34	シリコン酸化膜	29
加工歩留まり	197	シングル TSV	148
加熱ステージ	187	シングルビア	32
拡散法則	72	親水性	203
攪拌	76	スイッチングロス	220
ガススイッチ	48	水冷	229
ガラスカバー	164, 169	スーパーチップ	131
ガラスサポート	170	スカロップ	42
逆電圧印加	75	スタッドバンプ	91, 118
逆方向パルス	152	ステップカバレージ	60
金属間化合物	89, 153	ステルスダイシング	99
空間電荷層	213	ストレスレリーフ	98, 152
空洞構造	229	スパッタリング	65, 175

スピンオン	100
スプレーコーティング	95
スループット	204
スルーホール	178
整流性	209
静電容量	212
積層工程	203
接合温度	121
接続抵抗	143
絶縁耐圧	61
絶縁膜	167
セマテックモデル	103, 135
セミアデティブ	181
セルファ	101
選択比	62
促進剤	71

■た

ダイシング	98, 169, 204
ダイシングテープ	101
タイル構造	122
多結晶化	80
ダマシン法	128
タングステン	29, 81
タングステンビア	131
タングステンプラグ	124, 140
窒素ガスフロー	197
チッピング	98
チップサイズ	193
チップセレクト	114
チップ積層	196, 201
直流抵抗	208
テーパービア	43, 47, 66, 94, 124
低温 CVD	151
低温 PECVD	175
低温プロセス	68
低温工程	200
滴下法	187
デバイスバンプ	91
デブリ	57
添加剤	71
伝送損失	188
伝達特性	123
伝導体	58
電子	39

テンプレート	199
電力消費	15
ドーピング	208
等価回路	214
等方性エッチング	40
同軸ビア	217
導電性ペースト	169
銅めっき	59
銅配線	79, 123, 128
ドライフィルム	151, 228
ドリームチップ	19
トレンチ	30, 140

■な

内部応力	217
ノッチング	52
入力インピーダンス	212
熱酸化膜	35, 59, 179
熱抵抗	221
熱伝導ビア	223
熱膨張係数	178, 217

■は

ハーフピッチ	10
バイアス温度試験	185
背面照射センサ	148
配線距離	179
配線工程	137
配線層	53
配線長	231
パイレックスガラス	94
破壊強度	97
剥離装置	172
薄化先行	31, 144
パターニング	154
撥水性	203
バリヤ	63
バリヤ層	185
パリレン	94
バルク	208
パルスめっき	74
半貫通電極	172
半導体産業	25
反応性イオンエッチング	38
バンプ	14, 83

バンプ工程 …………………………… 201
ビア ……………………………………… 14
ビアチェーン ………………………… 208
ビアファースト ……… 29, 110, 142, 147
ビア貫通法 ……………………… 179, 180
ビアフィリング ………………………… 70
ビアラスト ……………… 110, 145, 174
ヒートスプレッダ …………………… 220
ピクセル ……………………………… 148
非酸化膜 ……………………………… 153
非酸化膜構造 ………………………… 138
微細配線 ……………………………… 178
比抵抗 ………………………………… 179
ピッチ変換 ……………………… 119, 202
非ボッシュプロセス …………………… 45
表皮効果 ……………………………… 215
表面酸化現象 …………………………… 85
表面張力 ……………………………… 203
表面バンプ ………………………… 87, 90
表面ビア ……………………………… 125
ビルドアップフィルム ……………… 152
ビルドアップ基板 …………………… 181
ファウンドリ …………………………… 33
フォトレジスト ………… 62, 95, 158, 168
付加コスト …………………………… 103
吹きつけ法 ……………………………… 62
歩留まり ……………………………… 192
歩留まり向上 ………………………… 145
ブラインドビア ……………………… 153
ブラインドめっき …………………… 158
プラグ …………………………………… 81
プラズマ …………………………… 39, 65
フラッシュメモリ ………………… 17, 138
フリップチップ ………………………… 13
フリップチップバンプ ………………… 84
プリント基板 ………………………… 178
浮遊容量 ……………………………… 115
ペースト ………………………………… 83
ボイド ………………………………… 129
放熱構造 ……………………………… 121
放熱板 ………………………………… 222
ボッシュプロセス ……………………… 41
ホットスポット ……………………… 230
ポリシリコン ……………………… 29, 79
ポリシリコンビア …………………… 147
ポリッシング …………………………… 98
ポリマー膜 ………………………… 42, 50
ボンディングパッド ………………… 117

■ま

マイクロエレクトロニクス …………… 23
マイクロコントローラ ……………… 117
マイクロバンプ …………………… 90, 142
マイクロプロセッサ ………………… 120
マイクロレンズ ……………………… 164
マグネトロンRIE ……………………… 46
ムーアの法則 …………………………… 10
無電解めっき …………………………… 65
めっき液 ……………………………… 156
メモリチップ ………………………… 230

■や

有限要素法 …………………… 154, 217
誘電プラグ ……………………………… 93
誘電体 ………………………………… 216
ヨール ………………………………… 16
溶融金属 ……………………………… 182
陽極接合 ……………………………… 186
抑制剤 …………………………………… 71

■ら

ラジカル ………………………………… 39
ラッピング ……………………………… 98
良品チップ …………………………… 196
リングビア …………………………… 111
レイアウト …………………………… 200
冷却構造 ……………………………… 122
レーザ ………………………………… 165
レーザドリリング ……………………… 56
レーザドリル ………………………… 152
ロジックLSI ………………………… 198

■わ

ワイヤボンディング …………………… 12

【著者紹介】

傅田精一（でんだ・せいいち）　工学博士
　学歴　信州大学工学部卒業
　職歴　通産省電気試験所主任研究官
　　　　サンケン電気常務取締役
　　　　コニカ常務取締役
　　　　エレクトロニクス実装学会名誉顧問
　　　　長野県工科短大客員教授
　　　　長野実装フォーラム名誉理事

シリコン貫通電極 TSV　半導体の高機能化技術

2011年4月10日　第1版1刷発行	ISBN 978-4-501-32800-9 C3055
2014年5月20日　第1版2刷発行	

著　者　傅田精一
　　　　Ⓒ Denda Sei-ichi 2011

発行所　学校法人 東京電機大学　〒120-8551 東京都足立区千住旭町5番
　　　　東京電機大学出版局　　　〒101-0047 東京都千代田区内神田1-14-8
　　　　　　　　　　　　　　　　Tel. 03-5280-3433(営業)　03-5280-3422(編集)
　　　　　　　　　　　　　　　　Fax. 03-5280-3563　振替口座00160-5-71715
　　　　　　　　　　　　　　　　http://www.tdupress.jp/

JCOPY　＜(社)出版者著作権管理機構 委託出版物＞
本書の全部または一部を無断で複写複製（コピーおよび電子化を含む）することは，著作権法上での例外を除いて禁じられています．本書からの複写を希望される場合は，そのつど事前に，(社)出版者著作権管理機構の許諾を得てください．また，本書を代行業者等の第三者に依頼してスキャンやデジタル化をすることはたとえ個人や家庭内での利用であっても，いっさい認められておりません．
[連絡先] Tel. 03-3513-6969，Fax. 03-3513-6979，E-mail: info@jcopy.or.jp

印刷：新灯印刷㈱　　製本：渡辺製本㈱　　装丁：大貫伸樹
落丁・乱丁本はお取り替えいたします．　　　　　　　　Printed in Japan